俄陆军电子对抗组织与指挥方法

卢中昊 郭 力 张仁鹏 段朝虎 著

国防工业出版社

·北京·

内容简介

本书系统地介绍了俄陆军联合战役战术行动中无线电电子对抗组织和指挥的基本理论与方法。首先阐述了俄军事学说中电子战的定义、地位、作用和任务等；其次讲述了俄陆军电子对抗组织和指挥的基本流程；最后从部队建制、装备配置、战斗组织、作战协同等方面介绍了典型部队的作战组织与运用。此外，还阐述了反敌技术侦察和电子防护的一般方法。

本书可作为电子对抗专业学员的参考书籍，也可作为电子对抗业务人员的信息手册。

图书在版编目(CIP)数据

俄陆军电子对抗组织与指挥方法/卢中昊等著.
北京:国防工业出版社,2024.8.--ISBN 978-7-118-13429-2

Ⅰ.E512.51;TN97

中国国家版本馆CIP数据核字第20247GM257号

※

国防工业出版社出版发行
(北京市海淀区紫竹院南路23号　邮政编码100048)
天津嘉恒印务有限公司印刷
新华书店经售

*

开本 710×1000　1/16　**印张** 14¼　**字数** 266千字
2024年8月第1版第1次印刷　**印数** 1—1500册　**定价** 88.00元

(本书如有印装错误,我社负责调换)

国防书店:(010)88540777　书店传真:(010)88540776
发行业务:(010)88540717　发行传真:(010)88540762

前　言

随着全球信息技术不断发展,现代战争的重心逐渐向电子战偏移,作为"多维立体战"的关键力量,电子战凭借其"软杀伤、硬控制、精计算、高技术"的新特点贯穿战争全过程,成为军事战略的焦点。

俄罗斯作为电子战军事应用和装备发展的大国,从苏联时期开始,在电子战领域已经有数十年的发展历史,电子战作战理论和武器装备层出不穷,在战场上得到不断检验。俄罗斯军事理论认为:电子战的能力将决定所有军事行动的命运。发展和实践电子战理论、创造电子战与现代战争综合体、实现电子战智能化正逐渐成为决定俄罗斯武装力量的未来形象和作战潜力的重要因素。

我们借鉴俄军电子战理论的意义在于:第一,中国和俄罗斯已结成全面战略伙伴关系,俄罗斯积极支持共建"一带一路"倡议,两国处于关系最好的历史时期,中方可以借此获得成体系的、最真实的军事理论和技术;第二,经历了第二次世界大战、冷战时期的军事对峙,俄军继承和发展了苏联完整系统的军事学理论,形成了培养军事人才的机制和标准,对我军军事作战理论的发展有很大的借鉴意义;第三,俄罗斯周边驻有多处北约军事基地,叙利亚冲突和俄乌冲突等实际斗争经验使得俄军的作战理论和装备进一步突出针对性和实用性,这对我军开展军事理论研究、组织军事训练和研制军事装备具有重要的参考价值;第四,要通过对比分析美国和俄罗斯两个军事大国的电子战能力建设情况和实战情况,提出符合我军实际的电子战战术、技术和装备的发展方向和路线。

当前,关于美军和北约的电子战资料已不鲜见,有大量的信息文献资源。而俄军电子战理论和技术书籍在国内很难见到。同时,在国内的数字图书馆资源中,也很难查到俄语版的电子战文献资料。由于信息获取渠道极度有限,加之网络上一些片面化和碎片化信息的引导,人们对俄军电子战水平的认知一直停留在"傻、大、笨、粗"的主观的非理性认知上。事实上,俄军方目前正将电子战作为一种"兵力倍增器"来看待,并且作为重点发展的"不对称"军力之一。把电子战视作现代合成作战的主要组成力量已经从上到下形成共识,制定作战决策时一定会考虑电子战的因素。俄军对美军及北约部队的指挥控制体系进行了系统化研究,对美军及北约部队的各军兵种在不同战术环节使用的装备的技术指标、数量、功能和优缺点形成了完备的理论体系;伏龙芝军事学院、总参通信学院、圣彼得堡海军学院等军事院校专门开设外军学,旨在透彻研究美军及北约部队的装备和作战样式。根据对美军及北约部队的研究,及时变革电子战机构、条令、指挥架构、训练战术以及技术规程,改进升级电子战装备,大大削弱了美军及北约部队的作战优势。

基于上述情况,有必要从战术和技术两方面借鉴俄军电子战的经验,通过对其电子战理论、战法、技术的学习,促进各类电子战人才的培养,为我军的电子战力量全面建设提供体系化智力支撑,促进我军电子战能力的提升,推进我军电子战作战理论和装备体系的现代化。

本书作者于 2017—2019 年公派前往白俄罗斯共和国军事学院总参谋部系电子战组织和指挥专业留学。作者根据所学内容,结合外军的一些参考资料,在书中系统介绍了俄陆军无线电电子对抗组织和指挥的理论与方法。本书的内容也是俄电子对抗部队传承苏联军事理论并结合多年与北约实际斗争经验的归纳和总结,对我军进行电子对抗组织和指挥有一定的参考意义。

作者

2024 年 2 月

目 录

第1章　无线电电子对抗及其基本构成

1.1　引　　言

本章主要介绍俄军无线电电子对抗的基本概念、组织方法、军兵种配属的无线电电子对抗部(分)队兵力兵器及其战斗性能。

随着社会信息化进程不断深入,人类生活领域中的各种能力正不断扩展以提升工作效率,军事领域也不例外。出于缩减国防开支的现实需求,但是又不能降低部队的战斗力,西方国家目前尤其注重提高无线电电子对抗的能力。

对现代军事冲突的分析表明:在冲突中,优势总是属于率先发现敌方目标、快速截获信息和处理、快速决策并实施打击的那一方。在研究现在和下一代无线电电子对抗装备特别是空军和火箭军的自制导反辐射武器以及其他新型的电子武器时,可以得到一个明确的结论:无线电电子对抗已经从一种战役和战术的保障力量,转化为作战行动中的直接作战力量,作战行动的过程和结果在很大程度上取决于无线电电子对抗的能力。

1.2　无线电电子对抗的概念及其组成

部队遂行作战任务能否取得成功,作战装备效能能否最大发挥,在很大程度上取决于部队指挥和武器控制系统是否可靠运行。基于这一出发点,参战双方都致力于在部队指挥和武器控制方面占据优势,为此采用了多种方法,使用各种兵力兵器瓦解敌方的指挥体系,以保护己方的指挥控制系统。部队能否取得胜利,在很大程度上取决于其准备、组织和有效执行无线电电子对抗的能力。

1.2.1　无线电电子对抗的基本概念

无线电电子对抗是指根据部队行动的目标、任务、地点和时间,对敌方部队指挥和控制系统的无线电电子装(设)备实施无线电电子杀伤,以及对己方部队指挥和控制系统的无线电电子装(设)备实施无线电电子防护的所有行动的总称。

无线电电子对抗是战役(战斗)支援保障的主要形式之一,在对敌综合毁伤、防护己方部队和设施、执行信息对抗的体系中占有重要地位,在执行战役(战斗)

任务时非常关键。

组织和遂行无线电电子对抗旨在瓦解敌方对部队的指挥和对武器的控制,降低敌方使用武器、作战装备和无线电电子装(设)备的效能,以及保障己方部队指挥和控制系统的工作可靠性。无线电电子对抗通常参与对敌主力部队指挥设施实施火力毁伤,并与其他战役(战斗)保障行动紧密配合。

1. 影响因素

成功遂行无线电电子对抗应考虑的因素如下:

(1) 将无线电电子对抗的目标和任务与战役(作战行动)的意图和敌方行动特点结合起来。

(2) 需要训练有素的无线电电子对抗部队和兵器。

(3) 需要电磁环境和态势数据,为无线电电子对抗部队和指挥机关提供及时和全面的决策保障。

(4) 合理配置无线电电子对抗兵力兵器集群。

(5) 使用多种方式执行无线电电子对抗任务。

(6) 就无线电电子对抗的行动和举措与各兵种、特种部队的军(兵团)的行动加以协调,以瓦解敌方的指挥,同时对己方的部队和设施实施无线电电子防护。

(7) 实现无线电电子对抗部队和兵器及时、快速地机动(转换目标),同时还要考虑当前已经形成和未来可能形成的无线电电子态势。

(8) 与无线电技术侦察部队进行信息交互。

(9) 采取措施保障指挥稳定性、防护可靠性,全面保障无线电电子对抗部队的行动,并及时恢复其战斗力。

2. 典型系统组成

典型的无线电电子对抗的系统大致包括:

(1) 有源和无源干扰设备、假目标、雷达和热(红外)诱饵等,用于对敌方的无线电电子装(设)备和系统实施无线电电子压制的任务。

(2) 反辐射导弹以及新型电子武器,用于执行对敌方无线电电子装(设)备实施毁伤的任务。

(3) 各种无线电电子装(设)备中的内部保护装置,用于抵御无线电电子干扰。

(4) 专用诱饵发射站,用于将反辐射导弹引向自己。

(5) 可抵御未来电子武器的无线电电子防护设备。

(6) 无线电波吸收和无线电波散射涂层,光学反射面等,用于对抗敌方的无线电电子侦察。

(7) 编在技术监控部(分)队中的监视设备,用于对抗敌方的无线电电子侦察,以及用于无线电电子装(设)备的电磁兼容和无线电电子防护。

（8）在独立侦察部队和无线电电子对抗部（分）队列装的无线电电子侦察设备，主要用于提前侦测敌方的指挥控制系统和无线电电子装（设）备。无线电电子侦察设备还可编组在无线电电子压制系统和反辐射武器的制导系统中。

（9）无线电电子干扰侦察和分析设备，用于侦察以及组织和实施无线电电子对抗。

1.2.2 无线电电子对抗的组成

无线电电子对抗主要包括无线电电子杀伤、无线电电子防护、无线电电子侦察。

1. 无线电电子杀伤

无线电电子杀伤是无线电电子对抗的组成部分，是为了对抗敌方部队指挥和武器控制系统的无线电电子装（设）备所采取的所有措施和行动的总和。其包括使用功能毁伤设备、无线电电子压制设备和欺骗设备等。无线电电子杀伤的任务是破坏敌方信息的传输，或在信息传输过程中进行欺骗，使敌方在指挥周期内无法传输信息或者传输延迟，进而无法有效指挥部队和控制武器。无线电电子杀伤的主要种类包括功能毁伤、无线电压制干扰和无线电欺骗等。此外，无线电电子杀伤效果评估也是不可或缺的环节。

1）功能毁伤

功能毁伤主要是破坏（损毁）敌方无线电电子装（设）备的元件和枢纽，主要手段是电磁辐射杀伤，或者使用反辐射武器进行杀伤。电磁辐射杀伤需要使用专门的设备，通过大功率多频段的辐射来破坏（损毁）敌方无线电电子装（设）备。电磁辐射杀伤的主要方式如图 1-1 所示。

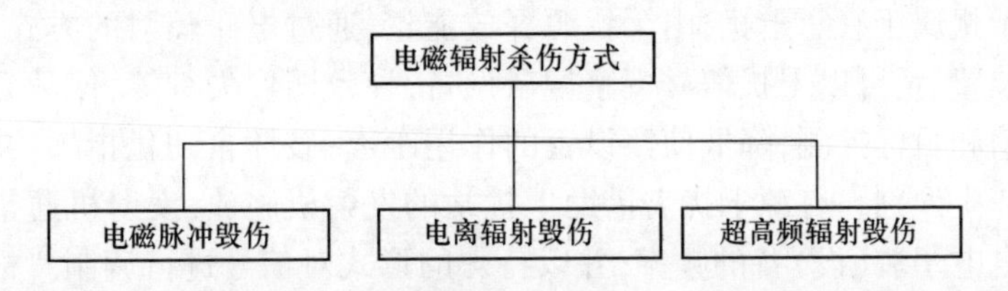

图 1-1　电磁辐射杀伤的主要方式

反辐射武器的杀伤主要利用航空兵、导弹和炮兵的兵器，摧毁敌方无线电电子装（设）备的无线电发射装置，或者使其失效、受损。目前，高精度制导武器的搭载平台都集成了技术侦察设备（雷达和无线电技术侦察设备），形成了新型侦察—打击一体化系统。侦察—打击系统从功能上整合了自动化指挥控制系统、航空（航天、地面）技术侦察设备、地面（空中）处理和指挥中心以及载具平台，可实现所有设备实时协同运行。

2）无线电压制干扰

无线电压制干扰主要通过对敌方无线电电子装(设)备的接收装置实施强大的无线电电子干扰,来降低敌方部队指挥和武器控制系统中的无线电电子装(设)备运行质量。根据所使用的无线电频段及其分布的环境,无线电电子压制可以分为无线电压制和光电压制。

(1) 无线电压制

无线电压制在无线电频段使用无线电电子干扰,来影响敌方无线电通信、无线电中继通信、对流层散射通信和卫星通信设备,以及影响雷达和无线电导航设备、导弹的无线电引信的工作。无线电压制主要体现在对敌方无线电接收装置性能的影响,使其虽然能接收到有用信号,但同时也收到与其频率相同或相近的其他干扰信号,导致信号失真、延迟和丢失,终端设备无法提取有效信息,最终影响效果取决于有用信号和干扰信号的能量比率。

① 根据干扰信号的产生特性,无线电电子干扰可以分为有意干扰和无意干扰。

有意干扰通常由射频振荡器产生,借助专门的无线电传输器或反射器来传播电磁波能量。这种干扰主要用于破坏和削弱敌方部队指挥和武器控制系统的无线电电子装(设)备的工作效能。

无意干扰通常由各种自然现象导致,或者由工业电子装(设)备产生。发生在相邻的无线电电子装(设)备之间的相互干扰也属于无意干扰。在组织对敌无线电干扰时,需要采取措施避免这种情况,如果实在无法避免,则应尽可能降低无线电干扰对己方部队无线电电子装(设)备的影响。

② 根据形成方式,无线电电子干扰可以分为有源干扰和无源干扰。

有源干扰属于有意干扰,由干扰源释放能量,通过电磁辐射的方式,作用于无线电接收装置后,可以干扰信号观察记录设备,导致图像失真等,使敌方难以进行无线电通信和目标探测,降低侦察设备的作用距离,破坏自动化指挥控制系统,使操作人员产生误判。有源干扰需借助干扰站的发射机施放,发射机通常使用被压制的无线电电子装(设)备的频率,并以特殊的形式对信号进行调制。根据干扰信号和有用信号频段宽度的对比关系,有源干扰可以分为阻塞式和瞄准式干扰。

阻塞式干扰的频谱宽度超过被压制接收机通带的很多倍,这使其可以同时压制在工作频率附近的若干无线电电子装(设)备,干扰发射机在频率上没有精确的指向。阻塞式干扰的不足之处在于,如果干扰的功率不够,干扰信号与被压制无线电电子装(设)备信号的平均功率比较接近,则无法达成干扰效果。因此,为获得必要的干扰强度,需要大功率的干扰发射机。瞄准式干扰的频带宽度与有用信号的频段宽度相仿(相等或超过其带宽的1.5~2倍)。因此,瞄准式干扰站通常具有快速侦测和信号分析装置,能够在较宽的频段范围内对压制频率进行调谐。瞄准式干扰的功率全部(或者大部分)进入到被压制设备的接收机中,因此使用功率较小的发射机也可产生足够的干扰效能。

此外,在较宽的频段范围内提升对无线电电子装(设)备干扰效能的方法之一是使用扫频式干扰,这种干扰通过窄带干扰发射机在较宽频带内的快速调谐(滑动或跳跃)实现。因此,在多信道无线电电子装(设)备的每个信道频带内或者在若干个设备中,当进入无线电接收机的干扰信号的功率与有用信号的功率的比值超过标定值(区分干扰与信号),无线电电子装(设)备会被干扰压制。如果选择了正确调谐速度,就可以使被干扰无线电电子装备的接收机无法提取出有用信号。

如果要对无线电电子装(设)备的干扰达到所需要的水平,则进入接收机的干扰和有用信号的最小比值需要根据干扰类型和信号接收方式加以确定,这个值一般称为压制系数。压制系数的数值取决于干扰和信号的种类以及被干扰接收机的性能。一般情况下,压制系数越大,则无线电干扰越有效。如果干扰功率与有用信号功率的比值大于压制系数,则干扰被认为是有效的。当所需的压制系数明确后,则可以确定压制区域,并可以确定无线电干扰站与被压制设备的相对位置关系。为提升干扰效能,可以借助具有较窄方向性的天线,将干扰的功率集中在被干扰的无线电电子装(设)备的方向上。在实施有源干扰时,应根据被压制无线电电子装(设)备的信号类型和结构,以及工作原理来选择干扰的类型,以便保证在压制区域(指定)范围内达到所需的压制水平(破坏其工作)。

无源干扰是指电磁波能量由人工和自然反射体(或者环境)散射形成的无线电电子干扰。电磁波散射的强度取决于反射体的大小、结构,以及材料的电特性。由大量反射体散射的能量,可以在雷达屏幕上形成局部干扰光点,由此掩盖真实目标的信号标识。无源干扰可以由条状、带状、角状的金属反射体产生,也可由电离子反射产生。假目标针对敌方无线电侦察设备模拟真实设施,它们可以在侦察设备的显示终端上形成类似真实目标的标识,主要用于干扰敌方的探测和目标指示设备。此外,它们还可以用于误导反辐射武器攻击。假目标要发挥作用,其信号特征必须与被掩护的设施完全一致,也就是说,它的反射(或主动辐射)特性应当类似真实目标的辐射特性。

(2) 光电压制干扰

光学—电子干扰用于破坏敌方红外、热成像、电视、激光和目视光学设备的工作,进而阻止敌方的侦察、观测、通信和武器控制,主要途径是针对敌方的接收设备施放光学干扰。使用假目标或者诱饵可以破坏或者削弱光学电子装(设)备的工作能力,还能降低军事装备和设施的热辐射对比度。

对光学电子装(设)备的有源干扰可使用光学发生器或者非相干光源产生,这些设备布设在受保护的设施中或其附近。而对光学电子装(设)备的无源干扰可通过施放气溶胶幕来形成。光学角反射器可以折射照在上面的光线,将其反射至其他方向以实现压制效果。虚假光学目标和诱饵、人造的光辐射源、作战装备模型同样均属于虚假目标。可以通过使用专门的隔热涂层、反射挡板和简易材料以降低军事装备和设施的热辐射。使用上述假目标或者诱饵等设备时应考虑地形和地物特征。

3）无线电欺骗

欺骗式干扰是无线电电子压制的一种形式，主要是通过向敌方无线电电子装（设）备施放特制的欺骗性无线电信号，进而向敌方武器控制系统（作战装备）中注入诱骗信息。欺骗式干扰的方法包括电子伪装和电子模拟：

电子伪装是通过欺骗对抗设备在敌方无线电通信网（无线电导航系统）中复制无线电电子装（设）备的信号特征和工作模式，以便向该网络（无线电导航系统）中注入有关欺骗设备属性的虚假信息。

电子模拟是通过欺骗对抗设备在敌方无线电电子装（设）备上复制特殊的无线电（或光学）信号，这种信号可以模拟有用信号的结构，以便向敌方无线电电子装（设）备中注入有关己方部队无线电电子装备的虚假信息（包括其类型、数量、位置、行动参数等）。

4）无线电压制干扰效果评估

在战役（作战行动）中，无线电电子压制的有效性取决于它在干扰敌方部队指挥和武器控制时，保障己方类似系统无线电电子装（设）备可靠运行等方面发挥的作用，并可通过共性和特殊指标加以评估。无线电电子压制的有效性指标主要体现在其对于敌方无线电电子装（设）备施加影响的数量和质量，敌方部队指挥和武器控制系统的运行的影响水平，以及对双方部队战斗力（潜力）发挥的影响程度。

无线电电子压制效能评估计算在军事指挥机构进行，在组织无线电电子压制时可进行潜在（预期）效能评估，而在电子对抗期间和对抗完成后都要对所达成的效果进行评估。无线电电子压制的效果可以用以下几种对敌方指挥控制的破坏等级加以评估。

（1）削弱指挥：在该等级下，敌方在不同指挥环节上出现信息交互减少，对部队的指挥能力和武器控制能力受到影响。要实现削弱指挥，需要摧毁（使失能）15%以上的重要指挥所、部队指挥控制系统和武器控制系统的无线电电子装（设）备，同时对剩余的重要无线电电子装（设）备中的30%以上实施无线电电子压制。

（2）破坏指挥：在该等级下，敌方在某些指挥环节上和某些行动方向上会间歇性地失去对部队的指挥能力和武器控制能力。要实现破坏指挥，需要摧毁（使失能）30%以上的重要指挥所、部队指挥控制系统和武器控制系统的无线电电子装（设）备，同时对剩余的重要无线电电子装（设）备中的50%以上实施无线电电子压制。

（3）中断指挥：在该等级下，敌方完全丧失了对部队的指挥能力，也无法有效地使用制导武器。要实现中断指挥，需要摧毁（使失能）50%以上的重要指挥所、部队指挥控制系统和武器控制系统的无线电电子装(设)备,同时对剩余的重要无线电电子装(设)备中的75%以上实施无线电电子压制。

2. 无线电电子防护

无线电电子防护是无线电电子对抗的组成部分,是为消除(减轻)敌方无线电电子干扰和功能毁伤对己方无线电电子装(设)备的影响,保护己方无线电电子装(设)备免受非有意的无线电电子干扰(保障其电磁兼容性),对抗敌技术侦察而采取的措施和行动的总和。

为了进行无线电电子防护,部队需要采取战术措施并使用技术手段。战术措施包括为无线电电子装(设)备选择适当的作战使用方法和部署地点,对部队集群使用无线电电子装(设)备时的区域、频率、体制和时间做出建议。此外,还要查明非有意的无线电电子干扰源,并采取手段消除(降低)其影响。技术手段包括采用专门的防护设备、防护方式和工作体制。

无线电电子防护的构成如图1-2所示。其中,防护敌方功能毁伤兵器是指降低敌方功能毁伤兵器和无线电电子压制设备对己方无线电电子装(设)备的影响。防护功能毁伤兵器包括保护无线电电子装(设)备免受电磁辐射杀伤和保护指挥控制系统和设备免受反辐射武器的杀伤。

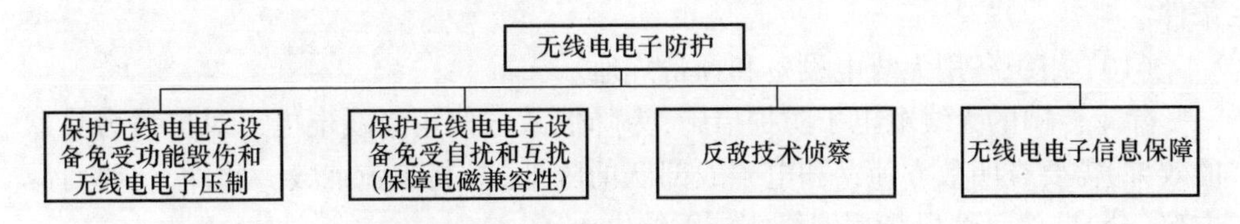

图1-2 无线电电子防护的构成

强电磁辐射对指挥部队和控制武器的无线电电子和光学电子装(设)备的工作和性能可以产生很大的影响。强电磁辐射对于作战装(设)备的影响是通过电磁场直接作用于装备,在连接线路、电路和元件中产生强电流和强电压。强电磁辐射可以使无线电电子装(设)备暂时失灵,如运行间断、假启动和信息丢失等。在强电磁辐射影响下,由于设备上的某些元件产生热效应或电离击穿,无线电电子装(设)备的工作可能会产生部分或全面故障。在强电磁辐射的作用下,一些作战装备的元件会产生静电荷从而引燃可燃物造成弹药爆炸。要防护无线电电子装(设)备免受电磁辐射毁伤,主要措施如下:及时将敌方使用功能毁伤兵器的信息传达部队;使用诱饵(模拟信号源);减少无线电电子装(设)备的辐射工作时间(或者定时关闭设备);使用不同频段和不同作用原理的无线电电子装(设)备;经常性更换工作频率;重新选择无线电电子装(设)备和设施的阵地等。

1) 保护无线电电子装(设)备免受无线电电子干扰

在军(兵团)遂行的作战行动中,会使用大量不同的无线电电子装(设)备。这些设备是否可靠运行和有效使用在很大程度上决定作战行动能否取得成功。而破坏无线电电子装(设)备和光电设备的正常工作,必然导致执行作战任务变得复杂甚至失败。

在作战行动过程中,无线电电子装(设)备通常工作在敌方有意干扰下,持续的无线电压制迫使各级指挥员都必须采取相应的战术措施和技术措施,以保护无线电电子装(设)备免受敌方干扰。防护设备免受无线电电子压制,通常需要采取以下保障措施:

(1) 构建配有分支线路和冗余节点的通信网络。

(2) 使用不同频段的无线电电子装(设)备。

(3) 优化工作频率的分配、使用和更替。

(4) 使用特殊工作体制的无线电电子装(设)备。

(5) 无线电电子装(设)备进行经常性机动、频率和工作体制变换。

(6) 使用有加密、数码调制、备份的无线电网络和无线电通信方向。

(7) 通过中继(中间)站进行通信。

(8) 搜索和摧毁敌方投放的干扰发射机。

(9) 及时发现和通报有关无线电电子干扰的信息,改变电磁波的发/反射条件。

(10) 组织备用无线电设备和预备阵地。

除了专门的无线电电子防护措施,为降低敌方使用无线电电子对抗兵力兵器的效果,需要查明敌方侦察和电子战部队的阵地,对其实施摧毁。此外,还要对敌方部(分)队的无线电指挥网络实施无线电电子压制。

2) 防护无线电电子装(设)备免受自扰和互扰(保障己方无线电电子装(设)备的电磁兼容性)

一种无线电电子装(设)备的电磁辐射对于其他无线电电子装(设)备的接收装置就有可能导致相互干扰,而在军(兵团)和部队中,通常装备了多种地面无线电电子装(设)备,其总量高约数万件,如此广泛地应用无线电电子装(设)备必然会产生无意干扰,相互干扰明显降低了无线电电子装(设)备的运行质量,大幅降低侦察和指挥控制系统的工作效能。相互干扰有可能最终导致通过无线电电子装(设)备传输的有效信息丢失达60%,减少雷达的侦察和发现距离以及精度,还会使识别、跟踪和引导能力下降。所有这些都会导致部队指挥和兵器控制方面的稳定性和连续性下降,造成作战任务中断的风险。因此,消除(减少)相互干扰和保障无线电电子装(设)备的电磁兼容性就成为首要任务。

发生互干扰的主要原因在于:大量无线电电子装(设)备以很高的密度部署在同一地点并进行高强度的使用;在部队集群中存在不同隶属关系的和不同用途的无线电电子装(设)备使用公共的频段,由于发射功率的提升和接收设备敏感性增强而导致的无线电电子装(设)备相互影响范围的扩大;传输和接收系统以及天线在技术方面的不完善;等等。

电磁兼容性保障是根据目标、地点、工作时间加以协调的综合体系,旨在避免或减小部队指挥控制系统内无线电电子装(设)备之间的相互干扰。要实现保障无线电电子装(设)备的电磁兼容性,需要采取有组织的行动以及各种技术措施:

(1) 对工作频率的分配和使用进行协调。

(2) 在部队集群中根据频率—区域分配情况,合理部署无线电电子装(设)备或设施。

(3) 根据部队在战役(作战行动)中担负的任务设定无线电电子装(设)备的工作体制和优先级。

(4) 对无线电电子装(设)备的工作进行时间、空间和频率使用方面的限定。

(5) 及时发现相互干扰的干扰源,并采取措施降低(消除)干扰程度。

(6) 应用干扰防护设备和其他措施。

在战役准备阶段对干扰情况进行预测分析,有助于通过合理部署无线电电子设施来降低发生相互干扰的可能性。执行预测分析的难点在于,要解决问题需要获取计划部署在部队集群中的无线电电子装(设)备的位置坐标和作战环境等相关信息,而这些信息并不是能提前完全和及时掌握的。因此,更有效的方法就是合理分配工作频率和备用频率。如果频率分配时无法避免相互干扰,则应对无线电电子装(设)备进行区域分散。这种方法实质上就是在布设无线电电子装(设)备时确保足够大的相互距离,以避免发生相互干扰。采用区域分散的方法比较适用于无法兼容的无线电电子装(设)备。

3) 反敌技术侦察

配置有现代化技术侦察设备的技侦部队具有很强的战斗力,特别是通过使用侦察—打击系统和高精度武器,侦察和打击能力得到进一步提升。

侦察特征可分为战役战术型和技术型。针对战役战术型特征,侦察可确定军(兵团)和部队属于何军种或兵种,编列在哪个部队集群,其编成、驻地、战役布势、指挥意图和部队行动特点等。针对技术型特征,侦察可确定作战兵器和无线电电子装(设)备的类型、用途和特性等。因此,各级指挥员应特别重视反敌技术侦察。在对抗侦察方面有比较复杂的措施体系,如进行战役和战术伪装,在全天候作战行动中保障各军兵种的军(兵团)与部队的通信保密性和安全性等,可以防止敌方技术侦察设备发挥作用。

反敌技术侦察是指为了避免受到敌方技术侦察,或者使其难以获得关于我方设施的确切信息,而在指挥机关与部队中执行的战术措施和技术措施的统称。反敌技术侦察的手段主要包括:

(1) 对受保护的武器、军事装备和设施的参数进行防护,这需要在对敌方技术侦察能力进行评估的基础上实施。具体应做到:根据战役伪装的意图,确定应保护的信息;消除(弱化)影响武器和军事装备以及部队行动中伪装的因素;在敌可能实施侦察的区域,向部队和指挥部通报有关出现敌方技术侦察设备及其载具的信息;在武器和军事技术装备的使用中,对其进行区域、空间、时间、能量和频率方面的限制;此外,还要对某些工作体制进行限定,以及采取其他相关措施。

(2) 查明泄露信息的技术漏洞并对其进行封堵;对指挥所中的信息传输和处理技术设备,尤其是内置信息加密设备,进行专门监控;查明国家机密信息泄露的技术漏洞并加以封堵。查明泄露信息的技术漏洞通常由综合技术检查部队负责实施。

(3) 对信息化设施中的信息实施技术防护。采取战术措施和技术措施,以便在信息设施的使用过程中封闭可能的信息泄露技术渠道。主要做法包括:明确防护各种物理场的信息泄露效应;对敌方技术侦察设备侦察受保护设备参数的能力进行评估;确定最具威胁的侦察方式和侦察设备,以及可能的侦察区域;采取措施封闭泄露信息的技术漏洞;及时终止破坏反技侦规范和要求的行为。

反敌技术侦察的战术措施主要包括隐真和示假两种方法。隐真是指构建相关环境,通过消除或减少破坏伪装的特征,使敌方无法或者难以获取有关军(兵团)的部队编成、部署、状态和行动等方面的信息。对部队和设施进行隐真,使其不受敌方技术侦察设备的侦察,需要采取多种伪装方法和使用多种伪装设备。示假是指构建相关环境,使敌方难以发现和识别现实设施,并误导敌方忽略真实的部队、设施和作战兵器,无法查明其位置、任务和状态等信息。示假的主要内容为有意向敌方显示虚假的部队活动特征,使敌方的侦察获得虚假信息。示假是一种综合实施,要能同时误导敌方的多种技术侦察设备,同时应根据战役伪装计划在战役期间实施。

4) 无线电电子信息保障

要遂行对敌方无线电电子装(设)备进行无线电电子压制,以及对己方无线电电子设施实施无线电电子防护的任务,需要在无线电电子信息保障方面采取多种措施。

无线电电子信息保障是部队为查明敌方无线电电子设施,搜集、分析和总结无线电电子态势方面的数据,以便就执行无线电电子压制和无线电电子防护做出决策而采取的各种措施和行动的统称。

无线电电子态势是体现无线电电子设施、部队指挥控制系统与武器控制系统的状态、位置、能力和活动特点的数据的统称,也包括在指定区域和一定的时间间隔内产生的各种人工和自然辐射的参数。查明敌方无线电电子态势的主要方法是无线电电子侦察。

3. 无线电电子侦察

无线电电子侦察按照对象可划分为无线电技术侦察、雷达侦察、光电侦察等,也可根据作战任务划分为普通侦察和直接侦察。普通侦察使用军(兵)种和特种部队的侦察设备和兵力,旨在保障司令和参谋部了解有关无线电电子态势的信息,以及在战役(作战行动)中用于组织和遂行无线电电子对抗的相关数据。直接侦察使用无线电电子对抗部队的侦察设备和兵力,旨在获得敌方有关无线电电子装(设)备工作特点和工作体制,通信线路等方面的信息。直接侦察得到的数据可用于功能毁伤兵器的分配、引导和使用方式选择等方面,还可用于无线电电子压制设备的工作模式选择等。

为遂行无线电电子对抗而进行的侦察主要是获取有关敌方部队指挥控制系统和武器控制系统、侦察和电子战装备构成方面的信息,以及敌方指挥所和无线电电子设施的位置、隶属关系和职能任务、无线电电子装(设)备的工作体制和主要参数等方面的信息。

1) 无线电技术侦察

上述任务可通过各种侦察手段执行,首先是无线电技术侦察。无线电技术侦察主要基于对无线电电子装(设)备的电磁辐射进行接收、定位和分析,可以据此确定无线电电子装(设)备的作战用途、隶属关系和工作参数,还能查明无线电电子装(设)备的位置,并通过其精确查明敌方部队指挥控制系统,并对其工作实施欺骗干扰。无线电电子装(设)备是通信系统的技术基础,也是部队指挥控制系统的主要构成,因此通过无线电电子装(设)备的部署位置以及其工作特点,可以了解敌方部队集群、编成和活动情况。能够用以获取敌方位置、状态和活动情况信息的无线电电子装(设)备的工作特点被称为侦察特征。无线电电子装(设)备的侦察特征可分为识别特征和部队作战行动特征。侦察识别特征可以确定无线电电子装(设)备的隶属和用途。它们可以分为集群特征和个别特征。通过集群特征能够确定无线电电子装(设)备的国籍,所属军(兵)种和指挥层级的特征。个别特征则可用于识别无线电电子装(设)备的类型、用途、及其隶属哪个军(兵团)、部队和指挥关系。而通过部队作战行动特征可以查明敌方的指挥控制系统、部队集群的状态和意图等。部队集群编成中的任何变化都会相应地带来指挥机构和无线电电子装(设)备位置的一些改变,而无线电交互的强度和特点,以及无线电电子装(设)备工作模式都能反映出部队作战行动的变化。

无线电通信设备的主要识别特征包括工作频率、无线电通信类型、无线电台技术参数、无线电交互规范和无线电网络类型等,根据这些识别特征可以确认无线电电子装(设)备隶属哪个军兵种和指挥层级。雷达和导航台的无线电技术设备的识别特征包括工作频段、脉冲周期、脉冲频率、天线旋转频率、脉冲形式、极化、功率、信号调制类型、天线方向性、信号波形结构等。

无线电电子装(设)备的工作活跃性可以体现其在保障部队指挥和武器控制方面的作用。随着环境的复杂,无线电电子的工作强度也在提升。在一定区域内的无线电电子装(设)备活跃性下降或者完全停止工作,很可能意味着作战行动的样式发生了改变。在作战行动中,无线电电子装(设)备通常与部队和指挥所一同移动,因此,无线电电子装(设)备位置的改变也可以作为敌方军(兵团)和部队移动的指标。根据无线电电子装(设)备的移动情况,可以确定部队集群的重组,预备部队机动至前线以及其行动方向、部队出击的时间和方向、车队前进的路线、飞机和直升机的飞行线路等。

2)综合性技术检查

以搜集到的无线电电子设施数据为依据,可以开展对己方无线电电子设施的运行情况和反敌方技术侦察的能力进行综合性技术检查。综合性技术检查旨在检查反敌技术侦察各项措施的有效性,以及检查己方部队在无线电电子装(设)备电磁兼容性方面执行相关规定和要求的情况。综合性技术检查包括:无线电、光学和声学检查,检查防止武器和军事技术装备在使用中通过技术渠道泄露信息(受保护的参数)的措施的有效性,以及对信息化设施进行检查,看其中是否存在非法安装的用于窃取信息的技术设备。综合性技术检查由技术检查和信息防护保障部(分)队的兵力兵器实施,此外也可由技术检查站执行。为执行综合性技术检查任务,可以动用配备无线电侦察、无线电技术侦察、雷达侦察、光电侦察、光学侦察、声学侦察设备的兵种和特种部队的兵力。

1.3 无线电电子对抗部队的任务、组织结构、武器装备和战斗力

在战斗中,无线电电子对抗的任务由无线电电子对抗部队以及各军兵种的相关兵力兵器执行。例如,在执行无线电电子对抗时,各兵种部队的侦察兵力兵器可以获取有关敌方部队指挥和武器控制系统的重要无线电电子设施的信息。在执行无线电电子对抗时,航空兵和防空部队、导弹和炮兵部队的兵力兵器可以使用常规武器和反辐射武器对敌方无线电电子设施实施打击,也可以对其侦察、观测、通信、指挥控制系统实施干扰,此外还可以使用抛投式干扰机。在执行无线电电子对抗时,三防(核辐射防护、化学防护和生物防护)部队和工程部队的兵力兵器可以使用雷达、激光、红外(热)反射器,伪装和模拟设备等对己方设施隐真示假,用于对抗敌方侦察、观测和武器控制系统中的光学、红外、热辐射、电视、激光等探测设备。

无线电电子对抗部队的能力取决于其人员数量、训练水平、精神心理状态、武器和军事技术装备的补充率和技术状态。俄陆军无线电电子对抗部队主要由地面部队和航空部(分)队构成,主要任务是对敌方无线电电子设施进行无线电电子侦察和无线电电子压制等任务,同时,对己方无线电电子设施的运行情况和反敌方无线电技术侦察的防护情况进行综合性技术检查。

俄陆军无线电电子对抗部(分)队包括:战役司令部所属独立对地面目标无线

电电子对抗营;配属航空兵和防空部队的独立对空目标无线电电子对抗团;独立航空无线电电子对抗支队;技术检查和信息防护保障中心;综合技术检查站。

1.3.1 战役司令部所属对地面目标无线电电子对抗营

该营主要用于在战役和战术层面对短波和超短波无线电通信以及机载超短波无线电通信实施无线电干扰和压制,在安全高度破坏使用无线电引信的敌方炮弹、地雷和航空炸弹,通过无线电导航压制设备实施的无线电电子压制切断敌方战术航空兵飞机的导航信号,对抗敌方高精度武器系统以及为保证无线电电子防护措施有效性而进行综合性技术检查,其中包括己方无线电电子装(设)备的电磁兼容性和反敌技术侦察,相关工作主要在武装力量司令部、军(兵团)和部队集群的指挥部中进行。

如图 1-3 所示,为了执行无线电电子压制任务,对地面目标无线电电子对抗营在编制内设置了 1 个指挥所、2 个短波和超短波无线电通信干扰连,1 个对空超短波无线电通信干扰排,1 个无线电近炸引信弹干扰排,以及战斗、技术和后勤保障部(分)队。

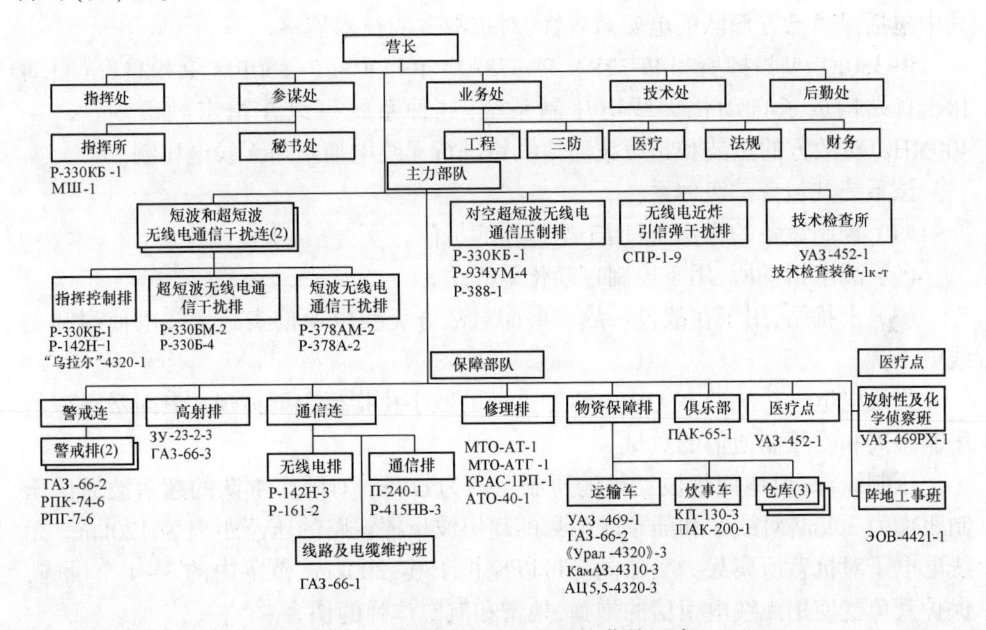

图 1-3　俄军无线电电子对抗营的组成

短波和超短波无线电通信干扰连主要任务是对敌方部队指挥和武器控制系统的无线电通信执行无线电侦察和无线电压制,它的编成包括指挥控制排、短波和超短波无线电通信干扰排。

指挥排用于保障对干扰设备的指挥,组织同电子对抗营指挥所和电子对抗部

(分)队之间的通信。编配的装备为 P-330KБ 和 P-142H 型自动化指挥所,以该排的设备为基础可以展开连指挥所。

短波和超短波无线电通信干扰排的任务是对敌方部队指挥和武器控制系统的无线电通信线路实施无线电侦察和无线电干扰,工作频段覆盖短波(1~30MHz)和超短波(30~100MHz)。短波无线电通信干扰排配备的装备是 P-378A 和 P-378AM 干扰站,超短波无线电通信干扰排则配备 P-330Б 和 P-330БM 干扰站。每个短波和超短波无线电通信干扰连都配有自动化无线电干扰系统,该系统可以在短波和超短波频段上对敌方的无线电通信线路进行无线电侦察和无线电压制,其可自动执行任务,也可在营编制内根据选定的作战样式和指挥方法来实施。

对空超短波无线电通信干扰排的任务是对陆军航空兵和战术航空兵的指挥通信线路(100~400MHz)实施无线电侦察和无线电压制,也可以对"塔康"无线电导航系统实施干扰。该排配备 P-330KБ 型指挥所、P-934УM 和 P-388 型干扰站。

无线电近炸引信弹干扰排主要保障掩护部队和战役司令部等设施免受敌方使用无线电引信毁伤弹药的攻击,配备 CПP-1 干扰站。

技术检查所用于保证无线电电子防护措施有效性而进行的综合性技术检查,其中包括保障己方部队的电磁兼容性,对抗敌方的技术侦察。

P-330KБ 型指挥所和 P-378A、P-378AM、P-330Б、P-330БM、P-934УM 自动化干扰站构成了自动化无线电压制系统,这种系统可以在指定频段内(1.5~400MHz)对敌方的短波和超短波通信线路进行无线电侦察与无线电压制。

该系统共包含三级体系:

(1) 控制设备的指挥所,用于指挥作战工作。

(2) 战术指挥所,用于控制自动化干扰站。

(3) 干扰站,用于在战役—战术层面对敌方无线电通信实施无线电侦察和无线电干扰。

无线电电子对抗营在无线电压制方面的数字化指标主要体现在其对敌纵深的压制距离和受压制通信的数量。

压制纵深:对地面短波通信的压制距离为 60km;对陆军部队的超短波通信压制距离为 30km;对战术和陆军航空兵的超短波指挥线路的压制距离为 120km。无线电电子对抗营所属兵力兵器同样可以掩护 150~200km^2 范围内的 3~4 个设施,保护其免受使用无线电引信的炮弹、地雷和航空炸弹的伤害。

对地面目标无线电电子对抗营在阵地区域展开所需的时间为 2h,收起的时间为 1.5~2h。对地面目标无线电电子对抗营列编的装备包括以下指挥和干扰设备:P-330KБ 型指挥所,P-378A、P-330Б、P-330БM、P-934УM 无线电通信干扰站,P-388 型无线电导航干扰站,CПP-1 无线电引信干扰站。对地面目标的无线电电子对抗营的干扰设备和指挥设备的技战术性能参数,如表 1-1~表 1-4 所示。

表 1-1 对地面目标无线电电子对抗营的干扰设备和指挥设备的技战术性能

名称	用途	频率范围/MHz	频带扫描速度/(MHz/s)	测向误差/(°)	压制频点数	频率调谐精度/Hz	压制信道转换调谐时间/ms	发射机功率/W	无线电压制作用距离/km
P-378A	战术指挥链路短波无线电通信线路的无线电压制	1.5~30	0.25	4	4	100	300	1000	30~50
P-378AM	战术指挥链路短波无线电通信线路的无线电压制	1.5~30	50	2	4	100	300	1000	30~50
P-330Б	战术指挥链路超短波无线电通信线路的无线电压制	30~100	10	3.5	3	100	300	1000	20~30
P-330БM	战术指挥链路超短波无线电通信线路的无线电压制	30~100	10	3.5	3	100	300	1000	20~30
P-934УM	战术指挥链路空中和地面的超短波无线电通信线路的无线电压制	100~4000	0.25	—	4	2500	1	1500	对空 200： 对地 20~30

表 1-2 无线电引信弹干扰站

名称	用途	频率范围/MHz	频带扫描速度/(MHz/s)	压制频点数	频率调谐精度/Hz	压制信道转换调谐时间/ms	发射机功率/W	无线电压制作用距离/m
СПР-1 (1Л21)	在安全距离使用无线电引爆炮弹引信	180~305	3900	1	50	22	2~5	炮弹 700m 地雷 400m

表 1-3　无线电干扰站指挥所

名称	用途	频率范围/MHz	指挥通道数（干扰站）	压制目标数	指挥循环时间/s	操控区域/km	电源	运输底盘
P-330КБ	P-378A P-378AM P-325У P-330Б P-330БМ P-934УМ 等干扰站的指挥	1.5~400	5(32)	320	15~30	30×60	3×380V，50Hz ЭСД20-Т/400	乌拉尔-43203 指挥车，乌拉尔-43203 通信车，2-ПН-2М 发电站

表 1-4　无线电导航干扰站

名称	用途	频率范围/MHz	干扰类型	干扰频谱宽度/MHz	频率测定精度/kHz	侦察方向数/同时压制数量	发射功率/kW	无线电干扰距离/km；接收设备灵敏度/W	电源
P-388	塔康系统无线电导航接收机的无线电压制	962~1213	脉冲调制，调幅	1	±70	所有的无线电导航系统；100	3.5;14	250；5×10^{-12}	3×220V，400 Hz

1.3.2 空军和防空部队配属的独立对空目标无线电电子对抗团

该团的主要任务是掩护部队和地面设施，通过对敌方机载无线电电子系统和侦察设备、无线电通信设备、无线电导航设备等实施无线电电子压制的方式，保护己方免受来自空中的雷达侦察和航空兵的精准攻击。此外，还可以对无线电防护措施的有效性实施综合性技术检查，其中包括己方无线电电子装(设)备的电磁兼容性和反敌技术侦察，实施主体是军事指挥机关和集群指挥部。

独立对空目标无线电电子对抗团兵力兵器实施无线电压制的主要对象包括：机载搜索雷达，多功能机载雷达，用于保障低空飞行的机载雷达，对空指挥超短波无线电通信设备。

1. 编制和任务

该团的编制包括指挥所、2 个机载雷达无线电干扰营、综合性技术检查中心站和内部保障部(分)队。

(1) 指挥所在编成中包括团指挥所、П-18 和 ПОСТ-3М 雷达无线电技术侦察站。团指挥所可保障发现、定位飞机机载无线电电子装(设)备的信号，并对其进行分析，还能对团所属部(分)队的指挥和无线电压制效能进行检查。

(2) 机载雷达无线电干扰营用于掩护部队和地面设施，免受空中无线电侦察。

(3) 精准空中打击，主要手段是针对敌方飞机机载雷达的接收装置施放主动无线电干扰。此外，还能对战术航空兵指挥线路的超短波通信装置实施无线电电子压制，主要手段是在超短波波段施放主动无线电干扰。

(4) 机载雷达无线电干扰营的编成内包括 2 个无线电干扰连，配备 СПН-2，СПН-4 或者 СПН-30 干扰站，以及对空超短波无线电通信干扰排。

(5) 综合性技术检查中心站主要用于对无线电电子防护措施的有效性进行综合性技术检查，其中包括己方无线电电子装(设)备的电磁兼容性和反敌技术侦察。

(6) 警卫连的任务是保护团指挥所和各部(分)队。

(7) 通信连的任务是布设和使用团通信系统，采取战术措施和技术措施以保障通信安全。

(8) 防空导弹排的任务是在机动和部署期间，掩护阵地区域内的团指挥所和部(分)队免受空中打击。

(9) 工兵排的任务是对地形和设施、侦察区域的工事实施工程侦察；以及检查、搜集有关三防环境态势的数据和信息，并将相关信息传达至团属各部(分)队，对武器和军事技术装备进行灭火和洗消，对其他物资设备实施密封防护。

(10) 物资装备保障排的任务是接收、维护和发放备用物资设备，为汽车和其他特种装备加注燃油和特种液体，组织全体人员的伙食工作和洗浴工作，从部

(分)队中撤运物资设备,对其进行分类编组,使之处于安全状态并根据用途加以发送,此外还可以执行其他后勤保障任务;遂行技术侦察,撤运,维修受损(故障)武器和军事技术装备,使其及时恢复正常。

(11) 医疗点的任务是实施急救、撤运伤员和病人前往军队野战医院,对安全恢复期达 3 昼夜的伤员和病人进行救治,执行卫生保健和防疫措施,为团属各部(分)队提供医疗资源。

(12) 俱乐部用于进行社会文化活动,使军人们保持良好的精神心理状态和专业能力,以便成功执行职能任务。

独立对空目标无线电电子对抗团的组织编制结构如图 1-4 所示,而指挥和干扰设备的战技性能如表 1-5 所示。

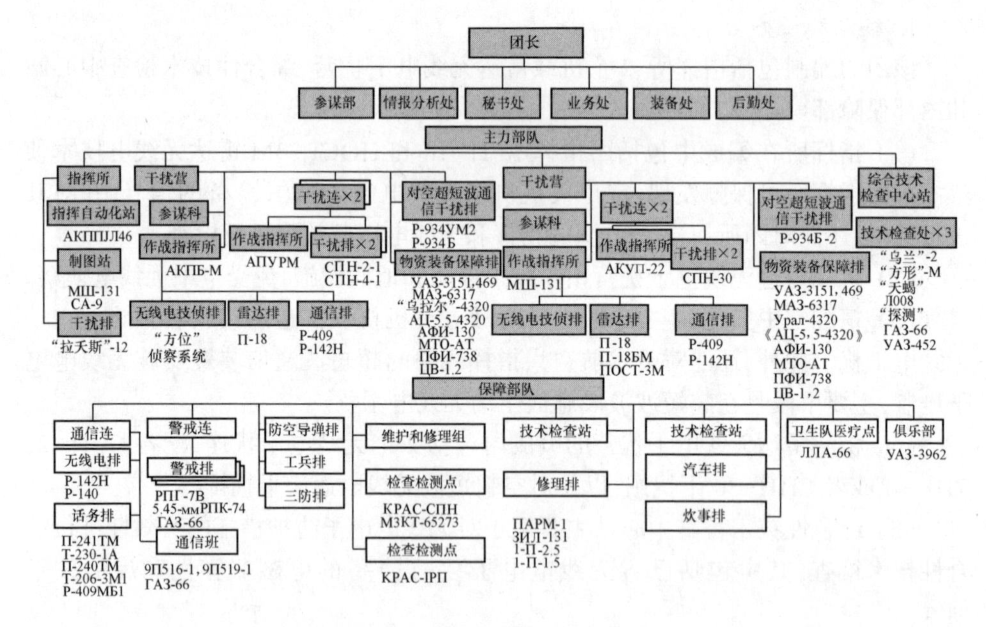

图 1-4　对空目标无线电电子对抗团组成

2. 战斗力

独立对空目标无线电电子对抗团的战斗力表现为代表部(分)队在规定时间内和具体环境下执行任务能力的各项数字和质量指标的总和,部(分)队的能力主要有无线电电子侦察能力、无线电压制能力、综合性技术检查能力和机动能力。

1) 无线电电子侦察能力

无线电电子侦察能力表现为查明(发现)敌方无线电电子装(设)备辐射的情况,确定其编成,隶属关系和位置(坐标),所使用无线电电子装(设)备的工作体制和技术性能,以及获取其他用于无线电电子压制的数据的相关能力。无线电电子侦察能力的指标包括:在单位时间内搜索、观测、查明的敌方无线电电子设施的数

表 1-5　针对机载雷达的干扰站

名称	作用	工作频段/GHz	干扰类型	干扰带宽/MHz 频率准确度/MHz	方位数量	等效辐射功率 /MW	干扰距离
СПН-30	干扰机载弹战斗保障、火控及超低空飞行保障雷达	8.3~10 (3.0~3.6cm)	欺骗 噪声 瞄准	30 15	侦察:1 干扰:1	6.3	100km
СПН-2(М)		13.33~17.54 (1.71~2.25cm)	欺骗 噪声 瞄准 阻塞	6.4~32 240±3.2	侦察:24 干扰:2	10	对飞行保障雷达可达60km;对火控雷达可达150km;对超低空飞行保障雷达可达50km
СПН-4(М)		8~10.17 (2.95~3.75cm)		6.3~19.2 228±3.2		25	对飞行保障雷达可达60km;对火控雷达可达150km;对超低空飞行保障雷达可达50km

量、位置,探测能力的上限和下限、使用的频段、使用信号的数量等。

当敌方飞机的飞行高度为10~12km时,无线电技术侦察设备的最大探测距离可以达到400~450km。ПОСТ-3М无线电技术侦察站可以在1h内发现至少30个空中目标的雷达信号,并对其进行分析。

无线电电子对抗营装备的监测能力为:

(1) Р-378А:12个短波线路监测能力。

(2) Р-330Б:12个超短波线路监测能力。

(3) Р-934Б:4个对空超短波线路监测能力。

(4) 使用连续监测模式时,共计可监测28~56个无线电通信;使用间歇式监测模式时,可监测84~112个无线电通信。

2) 无线电压制能力

对雷达侦察设备、无线电通信设备、无线电导航设备的无线电电子压制能力取决于将干扰信号施加于敌方部队指挥和武器控制系统内的能力。无线电电子压制能力的指标包括:可同时压制的目标数量、无线电电子压制的距离(覆盖区域),被压制的频段(波长)、被压制信号的类型和数量,被掩护设施的数量等。

无线电电子对抗营装备的压制能力为:

(1) Р-378А(4台):可压制12~48个短波无线电通信线路。

(2) Р-330Б(3台):可压制12~36个超短波无线电通信线路。

(3) Р-934УМ(4台):可压制4~16个对空超短波无线电通信线路。

(4) 总计28~100个无线电通信。

3) 综合技术检查能力

独立对空目标无线电电子对抗团掩护目标免受敌方战机机载雷达探测,避免受到精准轰炸和雷达侦察的能力取决于干扰站有效作用功率和被压制机载雷达功率的比值,同时还受被掩护目标散射电磁能量的有效面积的影响,可以通过掩护距离的数值加以评估。执行综合性技术检查的能力表现为:查明无意无线电干扰源、信息泄露的技术渠道,防护武器和技术装备特征暴露,掩护部队和装备活动的能力。

在独立对空目标无线电电子对抗团执行作战行动期间,可以全体出动,也可以在分散的战斗队形中,根据掩护战役军(兵团)部队集群(部署在不同方向)的需要,以连为单位逐次出动。无线电干扰连的阵地应选在预估的敌方空袭武器可能来袭的方向,且靠近被掩护的设施和部队驻扎的区域。

团指挥所通常与雷达干扰连设在一起,通过团自动化指挥所保障装备进行自动化指挥。团自动化指挥所和无线电干扰连自动化指挥所之间的距离取决于二者之间能够进行可靠通信的距离。如果形成了分散的战斗队形,则应使用无线电干扰自动化指挥所来指挥干扰设备。

СПР-1无线电引信干扰站的掩护范围为3~4个炮兵营大小的目标。

4）机动能力

机动能力则主要表现为部队转移至指定地区，在作战阵地上展开部署，调整无线电电子对抗的能量转往其他方向和目标等的能力。机动能力的指标包括：展开时间、收起时间、作战流程转换时间、调整辐射方向和频段（频率）所需时间等。

1.3.3 无线电电子对抗兵力兵器的作战使用方法

无线电电子对抗兵力兵器的作战使用方法包括：对敌方无线电电子设施实施干扰压制的流程，以及对己方部队指挥和武器控制系统执行无线电电子防护措施。相关方法取决于所担负的任务性质、任务规模、执行时限、所拥有的无线电电子对抗兵力兵器，以及无线电电子压制、无线电电子防护和无线电电子信息保障等要素的综合作用。

1. 分类

根据对敌方无线电电子装备施加影响的时间和规模，可以将无线电电子对抗的作战使用方法分为密集型、选择型、密集—选择型。

（1）密集型方法是指己方使用全部或者大部分无线电电子对抗兵力兵器同时对多个敌方无线电电子设施实施无线电电子压制，以便在执行战役任务期间瓦解敌方的部队指挥控制系统。密集型方法适用于有足够多的无线电电子对抗兵力兵器的条件，通常还要辅之以对敌方重要无线电电子设施的综合性火力毁伤。

（2）选择型方法是指在执行无线电电子压制任务时，在选定的方向上以一定的时间间隔实施压制，以便在己方部队执行某些战术任务期间瓦解敌方的部队指挥和武器控制系统。选择型方法可以使敌方集群中的某些无线电电子设施无法正常使用。选择型方法适用于己方无线电电子对抗兵力兵器数量有限的情况，或者是密集使用电子对抗兵力兵器与作战（战役）意图不符的情况。

（3）密集—选择型方法是指综合搭配使用密集型和选择型方法，在作战行动的特殊时期在某些方向上对最大数量的敌方无线电电子设施进行无线电电子压制。同时，在其他方向上也要对某些无线电电子设施进行选择性压制毁伤。该方法是保障主要方向上部队作战行动（战役）时所使用的基本方法。

2. 作战效能的实现

伊拉克战争期间，无线电电子对抗就规模而言已经进入了全新的阶段。在这种作战模式下，“沙漠风暴”地面行动开始前72h，伊拉克武装力量的无线电指挥网络和防空雷达已经受到干扰，在美军为首的多国部队攻击集群开始行动前6~8h开始针对伊拉克的武装力量指挥控制系统、歼击航空兵、防空导弹系统等施放密集干扰。无线电电子对抗的成功再一次将各军事强国的注意力集中于掌握无线电电子对抗的方法和发展相关的设备方面。在传统毁伤兵器和无线电电子对抗装备的“费效比”方面的深入对比表明，应当进一步提升无线电电子对抗的地位和作用。

重要的是，高精度武器的出现刺激了无线电电子对抗装备的运用，从简单的自身防护设备到完善的无线电电子对抗装备可以使某些类型的高精度武器无效甚至无用。未来对无线电电子对抗系统进行评估时，可以将其看作一种能够防止侵略的武器。应当认真对待无线电电子对抗系统可以用于对抗最现代化的战争兵器，并破坏对部队的指挥和对武器的控制的观点。另外，某些新型无线电电子对抗装备可能作为人道主义武器加以使用。对当前及未来无线电电子对抗装备的研究表明，无线电电子对抗已经从一种作战保障形式转变为更加重要的直接作战行动组成部分，合成作战行动的过程和结果都在很大程度上取决于无线电电子对抗的效能。

当前及未来一段时间，武器系统的战斗力在很大程度上取决于其无线电电子装(设)备和电脑的运行效能。因此，西方发达国家目前都把提高作战单位的指挥效能作为首要发展重点。指挥流程集约化的一个重要因素是通过预警敌方行动来夺取相对于敌方的信息优势，主要方法是实时掌握全球态势。一些美国军事专家认为，21 世纪的部队不会像现在这样以武器系统为基础来编组，而建立在信息化基础上的编成，以便部队指挥员能够完全发挥部队的潜在能力。各种自动化系统的集成可以获得战场态势信息，在指挥层面夺取相对于敌对一方的优势，确保预判敌方的决策，弄清复杂的态势，并及时将相关信息通报所属部队，作出最优的决策，达成最佳效果。

诚然，指挥控制系统不是战斗力的载体，因为其无法直接带来敌方的损失，也无法保护己方部队免受敌方打击，只能用于搜集、处理和发送信息，但是，指挥控制系统的工作效能会影响到部队战斗力的发挥程度。在指挥控制系统工作效能方面相对于敌方的优势，是使现有兵力兵器效能最大化，以及在尽可能短的时间内、以最小的代价完成交付任务的前提，拥有高效指挥能力的一方可以改变实际力量对比关系。

要夺取指挥方面的优势，需要瓦解敌方的部队指挥和武器控制系统，同时保护好己方的指挥控制系统。要通过查明和消灭(火力毁伤、切断或使之失灵)敌指挥控制系统单元从而达成瓦解敌方指挥的目的，或者使用无线电电子杀伤(功能毁伤、使用自制导武器毁伤、电子压制)和其他特殊手段(虚构信息、迷航、佯动行动)以降低敌方指挥效能。在此情况下，作战行动的成功与否在很大程度上取决于其准备、组织和有效实施无线电电子对抗(将其作为重要的作战行动组成部分)的能力。

战斗的胜利不仅取决于技术装备，还有赖于经过良好培训的指挥员及其参谋部。指挥的基础是指挥员的决策。要进行决策需要研究和分析各种不同的要素，但无论指挥员受到的训练如何有素，都需要在参谋部的帮助下应对复杂的任务。工作中的协调性、保障行动中各级人员的协同、在执行任务时严格遵守设定的次序和时间等，都是参谋部工作中的高度组织性指标。作战准备和实施过程中很多问题的解决，很大程度上依赖参谋部军官的工作风格和质量、创造性和创新能力。

第 2 章　机械化旅在战斗行动中的无线电电子对抗组织

2.1 引　言

无线电电子对抗是一种战役(战斗)保障类型。以陆军机械化旅合成作战为例,其作战要素组成如图 2-1 所示,分别是第一梯队、第二梯队、联合预备队、直属炮兵、防空反导分队、反坦克分队、设障分队、无线电对抗分队和航空(武装直升机)部(分)队九大要素。电子对抗部队作为重要的作战保障类型力量出现,其在机械化旅作战的位置如图 2-1 中画圈部分所示。作为一种战役(战术)保障力量,组织和进行无线电电子对抗是为了破坏敌方人员和武器装备的指挥控制系统,降低其武器装备和电子装(设)备的作战效能。同时, 在火力打击敌方、夺取阵地或

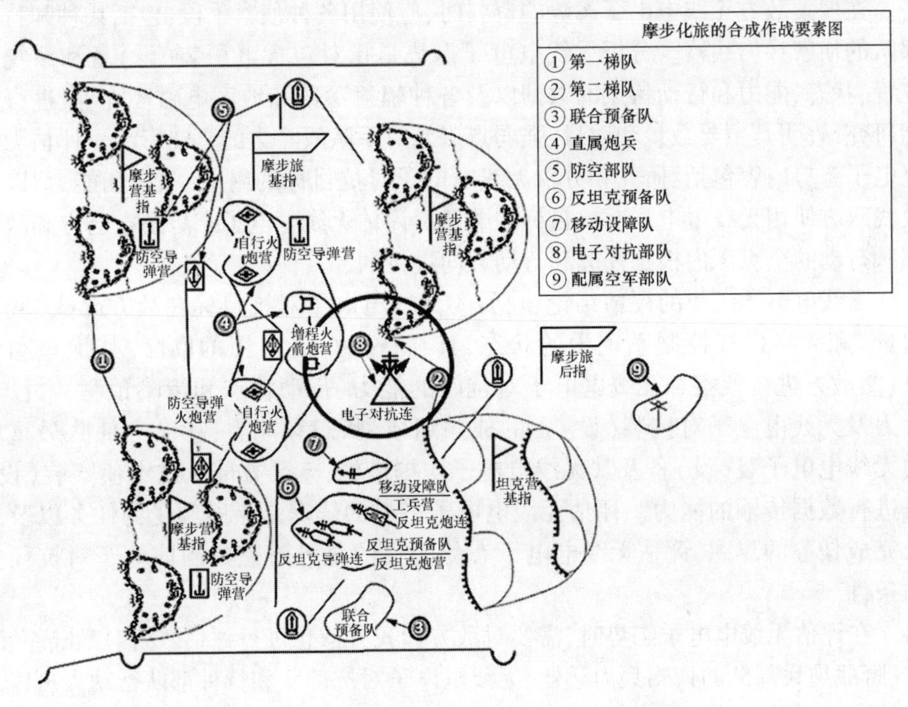

图 2-1　无线电电子对抗在机械化旅中的地位

是撤出战斗等过程中与其他部队紧密协同,保障己方指挥控制系统的稳定工作。

2.2 机械化旅指挥部关于无线电电子对抗的组织和指挥

战斗行动中的电子对抗由机械化旅旅长总负责,电子对抗作战的直接组织者是机械化旅参谋长以及关于电子对抗的参谋长助理(电子对抗方向参谋)。在战斗行动中,无线电电子对抗组织包括:明确无线电电子对抗任务;评估无线电电子态势;准备无线电电子对抗建议;定下决心;向部队下达无线电电子对抗任务;制定无线电电子对抗计划;组织无线电电子对抗协同;组织对无线电电子对抗部队兵力兵器行动的全方位保障;组织对无线电电子对抗兵力和兵器的指挥部署。

1. 明确无线电电子对抗任务

在明确所受领的无线电电子对抗任务这一环节时,机械化旅旅长必须知晓:上级首长进行无线电电子对抗的意图;达成任务过程中自己部队的地位和角色;在所面临的战斗行动中,无线电电子对抗的目标和任务;上级、友邻部队兵力兵器要完成的无线电电子对抗任务;同其他单位进行协同的秩序。

2. 评估无线电电子态势

为了组织无线电电子对抗,应搜集资料和共享情报,分析和评估无线电电子态势。在搜集敌方无线电电子态势的资料时,应使用各种侦察手段,包括兵种和特种部队的侦察兵力兵器。分析无线电电子态势是指对包含电子装(设)备和系统的位置、状态、能力和行动特点的数据以及各种辐射参数和地区电磁环境等,进行定期研究,查明其主要数量和质量、强弱点以及对军队战斗力的可能影响。评估无线电电子态势内容包括:研究和分析无线电电子对抗目标的组成、状态和能力,以及敌我双方使用无线电电子对抗目标的顺序。评估无线电电子态势是在己方和敌方部队行动的全纵深内根据任务和行动方向进行的。

无线电电子态势的评估结论包括:①无线电电子对抗目标在敌方部队(武装力量)和武器指挥控制系统中的状态,其在行动可能使用的顺序、其优势和劣势;②敌方进行侦察和无线电电子对抗时的能力、行动特点和策略预测;③己方兵力及无线电电子对抗装(设)备的战斗组成、状态和能力;④己方部队最重要的无线电电子装(设)备及其无线电电子防护措施;⑤己方部队技术侦察装(设)备进行数据传输的能力。评估无线电电子态势的依据是旅所领受的任务以及旅长完成任务的意图,评估无线电电子态势的目的是弄清完成当前电子对抗任务的条件。

在评估无线电电子态势时,需要对敌方和我方信息进行评估。要对敌陆军、防空、野战炮兵部队的侦察兵力兵器、无线电电子对抗部队和特种部队行动人员以及高精度武器导航系统的无线电电子装(设)备进行分析。分析的目的是确定每一个指挥控制系统体系中无线电电子设备的用途、组件和易损环节，确定敌方部队（兵力）和武器指挥控制系统中无线电电子设备使用的特点、作用和地位。根据分析的结果确定出指挥控制系统中最重要（最关键）的无线电电子目标（设备），对其火力打击和无线电电子压制可瓦解敌方部队（兵力）指挥控制系统，降低敌方战斗力。兵种、特种部队和各部门指挥员要分析敌方侦察指挥控制系统和无线电电子对抗系统的能力，组织对己方无线电电子装（设）备的防护，提高下属兵力兵器的作战效能。

评估己方部队时要分析：下属部队瓦解敌方部队和武器指挥控制的能力；下属无线电电子对抗部队的组成、状态；己方兵力兵器指挥控制系统中无线电电子装（设）备的状况；己方作战集群中无线电电子防护的能力；部队进行综合技术检查的能力。

此外，还要评估战斗行动地域的电磁波传播条件、气象和地理因素。要将无线电电子态势的评估结果报告给旅长和旅参谋长，并告知所有参谋部的责任人员（职责相关人员）。必要时要将无线电电子态势评估结果告知其他指挥部门。根据无线电电子态势的评估结果确定部队进行无线电电子对抗的训练，确定获取敌方部队（兵力）、武器指挥控制系统和无线电电子对抗的无线电电子目标情报的行动和措施。

3. 拟定无线电电子对抗建议

为了辅助旅长定下决心，由电子对抗营拟定战役中电子对抗的建议。电子对抗建议的基础是实施电子对抗的意图。电子对抗意图是在旅长的战斗意图、电子对抗任务和无线电电子态势评估结果的基础上制定的。电子对抗意图包括遂行电子对抗任务的主要方法思路，具体为：①在战斗行动中无线电电子对抗的目标和任务，集中主要兵力进行无线电电子对抗的方向；②在战斗行动中无线电电子对抗兵力兵器的使用形式和方法；③无线电电子对抗兵力兵器集群；④己方部队最重要无线电电子对抗系统进行无线电电子防护的主要措施；⑤进行综合技术检查的顺序。电子对抗的建议包括：机械化旅的电子对抗任务、无线电电子态势的评估结果、电子对抗的实施意图、电子对抗部队的任务。

4. 定下决心

在定下决心时机械化旅旅长要明确：进行无线电电子对抗的意图，无线电电子对抗部队的任务，对己方部队和目标进行无线电电子防护的行动，组织对无线电电子对抗部队兵力兵器的指挥、协同和保障顺序。

5. 下达无线电电子对抗任务

当旅长宣布战役决心后，参谋长细化电子对抗任务，并下达制定计划的指示。机械化旅的电子对抗任务用电子对抗号令的形式下达，而电子对抗部队的任务用战斗号令的形式下达。

6. 制定无线电电子对抗计划

组织电子对抗的最重要阶段之一是制定电子对抗计划。在制定计划时,应根据旅长的战役决心,详细制定完成电子侦察、电子压制和电子防护任务的内容、方法和顺序。电子对抗计划的制定应考虑已经完成的对重要电子目标的火力摧毁计划,并与战役伪装措施进行协调。电子对抗计划由旅参谋长与各合成力量指挥部一起制定,并组织协同旅参谋作战组及其他合成兵种的作战组参加。旅参谋长负责电子对抗计划制定的组织工作,并就电子对抗问题与各兵种、特种部队的本级指挥员进行协调。制定无线电电子对抗计划的依据是:旅长的战斗决心和指示、所领受的任务、上级指挥机构的电子对抗号令。电子对抗计划内容包括:①电子对抗部队的使用秩序;②通信与电子侦察任务的实施程序,以便向电子对抗部队指示目标,实施电子压制;③对主要目标实施电子压制的程序、方法和时间;④电子防护措施。

在制定电子对抗计划时,要确定对敌方重要电子目标(在旅长的决心中就已确定)的火力摧毁程序、方法和时间,明确具体的干扰目标;细化无线电电子对抗部队的任务及完成方法;确定无线电电子对抗部队的出发阵地、战役中的展开流程和转移流程、主要阵地和预备阵地及指挥所的位置;根据战斗任务分配无线电电子对抗兵力兵器;建立无线电电子对抗兵力兵器预备队;进行破坏敌指挥控制系统的作战计算,并确定对无线电电子对抗兵力兵器的协同和指挥控制程序。

无线电电子防护计划由各合成兵种和特种部队的本级指挥员负责(各兵种和特种部队都装备电子装(设)备)制定,包括制定己方电子装(设)备和系统的反无线电技术侦察、反无线电电子压制和反精确制导武器的防护措施以及抗自扰、互扰措施。兵种和特种部队指挥员就无线电电子防护措施与无线电电子对抗方向参谋进行协调。在制定对敌重要电子目标的火力打击计划时,电子对抗参谋可参加火力打击计划制定。

无线电电子对抗的有关措施要纳入作战计划、各合成兵种和特种部队的作战实施计划以及其他作战保障计划,整体措施纳入无线电电子对抗作战计划。无线电电子对抗作战计划由无线电电子对抗营长绘制在地图上,并附文字说明。必要时,将计划的附表制成电子对抗实施表。在无线电电子对抗作战计划的地图中应反映的主要内容如下:

(1) 在旅的责任地带内,敌方的主要指挥所及其重要电子设施。

(2) 敌方侦察和电子战兵力兵器实施侦察和无线电电子压制的能力。

(3) 作战环境的必要数据。

(4) 无线电电子对抗部队的阵地。

(5) 侦察和电子对抗协同部队的阵地。

(6) 编制内侦察和电子对抗部队以及协同部队的能力。

(7) 根据旅的任务,电子对抗兵力兵器的分配情况。

(8) 对敌方指挥所和无线电电子设施实施的火力突击和行动。

(9) 无线电电子对抗的目标。

在电子对抗计划的附注说明中应包括:无线电电子态势的评估结论;旅的电子对抗任务;电子对抗的实施意图;下属部队的电子对抗任务;电子防护的协调措施;指挥关系和协同关系;遂行任务的准备期限;电子对抗兵力兵器的预备队。

在电子对抗实施进程表(表2-1)中应反映:电子对抗兵力兵器对敌指挥控制系统和设备实施电子压制的期限和顺序;总的电子防护措施;敌电子设施的火力摧毁措施。

表2-1　电子对抗实施进程表("k"指战斗开始时间)

旅的任务	电子对抗任务	参战兵力兵器	电子对抗实施时间/h					
			$k-2$	$k-1$	k	$k+1$	$k+2$	$k+3$
			(具体兵力兵器遂行每一项任务的措施)					

2.3　机械化旅战斗行动中无线电电子对抗营的目的、任务和对象

无线电电子对抗营开展无线电电子对抗组织工作始于接到旅参谋长关于无线电电子对抗的作战命令和指示。根据接到的文件,无线电电子对抗营首先应当深入了解无线电电子对抗的任务,并全面评估无线电电子态势。

在战斗行动中,无线电电子对抗营的组织包括:明确无线电电子对抗的任务→评估战术环境和无线电电子态势→营长就组织无线电电子工作准备预案→做出决定并向部(分)队下达任务→无线电电子对抗组织协同→为作战期间配属营编制内的无线电电子对抗部(分)队的兵力兵器提供全面保障→组织指挥无线电电子对抗兵力兵器,以及其他措施。

1. 行动目的和任务

在防御战斗中,无线电电子对抗组织和实施是为了破坏敌方部(分)队的指挥控制,降低其使用武器、技术侦察设备的效能,以及保障己方部(分)队指挥控制系统的可靠工作。实施无线电电子对抗应与火力打击密切配合,并辅之以消灭敌方部(分)队主要指挥所和武器控制系统。实施无线电电子对抗的方法是对敌方指挥控制设施进行无线电电子毁伤,对己方部(分)队指挥设备进行无线电电子防护,反敌技术侦察,以及同其他作战保障方式相互协同。

2. 行动对象

在敌方部队指挥控制体系中,需要破坏瓦解的对象包括:指挥所、通信和自动化系统、信息传输过程和信息本身、指挥机构人员和班组,侦察、通信和自动化装(设)备。无线电电子兵力兵器可以有效作用于敌方指挥所、指挥机构、通信节点、自动化指挥控制系统等,瓦解敌方对部队和武器的指挥控制。

3. 任务实施

为执行无线电电子对抗需要使用侦察兵力兵器、营属分队、炮兵分队、航空支援分队、战术空降兵分队、无线电电子对抗分队、工兵分队和三防分队。

炮兵在部队的作战行动中是摧毁敌方指挥所和无线电电子设施的重要力量。炮兵的毁伤对象包括位于其射程内的敌方指挥所和无线电电子设施。炮兵比较适于打击从阵地前沿至纵深 15km 处分布的指挥控制体系目标,包括旅级指挥所、营级指挥所、雷达站、前沿航空引导员、无线电台站、无线电技术侦察站以及无线电干扰站。

现代化的诸兵种合成战斗中,直接支援航空兵在摧毁敌方指挥所和无线电电子设施时也发挥着重要作用,它能够在战术纵深内有效摧毁重要的指挥控制系统设施。直接支援航空兵用于摧毁从前沿到纵深 10km 处的指挥所和无线电电子设施,打击对象包括营(大队)指挥所,旅指挥所、独立的雷达站、无线电导航站、侦察和电子战部(分)队。航空兵执行作战行动的主要方式包括依次或者同时进行打击,目标选定可以根据呼叫或者提前指定,也可以独立搜索并摧毁指挥控制系统目标。

运用无线电电子对抗营属部(分)队、特种部队、空降兵、侦察破坏小组也可以有效切断敌方指挥所的指挥控制活动。压制或瓦解的重要指挥目标包括:通信节点和营指挥所;战术火箭军的无线电电子设施;战术航空兵的指挥中心和导航站;防空部队预警和制导雷达;无线电电子指挥控制系统的指挥中心;侦察和电子战部队的指挥所;独立的通信节点和机动计算中心。切断(使失效)敌方指挥所利用无线电装(设)备开展的指挥活动主要是在进攻或机动过程中实施,可以使用营属兵力兵器、旅第 1 梯队战术保障地带的突击分队、侦察破坏小组、特种部队和民兵武装力量。在对敌方指挥控制系统设施实施切断前应对其进行侦察,全面分析研究敌方指挥所或无线电电子设施情况。对某些小型的敌方指挥控制设施可以通过先头部队和前卫部队实施摧毁;对大型指挥所的摧毁,应集中主要力量消灭其最重要的组成部分,如作战行动指挥中心或者通信节点。

战术空降部队执行切断敌方指挥控制活动的作战行动时,其目标包括敌方指挥所,侦察部队、旅和营的无线电电子设施,以及防空兵、航空兵和电子战部(分)队,其行动实施过程需要炮兵和航空兵的支援。

侦察小队(组)执行切断敌方指挥控制活动的作战行动时,其目标包括敌方诸兵种部队指挥所,指挥、导引和识别站、航空兵和防空系统、通信节点和独立无线电电子装(设)备。侦察小队开展行动的目标通常是只有少量的作战人员和小功率无线电电子装(设)备。

从战术的观点看,无线电电子对抗营实施战斗行动破坏敌方指挥控制体系的影响在于:在一定时间内使敌方难以接收和传输指挥控制信息,更重要的是将其部分指挥员和参谋部门隔绝在整体作战指挥流程之外,最终使敌方的部分兵力兵器无法参与作战行动。此外,还会导致在敌方指挥体系恢复期间,敌方部分作战潜力无法发挥。

2.4 无线电电子对抗营指挥员和参谋部的无线电电子对抗组织

在战斗中,执行无线电电子对抗任务由无线电电子对抗营营长负责组织,在遂行无线电电子对抗任务中应开展以下行动:发现(侦察)敌方指挥所和无线电电子设施;使用所拥有的兵器对其实施火力打击;对敌方的无线电电子装(设)备实施干扰或压制,保护己方的无线电电子装(设)备和其他设施。

近年来局部战争的经验表明,无线电电子对抗在武装斗争中的地位和作用不断增长。显然,在现代化作战行动不断加快,武器性能不断提高的背景下,要想获胜就必须能够夺取和保持在无线电电子装(设)备、侦察系统、部队指挥和武器控制系统、无线电电子对抗等方面的优势。考虑到无线电电子对抗对作战行动的进程和结果的影响不断加大,必须在各型战斗中持续完善遂行无线电电子对抗的设备和战法,这也是保障部队战备能力,确保其在战争中取胜的重要任务之一。

1. 明确无线电电子对抗作战任务

在领受任务阶段,营长应当明确:

(1) 上级指挥员开展无线电电子对抗的意图,在实施过程中自己的地位和作用。

(2) 在当前的战斗中无线电电子对抗的目的和任务。

(3) 需使用上级指挥员和友邻部队所属的兵力兵器来执行的无线电电子对抗任务及其协同秩序。

营长和参谋长应彻底弄清楚无线电电子对抗的任务,营所属部(分)队指挥员则应了解与任务相关的内容,如图 2-2 所示。

2. 无线电电子对抗态势评估

在对敌方进行评估的过程中,营长和参谋部应在对敌方作战集群及其行动策

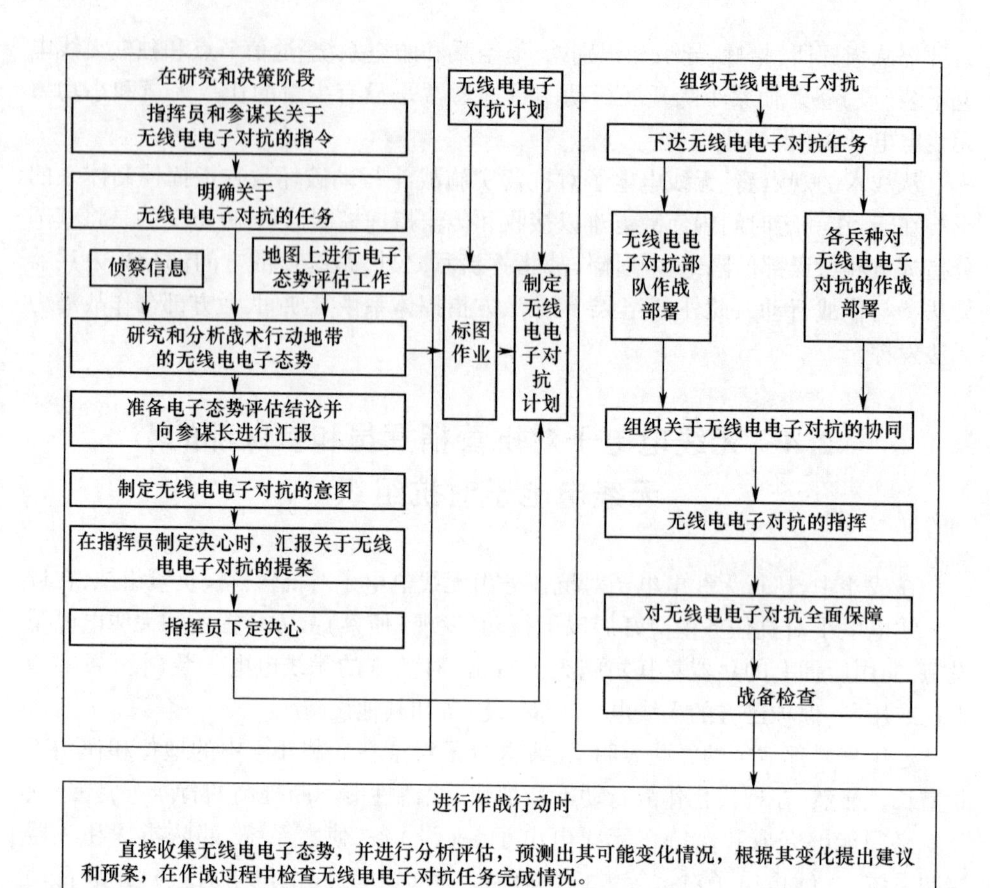

图 2-2　关于电子对抗准备的流程

略进行评估的同时，还必须对无线电电子态势进行评估。

评估无线电电子态势包括研究和分析敌方和我方的编成、状态、无线电电子装备的性能、使用方法等信息。评估可根据敌方部队和己方部队在作战纵深范围内的任务及行动方向加以实施。

1）敌方态势评估

在对敌方情报进行评估时，可以对敌方陆军部队、防空部队、航空兵、野战炮兵、侦察兵力兵器、无线电电子对抗部队、特种部队的指挥控制系统无线电电子装（设）备，以及高精度武器的引导系统进行分析。分析旨在确定每个指挥控制系统无线电电子设施的用途、隶属和薄弱环节，了解其使用特性，在指挥部队和控制武器方面的地位和作用。根据分析结果，可以确定最重要的指挥控制系统的无线电电子设施（组件），对其实施火力毁伤和无线电电子毁伤，进而致使敌方部队指挥和武器控制系统失效，降低其战斗力。

营属部(分)队指挥员分析敌方侦察指挥系统和无线电电子对抗的能力,用于组织对己方无线电电子设施的无线电电子防护,提高使用所属兵力兵器的使用效能。

2) 己方态势评估

在评估己方部队的信息时,应当一同分析的问题如下:

(1) 所属部(分)队在破坏敌方部队指挥和武器控制方面的能力。

(2) 在战斗中执行无线电电子防护时,指挥控制己方部队和武器的无线电电子装备的编成、状态及性能。

(3) 考虑相邻部(分)队无线电电子装(设)备的工作情况,并明确己方部队无线电电子装(设)备与其同时工作的情况下如何避免相互干扰。

(4) 此外,还需要评估战斗区域内的天气和地理条件。正确地评估地形、天气和季节的影响,明确在哪些范围,什么时间适于释放烟幕和气溶胶幕,以及启动红外探照灯,在什么样的地形可以借助其伪装特性免受敌方技术侦察设备探测,这对于战斗非常重要。

3) 明确评估结果

在对无线电电子态势进行评估的基础上,营指挥部得出结论并明确:

(1) 敌方部队和武器指挥控制系统中的无线电电子设施的状态,战斗中可能的使用流程,其优势和弱势方面。

(2) 敌方在执行侦察和电子战时的行动能力和可能特点。

(3) 对己方无线电电子装(设)备实施无线电电子防护的程序。

(4) 营属部(分)队组织反敌技术侦察以及执行综合技术检查的能力。

3. 无线电电子对抗的组织措施

对于无线电电子态势的评估结果应向旅参谋长报告,并传达给旅指挥部所有人员,以及与此相关的各部(分)队指挥员。根据对无线电电子设施的评估结果,可以确定营属各部(分)队准备遂行无线电电子对抗的相应措施,以及为获取有关敌方部队指挥和武器控制系统中的无线电电子设施的补充信息而采取的措施和行动。

1) 定下作战决心

在组织无线电电子对抗时,无线电电子对抗营营长应明确的内容如下:

(1) 兵力兵器的调动部署,在什么时间,对哪些敌方指挥所和设施实施侦察和火力打击,或者实施无线电干扰和压制(使失效)。

(2) 使用无线电电子压制设备的秩序。

(3) 执行无线电电子防护和反敌技术侦察的任务。

(4) 准备时限。

营长在制定战斗决心时应明确的内容如下:所属部(分)队执行无线电电子对

抗的任务,以及执行任务的秩序和方法;无线电电子对抗协同所面临的主要问题。

2）明确行动措施

无线电电子对抗的行动措施应反映营长的作战决心,并在部(分)队指挥员的作战部署图中明确的内容如下:

(1) 应予火力毁伤的敌指挥控制系统设施。

(2) 施放烟幕的范围、时间和方式。

(3) 开启红外线探照灯的范围和时间。

(4) 雷达和红外伪装的区域和范围,假的指挥所和阵地,红外诱饵的布设地点。

(5) 参与的无线电电子对抗部(分)队、各兵种和特种作战兵力兵器部署,以便在作战行动中执行无线电电子对抗任务。情报侦察兵力兵器部署,以利于在无线电电子对抗行动中获取敌方部队指挥和武器控制的情报。

(6) 陆军航空兵、防空部队、导弹和炮兵部队的兵力兵器部署,以利于在无线电电子对抗行动中使用常规武器和反辐射武器对敌方无线电电子设施实施打击,对其光电侦察设备、观测设备、通信和指挥设备实施干扰。

(7) 工程部队和三防部队的兵力兵器,以利于在无线电电子对抗行动中使用放射性、激光、红外反射镜、伪装设备和模拟设备以掩护真实目标和构建虚假目标,使用气溶胶对抗敌方光学、红外、热成像、电视、激光等类型的侦察设备和系统。

营参谋长基于营长的作战决心,根据作战任务细化执行无线电电子对抗任务的流程,组织无线电电子对抗的协同行动,对营指挥部人员和无线电电子对抗部(分)队指挥员的工作进行安排。

无线电电子对抗的地面部队和航空兵部(分)队构成了无线电电子对抗兵力兵器的基础。地面电子对抗部队主要用于执行对敌方的无线电电子设施实施无线电电子侦察和压制的任务,此外还能对己方无线电电子设施的运行情况,以及防护己方设施免受敌方技术侦察设备影响的情况实施综合技术检查。航空兵部队的无线电电子对抗部(分)队主要用于对空中目标的雷达探测设备,歼击航空兵的导航设备、防空导弹系统的目标指示设备、防空导弹和空射导弹的导引头进行无线电电子压制。

综合技术检查站用于对部队和指挥所执行的反敌技术侦察措施进行检查,并评估其效能,此外还可以检查己方部队作战序列中无线电电子装(设)备的电磁兼容性保障要求的遵守情况。

3）确定影响伪装的因素

上述组织和遂行无线电电子对抗的措施可以在各种战斗和其他行动中充分实施,特别应强调的是,其中某些措施对于一些具体的环境条件而言非常重要。例如,在准备防御作战时,比较重要的是规划和保障执行反敌技术侦察措施。在规划和执行反敌技术侦察的措施时,必须首先确定营属部(分)队、指挥所和无线电电子装(设)备是否存在的影响伪装的特征。其中主要包括:

(1) 作战装备和特种装备的编成和外观。

(2) 技术装备、指挥所和无线电电子设施在地面的分布特点。

(3) 阵地上的工程设备。

(4) 指挥所和指挥控制系统到前沿的距离。

(5) 指挥所无线电电子装(设)备的数量、类型及其工作模式,指挥所和无线电电子设备的调动调整程序;防空部队和无线电电子对抗部队的无线电电子装(设)备的工作运行机制。

4) 反侦察伪装和欺骗措施

考虑到敌方会使用各种不同的设备实施侦察,需要查出明显的破坏伪装的特征,包括设施的雷达散射特征与背景的对比度,装备的热辐射,在作战行动区域内雷达探测范围的变化等。积累这些数据,有利于在作战准备时可以更加具体地规划,并采取更有效的措施应对敌方的技术侦察设备。明确了破坏部队和设施伪装的特征后,无线电电子对抗营应研究制定措施加以消除,或者采取欺骗的技术手段。具体包括:

(1) 为了掩护部队和设施免受敌方技术侦察设备探测,可在集结地域设置伪装板、热诱饵、角反射器,同时保持完全的无线电静默。

(2) 在防御战斗中,当部队执行机动和部署任务时,最重要的无线电电子对抗任务是压制敌方空中和地面的无线电技术侦察、雷达和光电侦察,以及对己方部队实施无线电电子防护。为此,可利用地形的伪装特性,夜暗条件和伪装设备。

(3) 限制或完全禁止会产生电磁辐射的作业。

(4) 通报敌方侦察卫星飞机等的飞临情况,以及敌方可能使用精确制导武器的情况。

(5) 如果环境允许,可以使用上级所属的兵力兵器构筑的虚假部队部署区域、指挥所。

(6) 使用反射器、模拟器和伪装设施伪造虚假的机动线路。

(7) 为提高虚假设施的可信度,还可以安排无线电电子装(设)备进行工作。

(8) 广泛使用烟雾和气溶胶。为做好掩护免受敌方技术侦察,可以在行动线路的开阔地带,火力阵地、炮兵阵地等区域施放烟雾;应当形成区域性的低浓度伪装烟幕(轻烟),构建虚假目标,以及热辐射源。当发现敌方的光电、无线电电子装(设)备时,应当使用支援炮兵火力或者编制武器将其摧毁。如果要将其致盲可以使用烟幕或者气溶胶幕。

(9) 当敌方使用高精度武器时,为减小其效能,可以发射拦截弹、热诱饵和偶极子反射器。

(10) 如果部署了指挥所、通信节点和其他无线电电子设施,应特别注意提高其生存能力,其中包括组建冗余的无线电网络和定向的无线电通信,定期变换的通信信道,以及采取措施避免无线电电子装(设)备相互干扰影响,并查明非故意干扰源。

(11) 为了保护己方设施免受敌方侦察—打击系统和反辐射武器的攻击,可以设置雷达信号模拟器、诱饵发射机,或者使用专门的防护设备。

(12) 在构筑掩体和阵地时,除了使用简便材料加以伪装,还可以采取多种措施,进行雷达、光电和热能方面的伪装。

2.5 实操练习——营长和参谋部组织无线电电子对抗的实施

本节的目的主要是帮助深化和强化读者在组织无线电电子对抗方面的理论知识,参考研究无线电电子对抗营在防御战斗中使用兵力兵器的流程以及针对无线电电子对抗中使用营属兵力兵器进行计算和图表作业,推动读者积极探索,帮助读者在所学的原则基础上灵活运用。

2.5.1 作战想定

1. 基本态势

为稳定日益激化的社会政治环境,"西方"及"志愿国家联盟"(敌,蓝方)组建了陆上、空中和海上集群。在边境附近的部队于10月6日至7日被集群第1梯队的旅所替换。加强了各种形式的侦察,准备好行动路线和部署区域。特种部门和特种部队进行信息—心理战以及特种行动,执行扩大间谍网络的行动,组建和领导非法武装组织,投送侦察破坏小组。

从10月1日开始,"东方"通过外交途径采取了稳定态势的措施,强化各种形式的侦察,保护国境,采取措施提高部队的战备水平和机动性。

根据演习类型,"东方"的联合战役司令部(下辖第224、225、226、227、228独立机械化旅,230独立机械化营,军(兵团)和部队,特种部队)进入集结地域。从10月3日起,来自快速部署部队和快速反应部队力量进入靠近国境的责任区。工程部队执行地面工事构筑行动。边防部队执行强化边防任务,保持警戒体制,保护和防卫重要的国家设施。特种部队俄军事力量的编成和国家安全部门的兵力兵器相互协同,打击非法武装组织和空降破坏部队,采取措施准备对居民点进行防御。

第224独立机械化旅集结地域包括卡兹里(2256为地图坐标,下同)、多布列涅沃(1454),以及盖纳河左岸、扎格利耶(0665-1)和泽穆宾(1583)。该旅采取的措施包括:检查和恢复装备的状态,补充物资装备的储备,同时了解军事政治环境。

10月10日6时,旅长接到作战任务。开始投入组织防御工作:了解清楚领受的作战任务;明确工作方式和需要立即采取的措施;计算时间并于6时50分向参谋长下达指令,就即将开始的战斗向副旅长、兵种和部门首长、部队营长等说明情况。

从7时至8时,旅长评估态势,从8时至8时45分,明确作战意图,并使主要的指挥人员了解作战意图。从8时45分至9时,向旅属部队和部(分)队传达作战部署和相关文件。

从9时至13时,旅长完成决心的制定,听取营长关于作战的意图,并把自己的意图报告给战役司令部司令,签署下属部队的作战部署计划,13时30分进入战位。

2. 局部态势

敌第8机械化旅第19装甲骑兵团将部署在斯捷茨基(9698)、索罗维耶(9198),以及283.3号地区(9397),负责对邻近区域进行侦察,兵力兵器已进入战斗准备状态。

敌第1战役战术侦察营的无人机执行空中光电侦察,其营指挥所设在奥格罗德尼基(0195)。

敌“奥利瓦”机械化师的侦察和电子战营部署在国境线附近。其无线电电子压制设备被发现部署在下列地区:263.0高地(0126)、247.1高地(9025)。无线电电子压制连的指挥所位于245.5高地(9721)。无线电电子对抗直升机的巡逻区域为基纳洛维奇(9421)至维隆卡(98919)。无线电技术侦察设备的部署区域为241.9高地(0222)和256.4高地(99421)。区域导航站的位置是273.6高地(99271)和261.5高地(0426)。

“奥利瓦”机械化师于10月7日6时前在多利地区(9485)以西110km处集结。该区域东部部署“费奇诺”机械化旅。该区域东南700m的280.4高地(9597),东南500m的诺维内(8595-6)部署负责火力控制的无线电电子装(设)备。旅下辖第2独立机械化营(在旅编成内)部署在多布列涅沃(1454)地区,以及盖纳河左岸,哥斯基洛维奇(0958-1)、尼伏基(1457),完成行进后采取措施提高战斗力。

3. 旅长关于无线电电子对抗的命令

10月10日7时,第244独立无线电电子对抗营营长在森林边缘的观察哨(1255-9)通过通信设备接收到来自旅参谋长发来的旅长关于无线电电子对抗的命令:

(1) 组织无线电电子对抗的目的:在战斗开始前,遮蔽营防御区、前线地形、毁伤兵力兵器的部署等情况,免受敌方技术侦察设备的侦察;战斗开始后,破坏敌方进攻部队无线电电子装(设)备的工作,保护己方无线电电子装(设)备免受无线电电子压制和特种部队攻击。

(2) 遂行无线电电子对抗的地段:右边界为卡梅涅茨(0527)、拉脱什科维奇、卡拉托克(0424);左边界为普利莫丽耶、卡波利斯(98422)、巴拉恰恩卡(8599)。

(3) 在旅行动地段对短波无线电通信进行压制,压制目标和区域为:位于新德沃尔的"奥利瓦"机械化师的前沿指挥所;位于西向 2km 的拉科瓦(0019)第 2 集团军的前沿指挥所;261.3 高地的"F"机械化旅战役指挥所;260.0 高地(9623)的第 8 机械化旅"G"战役指挥所;瓦津卡(9612)的"O"机械化师战役指挥所。

(4) 10 月 10 日 18 时前,无线电电子干扰排抵达第 1 梯队部署区域。

(5) 10 月 11 日 6 时,准备遂行无线电电子压制。

4. *参考数据*

"西方"集团的作战编成:

(1) 第 2 集团军步兵部队,第 16 独立空降突击旅(布里基亚)。

(2) 第 1 航空旅 1 团(布里基亚),第 52 航空团(阿别尼尼亚)。

(3) 第 121 防空团(阿别尼尼亚)。

(4) 第 1 战役战术侦察营(布里基亚)。

(5) 第 101 工程兵团(布里基亚)。

(6) "奥利瓦"机械化师(阿别尼尼亚):"乌尔宾诺"机械化旅,第 8 机械化旅"卡斯别利","费奇诺"机械化旅,"阿玛果"机械化旅,以及炮兵团、防空导弹团、第 4 陆航团、侦察与无线电电子对抗营(编制结构及战斗队形如图 2-3、图 2-4 所示)、工程营和技术保障部队。其中:

① 炮兵团:炮兵连×4(FH-70 拖曳式榴弹炮×6)。

② 防空导弹团:防空导弹连×3,防空导弹排×4("眼镜蛇"防空导弹系统×2),防空导弹连×1(防空导弹排×2,"毒刺"便携式防空导弹×4)。

③ 第 4 陆航团:反坦克直升机连×2(AB-205A 型直升机,A-129"猫鼬"型×6),运输空降直升机×2(AB-206C,CH-53 乌尔宾诺×6)。

④ "乌尔宾诺"机械化旅:151、152 步兵营,反坦克营,指挥和支援排×1,机械化连×4(指挥机构(装甲车×1)),机械化排×1(反坦克导弹系统×4)),反坦克连×1(反坦克排×3(反坦克炮×4)),迫击炮连×1(迫击炮排×3(迫击炮×4))。

反坦克营:反坦克连×1(反坦克导弹×12,反坦克火箭弹系统×6),反坦克连×3(反坦克炮×10)。

⑤ "乌尔宾诺"机械化旅:人员×3700,机械化营×2,两栖装甲车×2,装甲车×174,120mm 迫击炮×24,"陶"式自行反坦克导弹系统×12,"米兰-2"反坦克导弹系统×42,80mm 反坦克炮×54,"眼镜蛇"防空导弹系统×2,"毒刺"防空导弹系统×12,"斯塔姆"自行高炮×8。

⑥ 第 8 机械化旅“卡斯别利”:131 坦克团,第 1 步兵团,第 19 装甲骑兵团,第 8 陆航团,独立防空连。

坦克团:指挥部×1(坦克×2);坦克连×4。

坦克连:指挥机构×1;坦克排×4(坦克×3)。

步兵团:(反坦克导弹×2)。

防空连:防空排×1(“眼镜蛇”防空导弹系统×2),防空排×3(防空导弹系统×4),防空排×2(自行高炮×4)。

5. 补充信息

(1) 在米沙内地区(8886)、比特里洛夫集地区(8988)发现直升机降落场。

(2) 在婕拉斯基地区(9988)发现航空兵指挥无线电电子装(设)备工作。

(3) 在东格拉托克地区(0494-6)发现“费奇诺”机械化旅无线电电子装(设)备工作。

(4) 在西北巴卡齐地区(8997-7)发现“阿玛果”机械化旅无线电电子装(设)备工作。

(5) 从 222 地区(0195)有电台出现,呼叫第 1 战役战术侦察营。

(6) 从布卡其地区(9599-8)有电台出联,呼叫第 19 装甲骑兵团。

“奥利瓦”师的侦察和电子战营的组织:侦察和电子战营的任务是对短波和超短波频段、中继通信线路、雷达等进行无线电侦察和无线电压制,以及掩护己方设施免受无线电近炸引信弹攻击,此外还能进行辐射分析,其编制结构和战斗队形如图 2-3 和图 2-4 所示。

营战斗力如下:

(1) 对 40~50 条短波和超短波无线电通信线路进行定期监测,或者监控 55~60 个雷达信号。

(2) 在 1h 内可以定位:180~200 个电台;10~12 部雷达。

(3) 可同时干扰:8 条短波和 30 条超短波无线电通信线路;2 条无线电中继通信线路;8 部雷达。

(4) 掩护 4 个区域(400m×700m),免受无线电近炸引信弹攻击。

(5) 无线电电子对抗直升机 A-109。可通过 ELT-562 吊舱设备进行无线电技术侦察和无线电电子压制。工作频段为 6~20GHz(对雷达实施无线电电子压制)。

2.5.2 小组准备作业(模拟无线电电子对抗营组织指挥工作)

1. 研究

(1) 独立机械化营防御作战时组织无线电电子对抗的原则。

(2) 无线电电子对抗的部署。

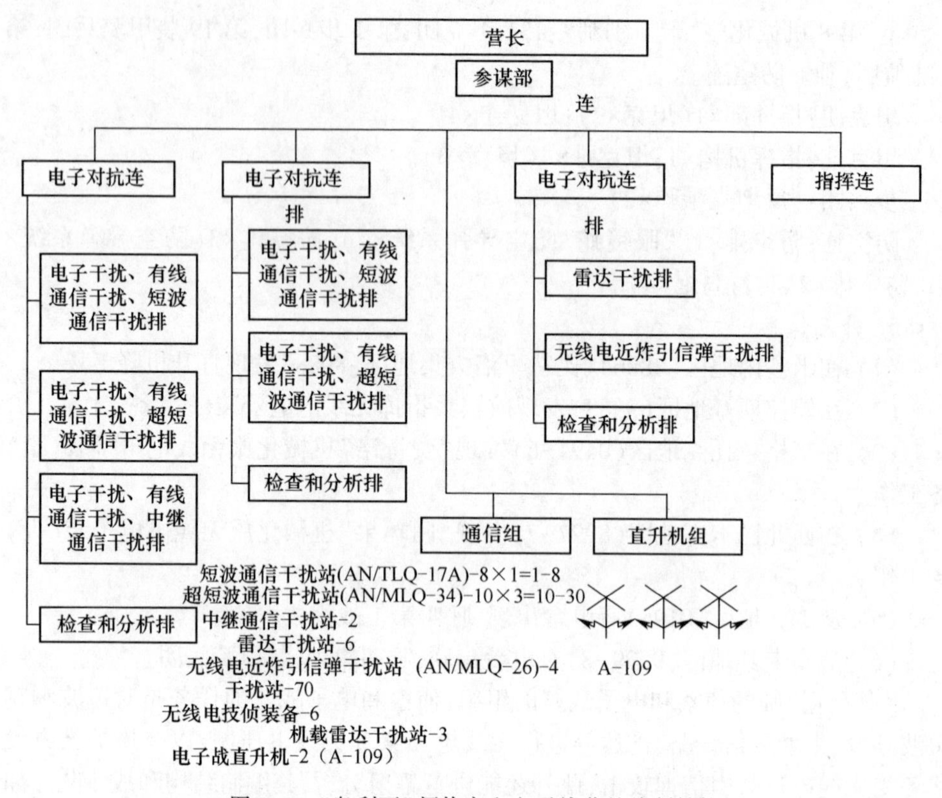

图 2-3 “奥利瓦”师侦察和电子战营的编制结构

（3）战术任务。

（4）无线电电子态势。

（5）无线电电子对抗连的组织编制结构及其作战性能。

（6）营长在做出决策时的工作流程。

2. 执行

（1）在地图上标示旅长的战斗意图和无线电电子对抗意图。

（2）研究营长遂行无线电电子对抗时的指令。

（3）研究营长就无线电电子对抗向旅长提出的建议。

（4）研究旅参谋长助理根据对敌评估就炮兵火力毁伤目标提出建议。

3. 确定

（1）电子对抗营兵力兵器构成。

（2）用于对敌指挥控制系统通信线路实施无线电压制。

（3）火力毁伤指挥控制系统设施。

（4）执行对敌欺骗措施。

（5）拦截切断敌指挥控制系统和无线电电子设施，或使其失灵。

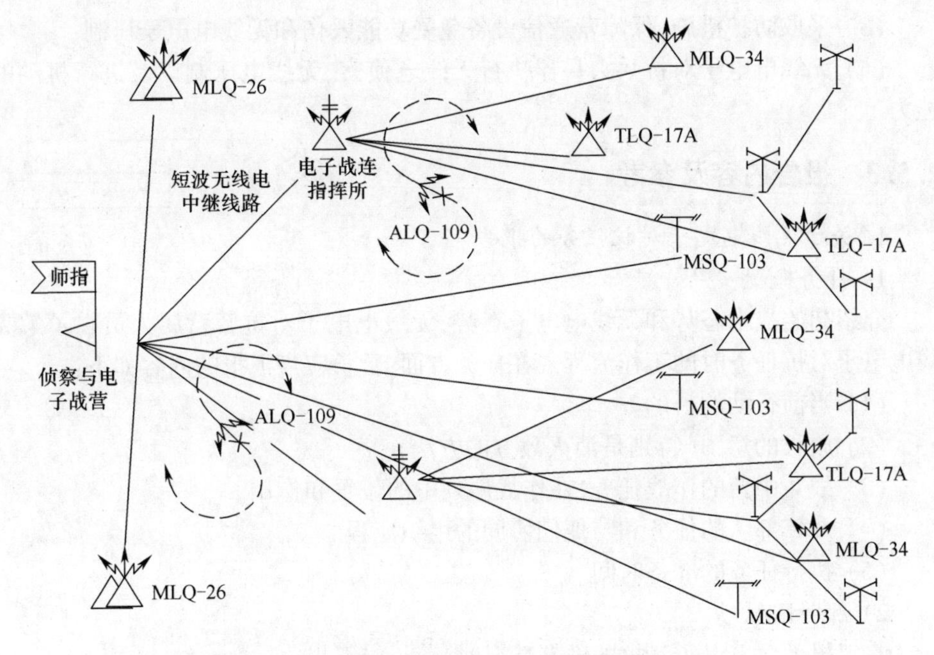

图 2-4 “奥利瓦”师侦察和电子战营的战斗队形

(6) 准备就战斗中组织无线电电子对抗提出建议。

(7) 执行战役战术侦察。

(8) 炮兵对指挥控制系统设施实施火力毁伤的能力。

(9) 执行对敌欺骗时所需要的兵力兵器。

(10) 采取防护措施,保障营通信设备免受功能毁伤和无线电电子压制。

(11) 无线电电子对抗兵力兵器执行无线电侦察、无线电压制以及机动的能力。

4. 准备

1) 报告

(1) 营长战斗意图。

(2) 营长遂行无线电电子对抗的指令。

(3) 无线电电子对抗的建议。

(4) 对敌指挥控制系统设施实施火力毁伤的建议。

(5) 拦截切断敌指挥控制系统和无线电电子设施,或使其失灵的建议。

(6) 保护旅指挥所,免受敌方雷达侦察的建议。

2) 计算-图表工作的结果

(1) 炮兵对指挥控制系统设施实施火力毁伤的能力。

(2) 执行对敌欺骗时所需要的兵力兵器。

(3) 采取防护措施,保障营通信设备免受功能毁伤和无线电电子压制。

(4) 无线电电子对抗兵力兵器执行无线电侦察、无线电压制以及进行机动的能力。

2.5.3 报告内容及参考

1. 关于无线电电子对抗任务的报告

1) 任务概况

介绍初始战术态势和无线电电子态势,无线电电子对抗营营属人员在了解无线电电子对抗任务时的工作流程。在任务方面,营长应当汇报的内容如下:

(1) 当前行动的目的。

(2) 旅长的意图(特别是消灭敌方的方法)。

(3) 战斗中营的作战任务,在作战序列中的位置和作用。

(4) 友邻部队的任务和与他们协同的组织流程。

(5) 执行任务的准备时间。

2) 部署情况

在汇报无线电电子对抗的部署情况时,营长应汇报:

(1) 旅长遂行无线电电子对抗的意图,在其意图中本部队的位置和作用。

(2) 在当前防御作战中无线电电子对抗的目的和任务。

(3) 由旅长和友邻部队、其他兵种、军(兵团)掌握的兵力兵器所执行的无线电电子对抗任务。

(4) 同友邻部队、其他兵种、军(兵团)进行协同的流程。

3) 执行作战任务(目的)的思路见解

无线电电子对抗营营长、营参谋长应全面了解无线电电子对抗任务,部(分)队旅长了解与其相关的部分内容。营长需了解,在旅长意图中营在破坏敌方部队和武器指挥时的作用和位置,还要了解需使用旅掌握的兵器加以摧毁的指挥控制系统目标。营参谋长需了解营在作战地域破坏敌方部队和武器指挥时的目的和任务,以及保障营属部(分)队可靠指挥的流程,隐藏战斗准备情况;友邻部队担负的无线电电子对抗任务,以及与他们协同的组织流程,执行无线电电子对抗任务的准备时间。

在汇报执行无线电电子对抗任务和目的的见解思路时,需要汇报的内容如下:

(1) 针对哪些敌方指挥控制系统实施破坏指挥的行动,在旅防御地带对哪些敌方指挥所和无线电电子设施实施毁伤和压制(使用旅属兵力兵器)。

(2) 在实施旅防御作战过程中,无线电电子对抗营的位置和作用,以及执行无线电电子对抗任务时的方法和顺序。

(3) 集中主要力量实施无线电电子对抗的方向。

（4）在反击敌方进攻，消灭楔入防线的敌方过程中，破坏敌方部队指挥和武器指挥控制的方法。

（5）在营作战序列中无线电电子压制兵力兵器的位置。

2. 关于无线电电子态势评估结论的报告

无线电电子态势是战术态势的组成部分，主要表现为在营防御地带和侧翼，己方部队使用无线电电子指挥控制系统、技术侦察设备、无线电电子对抗兵力兵器时的状态、方法、情况和能力。

分析无线电电子态势的目的在于确认：敌方每个指挥控制系统的用途、配属和层级，它们的使用特点，在敌方部队和武器指挥控制系统中的位置和作用。根据分析结果，可以确定最重要的指挥控制系统无线电电子设施，对这些设施实施火力和无线电电子杀伤可以破坏敌方对部队指挥和武器的指挥控制，降低其作战效能。

1）对敌方和友军的评估内容

营长对位于己方防御地带的敌方，以及旅纵深部署的友军进行评估。在进行态势评估时，营长应研究的内容如下：

（1）敌方部队的编成、状态、防护等级，可能的机动路线、部署范围，可能的行动特性，战斗力、火力系统、强点和弱点，附近预备队可能的机动方向和行动。

（2）友邻部队的编成、状态、任务和行动特点，他们对营执行作战任务的影响，同他们协同的条件。

（3）地形特点及其对营执行作战任务的影响，此外还有低空飞行的敌方飞机和直升机的可能行动方向。

（4）三防环境、天气状况、季节、昼夜情况，及其对准备和遂行作战的影响。

其中，在旅防御地区，对最重要的敌方指挥所、无线电电子设施、部队和武器指挥控制系统的通信线路、侦察和电子战系统实施毁伤（使之失灵）和无线电电子压制，可以破坏敌方对部队和武器的指挥控制，降低敌方遂行侦察和电子战的能力，从而以很小的代价完成作战任务。查明这些指挥所和无线电电子设施可用于了解敌方部队的具体任务、主力的集中方向、打击方向、敌方防空系统的缺口位置、反击的方向和范围等。据此，还可以了解比较重要的敌方指挥控制系统的指挥所、无线电电子设施和通信线路的从属情况，它们在指挥控制系统中的地位和作用。因此，在对敌方进行评估时，要评估的内容如下：

（1）敌军（兵团）、野战炮兵和侦察打击系统、战术航空兵和陆军航空兵、防空系统、侦察和电子战系统、特种部队的指挥控制系统。

（2）敌方每个部队和武器指挥控制系统中的薄弱环节（单元），包括指挥所和无线电电子设施，以最小的兵力兵器损耗对其实施毁伤、压制或使之失灵，可以保证能够稳定长时间地破坏系统。

2）敌方重要目标特征判定

针对比较重要的敌方部队和武器指挥控制系统中的指挥所、无线电电子设施和通信线路，根据如下特征进行判定：

（1）在侦察打击系统的指挥控制系统中的侦察和中继飞机，机载无线电电子装（设）备、地面无线电导航站、数据传输和武器引导无线电线路、指挥无线电线路。

（2）在陆军和野战炮兵军（兵团）的指挥控制系统中，第1梯队的旅和营的固定式和移动式指挥所，炮兵指挥所、火力控制指挥所、雷达侦察设备、短波和超短波无线电通信（用于在主要行动方向上保障敌方第1梯队的部队和野战炮兵指挥）。

（3）在空军指挥控制系统中，前沿指挥所、机载雷达、侦察和武器控制系统、无线电导航系统站、无线电侦察和前沿指挥所之间的短波通信线路、指挥和预警中心的超短波通信线路、指挥预警站、由在空战术航空兵飞机执行的半主动引导。

（4）在侦察和电子战兵力兵器指挥控制系统中，固定式无线电技术侦察中心（站），无线电测向站，侦察和电子战部（分）队、部队的指挥所，战术航空兵和陆军航空兵用于执行侦察和干扰施放任务的飞机和直升机、干扰站群组、集团军和一线师属侦察和电子战部队、部（分）队的短波和超短波通信线路，侦察和电子战飞机（直升机）。

3）敌方目标主要易损特征判定

使用毁伤兵器时，敌方指挥所和无线电电子设施的主要易损特征包括：

（1）在确保摧毁的时间内揭示目标对象的能力，以所需精度定位其坐标。

（2）目标对象在地表的部署，其规模大小，占地面积，到前沿的距离等。

（3）防空系统和无线电电子压制系统对目标的掩护。

（4）工程设施。

敌方无线电电子设施和通信线路的主要易损特征包括：

（1）对无线电电子装（设）备和通信线路的侦察能力。

（2）无线电电子装（设）备的数量和种类，以及其抗干扰能力。

（3）信息传输方式。

4）己方部队评估

评估完敌方和友军部队后，应进行己方部队的评估。在对己方进行评估时，评估要点如下：所属部（分）队破坏敌方对部队和武器的指挥时的能力；无线电电子压制部（分）队的编成、状态和战斗力；己方部（分）队指挥控制系统无线电电子设施的状态，以及它们在作战序列中执行无线电电子防护的能力；部（分）队执行综合性技术检查的能力；部队和武器指挥控制系统的易损单元。

在评估己方部队时，分析和研究的分工为：营长负责对敌方指挥控制系统的指挥所和无线电电子设施进行火力毁伤的炮兵部队的战斗力；营参谋长负责在敌方技术侦察设备积极活动的条件下,确保准备工作的隐秘性以及遂行战斗的突然性的方法和能力;无线电电子对抗部(分)队在压制短波、超短波通信线路时的情况、状态和能力。作为对己方部队评估的结果,可以就下列问题得出结论:

(1) 对敌方最重要的指挥所和无线电电子设施进行火力毁伤,切断和无线电电子压制的兵力兵器的性能。

(2) 为提升无线电电子对抗部(分)队战斗力而必须采取的措施。

(3) 保护无线电电子设施免受反辐射武器攻击,无线电电子压制,避免相互干扰。

(4) 对抗敌方技术侦察设备的方法和主要方向(区域)。

(5) 无线电电子对抗部(分)队同侦察和技术侦察部(分)队相互协调情况,以及它们指挥所部署位置。

5) 评估结论

在对无线电电子态势进行评估的基础上,可以得出结论(表2-2)。

表2-2　无线电电子态势评估结论的要素

无线电电子对抗营营长对战术态势评估结论	无线电电子对抗营营长对无线电电子态势的评估结论
(1) 位于营当面的是什么样的敌方,及其可能的行动特点; (2) 敌方主要部队集群在哪里,在对其进行歼灭时需大幅降低其战斗力; (3) 敌方的强点和弱点	(1) 敌方部队和武器指挥控制系统的无线电电子设施状况,其在战斗中可能的使用流程,强点和弱点; (2) 敌方在实施侦察和电子战时可能的行动特点; (3) 己方无线电电子对抗兵力兵器的作战编成、状态和战斗力; (4) 己方部队最重要的无线电电子装(设)备(必须保证对其实施无线电电子防护); (5) 己方部队实施反敌技术侦察时的能力

对无线电电子态势进行评估的结论应报告旅长,并通报所有相关人员。根据对无线电电子态势进行评估的结果,可以确定营遂行无线电电子对抗的准备措施,以及其他行动和措施,用于获取额外的、有关敌方部队和武器指挥控制系统、侦察和电子战系统方面的数据。

无线电电子态势评估结论报告(参考模板)

敌方为组织对部队和武器的指挥控制部署了野战指挥控制系统,主要是野战机动式指挥设备。

在营指挥层面,“旅—营—连”多数使用超短波无线电通信。

在防御地带,敌方可能部署重要的指挥所和无线电电子设施,包括集团军指挥所,“奥利瓦”机械化师、第1梯队的旅、第1梯队的团、营,侦察打击系统,炮兵,战术航空兵指挥所、陆军航空兵指挥所,防空系统、侦察和电子战系统。其中,使用的重要无线电和无线电侦察通信设备包括短波/超短波、自动超短波和卫星通信。在装(设)备主力集结方向上可能部署有目标,其可能使用短波和超短波无线通信。

在旅主力集结方向上,敌方指挥控制系统中最重要的设施是"奥利瓦"机械化师、第1梯队旅的指挥所,炮兵、战术航空兵指挥所和自动化引导站,对这些目标实施毁伤和压制可以破坏敌方对部队的指挥和控制。

敌方指挥控制系统的强点包括:

(1) 拥有包含支线的多信道自动化通信系统。

(2) 在作战行动开始前使用传输和无线电中继通信线路。

(3) 机械化师人员拥有局部冲突的作战经验。

(4) 在进攻过程中指挥控制系统拥有良好的机动性能,需要使用无线电电子侦察设备和部队侦察设备持续监控其位置。

敌方指挥控制系统的弱点包括:

(1) 指挥所无防护。

(2) 在遂行进攻行动时广泛使用无线电通信。

(3) 指挥控制系统的可侦测性,在短波/超短波波段无线电干扰的承受能力。

(4) 有限的无线电中继通信能力。

(5) 敌方侦察和电子战兵力兵器及其性能。

为遂行侦察和电子战,敌方编配了侦察和电子战营。其可以在远离国境线的地区部署地面短波和超短波无线电通信侦察和压制系统(6个无线电技术侦察站;2架短波/超短波无线电电子压制直升机,用于进行空中无线电技术侦察和防空雷达压制;18个短波/超短波无线电电子压制站;2个无线电侦察站,4个无线电电子压制站)。此外,还可以使用第1梯队部队和部(分)队的光学电子侦察和压制设备。

在未采取无线电电子侦察对抗和无线电电子防护措施的情况下,敌方配备的兵力兵器能够查明旅属通信系统、超短波无线电电子装(设)备的位置,范围是:(0000),(0000),并使用干扰信号压制8个短波信道,范围包括(1663),(8163);1~30个超短波,范围包括(0723),(7922);3个空基雷达,2个无线电侦察站和6个地面雷达站。

敌方进行无线电电子对抗的方法,还可能包括对防空系统无线电电子装(设)备实施选择性压制;在敌方转入进攻后将对无线电电子装(设)备实施密集压制,并将无线电电子对抗的重点转向"旅—营"级层面;可能向我方旅长和营长的无线电通信网络中发送虚假信息、信号和指令。

在使用侦察—打击系统的同时,敌方可能实施雷达侦察,并对纵深 300km 内的部队集结地域和处于行进状态的目标实施毁伤。

当敌机械化师进入我方旅防御前沿后,其无线电电子侦察和无线电压制的能力主要集中在超短波频段。

通过毁伤敌第 1 梯队中旅的前沿指挥所、营指挥所、师前沿指挥所、指挥预警中心、自动化引导站,以及对短波和超短波无线电通信进行压制,对“旅—营”层级联络和野战炮兵、战术航空兵、侦察和电子战系统进行无线电电子压制,可以破坏“奥利瓦”机械化师第 1 梯队部队的指挥,其侦察和电子战能力也会大幅下降。

我方旅属无线电电子对抗兵力兵器及其性能:第 244 独立无线电电子对抗营(地面)第 2 连配备:短波无线电电子压制站 P-378×3;超短波无线电电子压制站 P-330Б×6;超短波(航空)P-934×1;无线电引信干扰站 СПР-2×4。

电子对抗连战斗力:遂行无线电电子侦察时,短波无线电侦察和压制阵地×3;超短波无线电侦察和压制阵地×6,航空超短波无线电侦察和压制阵地×1,掩护 2 个设施。上述连属兵器可以在整个旅防御地带发现“奥利瓦”机械化师的集群;使用主侦察阵地对无线电通信进行压制;掩护 224 独立机械化旅指挥所免受无线电近炸引信弹的攻击。

在整个防御地带上,第 244 独立无线电电子对抗营第 2 连(2/224)的兵器能够压制“奥利瓦”机械化师的第 1 梯队的重要无线电通信,破坏其战术航空兵和陆军航空兵的无线电引导。

3. *在旅战斗中就无线电电子对抗向机械化旅参谋长提出建议*

在明确无线电电子对抗任务、无线电电子态势评估和旅长作战意图的基础上,电子对抗营参谋长研究营长的无线电电子对抗的意图,并就如何组织无线电电子对抗向营长提出建议。

遂行无线电电子对抗的意图,以及组织无线电电子对抗的建议,如表 2-3 所示。

表 2-3　汇报作战意图的要素

电子对抗营长作战意图的内容	无线电电子对抗意图内容
(1)主力集结方向; (2) 干扰敌方的方法(何种敌方部队,在哪里,以何种次序,如何干扰),就火力毁伤发出指令,以及采取欺骗敌方的措施; (3) 作战流程	(1) 作战中无线电电子对抗的目的和任务,无线电电子对抗集结主力的方向; (2)在战斗中使用无线电电子对抗兵力兵器的方法; (3) 上述无线电电子对抗兵力兵器的编成; (4) 对己方部队重要无线电电子装(设)备实施无线电电子防护的主要措施; (5) 执行综合性技术检查的流程

无线电电子对抗的意图是向营长进行无线电电子对抗建议的基础，向营长提出的无线电电子对抗建议的内容如下：无线电电子态势的评估结论；遂行无线电电子对抗的意图；部队可能执行的无线电电子对抗任务；预计效果。

营参谋长向营长提出的无线电电子对抗建议报告（格式示例）

×××中校同志（营长），第二营参谋长现在就无线电电子对抗问题报告建议：

（1）在营防线当面，敌方为指挥部队和控制武器部署了指挥所、无线电电子设施。其中，比较重要的目标有________，这些目标中有短波通信线路和超短波通信线路。

（2）敌方指挥控制系统中比较重要的目标是“奥利瓦”机械化师、第1梯队旅的指挥所、炮兵指挥预警中心、战术航空兵指挥预警中心、防空系统和自动化导航中心，对其实施毁伤和压制可以达成破坏指挥的效果。

（3）为遂行侦察和电子战，敌方编配了侦察和电子战营。该营使用配属的兵力兵器可以查明通信系统、营属超短波无线电电子装（设）备的位置，并对短波和超短波无线电通信实施干扰压制（如果没有采取无线电电子防护措施）。

（4）敌方可能实施的无线电电子对抗方法还包括对无线电电子装（设）备实施密集压制，并将无线电电子对抗的重点转向“旅—营”层级。其可能向营无线电通信网络发送虚假通知、信号和指令。

（5）根据所收到的旅参谋长就无线电电子对抗行动发出的命令，建议在防御作战中执行意图。

无线电电子对抗的目的：

（1）在实施积极的作战行动前，降低“奥利瓦”机械化师使用技术设备遂行侦察任务的能力。

（2）作战行动开始后，最大限度地降低该机械化师对营属部（分）队实施打击的效能。

（3）实行无线电电子对抗的主要力量集中在下列方向：格里尼（9923），卢科沃（9635）。

根据营在防御中的任务，执行无线电电子对抗的主要措施的次序为：

（1）在对第8机械化旅“卡斯别利”实施侦察时，使用无线电电子对抗连机动小队的兵器，确定侦察行动的起始和方向，辨别第8机械化旅的掩护，准备使用主要力量对其无线电通信实施压制。

（2）在第8机械化旅“卡斯别利”移动和部署时，查明其主力的编成、行动方向和部署范围，以及主要攻击方向。

（3）在对第8机械化旅“卡斯别利”主力攻击实施反击火力毁伤时，破坏其主力的集中方向上第1梯队部(分)队的指挥,为此使用炮兵火力(在必要时)和无线电电子压制设备,对第1梯队部(分)队司令部和火控系统的超短波无线电通信进行压制。

(4) 在对防御部队实施火力支援时,压制敌方第1梯队部(分)队的超短波无线电通信,查明旅预备队的部署位置和运动方向。

4. 计算无线电电子压制兵力兵器的战斗力,并在图上标出相关态势

为在旅作战中执行无线电电子对抗任务,需动用侦察兵力兵器、炮兵部(分)队、支援航空兵、战术空降兵、工程兵部(分)队和三防部(分)队。为对敌方无线电通信实施无线电电子压制,机械化旅可以得到来自独立无线电电子对抗营(地面)所属的无线电电子压制连的加强。

分析计算营执行无线电电子对抗的战斗力,目的是计算明确所属无线电电子对抗部(分)队的编成、状态、保障能力和防护能力,确定其执行所面临的任务的能力,在与其他执行无线电电子对抗任务的兵种协同时,也要分析计算其他兵力兵器的战斗力,此外还要明确所属部队指挥控制系统的状态及其执行无线电电子防护的能力。要对执行无线电电子对抗任务的能力进行分析的内容如下:所属部(分)队破坏敌方部队和武器指挥控制系统的能力;无线电电子对抗部队和部(分)队的编成、状态和能力;己方部队和武器指挥控制系统无线电电子设施的状态,以及它们在作战序列中执行无线电电子防护的能力;部(分)队执行综合性技术检查的能力。

无线电电子对抗部队的战斗力取决于其执行无线电电子侦察、无线电电子压制和机动的能力。

1) 无线电电子侦察能力

无线电电子侦察能力表现为:发现敌方无线电电子装(设)备电磁辐射,确定其位置和归属、工作模式和技术特性(用于实施无线电电子杀伤)的能力。无线电电子侦察的能力指标为单位时间内所侦获的敌方无线电电子设施的数量(在其进行搜索、观察、无线电压制时)以及定位敌方目标的数量。电子对抗连的干扰站配置如下:

(1) 4个P-378A干扰站:4个短波无线电通信侦察站。

(2) 6个P-330Б-6干扰站:6个超短波无线电通信侦察站。

(3) 1个P-934У干扰站:1个航空超短波无线电通信侦察站。

在遂行无线电侦察时要查明正在工作的敌方无线电网络,对其归属和重要性进行评估。根据所侦获的无线电通信的重要性可以实现不间断或间歇性监测。无线电电子侦察站进行不间断监测时一般可以跟踪监测敌方1~2个无线电网络。根据上述装备数量可以对4~8个短波无线电网络、6~12个超短波、1~2个航空超

短波无线电网络实施不间断监测。无线电电子侦察站进行间歇性监测时一般可以跟踪敌10~15个无线电网络，根据上述装备数量可以对40~60个短波无线电网络、60~90个超短波无线电网络和10~15个超短波航空无线电网络实施间歇性监测。敌无线电网络的重要性由侦察部队首长、无线电电子对抗部队首长来确定，而旅长负责确定对敌方无线电网络的监测流程。

2）无线电电子压制能力

无线电电子压制能力则表现为使用干扰同时瘫痪和压制敌方的能力。该能力要分析计算同时毁伤和压制的敌方无线电电子设施的数量，破坏敌方指挥的程度，毁伤和压制的距离（覆盖区域），同时掩护的目标的数量等指标：

（1）每个P-378A干扰站可以同时压制1~4个短波无线电通信线路，4个P-378A。

（2）干扰站可以同时压制4~16个短波无线电通信线路。

（3）每个P-330Б干扰站可以同时压制1~3个超短波无线电通信线路。

（4）6个P-330Б干扰站可以同时压制6~18个超短波无线电通信线路。

（5）1个P-934У干扰站可以同时压制1~4个超短波航空无线电通信。

（6）9个СПР-1干扰站可以掩护9~27个设施目标（类似旅指挥所、炮兵营指挥所、导弹阵地），使其免受敌方无线电近炸引信弹的攻击。

这样，一个独立无线电电子对抗营就可以在整个防御地带压制敌方第1梯队的机械化师、旅的重要无线电通信，破坏战术航空兵和陆军航空兵的无线电导航。

3）机动能力

机动能力表现为：前往指定区域，在作战阵地上展开（收起）装备，调整无线电电子对抗力量转向其他方向和目标设施的能力。机动能力的指标包括展开（收起）时间，改变战斗队形的时间，转换方向和辐射范围、频率、持续时间等，如表2-4所示。

表2-4　无线电干扰设备机动能力的指标

设备名称	展开时间/min	收起时间/min
P-330K	40	35
P-378A	55	45
P-330Б	35	25
P-934У	40	35
СПР-1	5	4

对地面目标电子对抗连的机动能力取决于下列指标参数：

$$T_{机动时间} = T_{展开时间} + T_{收拢时间} + T_{行进时间} \tag{2-1}$$

例如，对地面目标电子对抗连可以以35~40km/h（在作战区域为20km/h）的速度完成转移。这样,无线电电子对抗连在 10km 距离内转换作战方向需要 2h 10min。

完成上述作业后,进行标图作业。下面是标图作业的参考样式,其中,( )里填写的地理坐标。

无线电电子对抗作战文件(参考样式 1)

第×××独立电子对抗营营长:

×××独立机械化旅关于无线电电子对抗的部署

编号:指挥所(No. ×××)

时间: 日期:

地图比例尺: 出版时间: 年

敌方机械化旅:(指明行动特点,部队和武器指挥控制系统状态)

根据信息查明:敌方机械化旅基本指挥所在区域( ),机械化旅前沿指挥所在区域( ),机械化营指挥所在区域( ),炮兵营指挥所在区域( ),无线电技术侦察站在区域( ),发现无线电电子对抗装备辐射位于区域:( ),( )。

敌侦察和电子战直升机的巡逻区域:( ),( )。

敌无人机飞经线路( ),( )。

我方旅属兵器有:(指摧毁敌方指挥所和无线电电子设施的兵器);第( )独立无线电电子对抗营的兵器:(指压制无线电网络……)。

独立机械化旅旅长命令:

(1) 无线电电子对抗的主力集中在右侧( ),( )地域,左侧( ),( )地域,旨在:破坏敌方机械化旅对其部(分)队和武器的指挥;降低敌方技术侦察设备发现我方独立机械化营人员、战斗队形和行动特点的能力;降低敌方使用高精度武器的能力;保障对我独立机械化营的部(分)队和武器的指挥可靠性。

(2) 对营属指挥控制系统和设备进行无线电电子防护:在作战行动开始前禁止使用能够产生辐射的无线电电子装(设)备;根据频率—区域分布规则(频谱管理要求)部署无线电电子装(设)备;使用短信号传输信息和指令;定期更换无线电电子装(设)备阵地;在营中组建专门小组用于搜索和销毁抛投式干扰机;为保护武器和装备免受自制导反辐射武器攻击,在防御地区使用简便材料制作热散射防护设施,并使用反雷达探测罩。

(3) 为实施反敌技术侦察:及时向部(分)队通报有关敌技术侦察设备及其出现的信息;利用自然和地形环境,在初始地区和营防御地区实施光学和雷达伪装;限制人员移动。

(4) 指挥信号:“禁止辐射信号:AAAA”“此时关闭无线电电子装(设)备工作 BBBB”“允许辐射信号:CCCCC”“此时开启无线电电子装(设)备工作:DDDD”。

第×××独立机械化旅参谋长

(军衔,签名)

旅参谋部作战处关于无线电电子对抗的参谋长助理

(军衔,签名)

无线电电子对抗作战文件(参考样式 2)

独立地面无线电电子对抗营所属连连长:

××××独立机械化旅关于无线电电子对抗的作战部署

编号:指挥所(No. ×××)

时间:　　　日期:

地图比例尺:　　　出版时间:　　　年

敌机械化旅为组织指挥部队和武器,部署野战指挥控制系统。

预计敌方使用自动化指挥控制系统指挥作战行动,野战炮兵自动化指挥控制系统,以及型侦察打击系统。

在“师”指挥层级将使用无线电中继通信,短波和超短波无线电通信;在“旅—营—连”层级主要使用超短波无线电通信。

根据情况查明:

敌机械化师前线指挥部(　),敌机械化营基本指挥部(　),机械化营前沿指挥部(　),炮兵营自动化指挥部(　),以及炮兵指挥和预警中心(　)。

敌无线电侦察和电子战营指挥部(　),(　),(　),(　),(　)。发现其短波和超短波无线电电子压制设备位于区域:(　),(　),(　)。

敌无线电电子对抗直升机巡逻区域(　)。

敌短波和超短波通信站位于区域:(　),(　),(　),(　),(　),战术航空兵前沿指挥所位于(　),前线航空兵引导员位于:(　),(　)(　)。“塔康”无线电导航信标点位于(　)。

敌无人机飞经路线(　　),(　　)。

破解的敌无线电通信数据随附。(略)

使用无线电电子压制设备对以下使用短波通信的指控环节和单位进行压制:机械化师的无线电通信,侦察打击系统的地面控制中心,指挥预警站,前沿指挥所,“塔康”导航系统,侦察和电子战营指挥部等进行压制。

独立机械化旅旅长命令:

(1) 无线电电子对抗的主要力量集中于右侧(　　),(　　),左侧(　　),(　　),旨在:破坏机械化师对部(分)队和武器的指挥,降低敌方技术侦察的效能,防止其发现独立机械化旅的人员、战斗队形和可能的行动特点。

在作战行动开始前,值班设备与无线电电子侦察连协同,对敌机械化师先头部队的指挥所和无线电网络进行侦察。从(时间,日期)开始,准备好根据指令信号“　”对其无线电通信实施压制,并掩护独立机械化旅和火箭炮营免受无线电引信弹药攻击,防护区域:(　),(　)。

(2) 无线电电子对抗连的阵地部署有:第1排—(　),第2排—(　),P-934У自动化干扰站部署在区域(　),连指挥所部署在区域(　)。在连预备阵地中:第1排—(　),第2排—(　),P-934У自动化干扰站部署在区域(　)。战斗中可转移方向为:(　)—(　)。CПP干扰站从(时间)起掩护旅指挥所(　)和火箭炮营(　)。CПP干扰站与被掩护的目标一同转移。

(3) 为避免军(兵团)无线电电子装(设)备相互干扰,应做到:根据频率-区域分布规范(频谱管理方案)部署无线电电子装(设)备;根据禁用频率清单,禁止在相关频率实施无线电压制。

(4) 为反敌技术侦察,可使用简便材料实施伪装,还可以动用阵地上的工程设备,并限制使用无线电电子装(设)备。通过有线交换信息的方式与无线电电子侦察连协同。无线电电子侦察连指挥所从早晨部署在区域(　)。同军(兵团)指挥所的联系使用无线电网络编号:××××。

指挥信号:“实施无线电干扰:AAA”;“取消无线电干扰:BBB”;“收拢作战队形:CCC”;“转入预备阵地:DDD”;“准备战斗(小时分):FFF”。

第×××独立机械化旅参谋长

(军衔,签名)

旅参谋部作战处关于无线电电子对抗的参谋长助理

(军衔,签名)

第3章 独立对地无线电电子对抗营（ОБ РЭБ-Н）的作战组织和运用

3.1 引 言

白俄罗斯电子对抗部队分为对地面目标电子对抗部队、对空中目标电子对抗部队和空军配属的机载电子对抗部队三个类型，如图3-1所示。其具体建制为：陆军每个集团军配属一个对地面目标电子对抗营，作战时，该营两个电子对抗连分别配属到军第1梯队的两个机械化旅，保障旅的地面作战行动；战区配属一个对空中目标电子对抗团，该团下辖两个电子对抗营，在联合作战时，营配属到一个军，保障防空部队和空军部队实施反空袭，并对军重要目标进行掩护；空军下辖机载电子对抗大队，以飞机和直升机为载体，主要进行对地电子侦察，干扰敌方地面炮兵引导以及导弹发射阵地的目指和火控雷达。

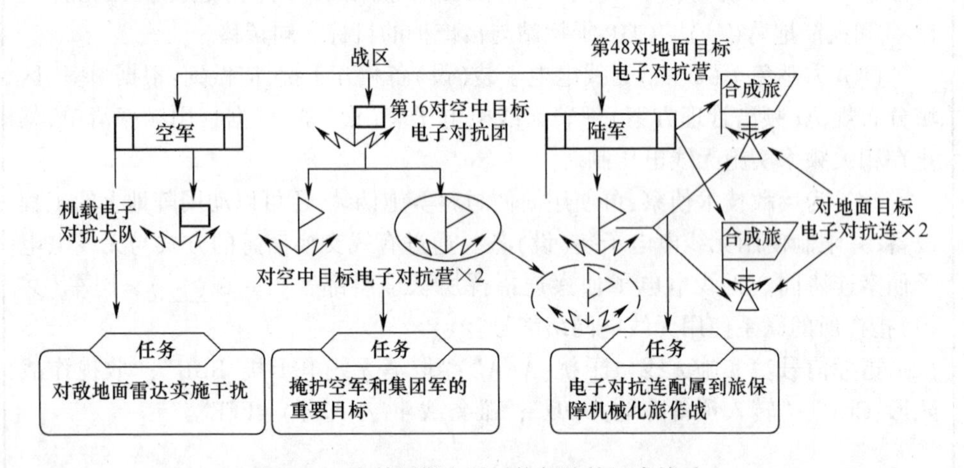

图3-1 白俄罗斯电子对抗部队的组成关系

应说明的是，俄罗斯陆军电子对抗部队划分也是一样的体制和功能，只是俄罗斯由于国土面积大，需要保障的部队更多，因此陆军电子战部队的层级到了旅的规模。2009年，俄军开始进行电子战变革，成立了电子战部队。

如表3-1所示，俄陆军在2009—2016年间成立了5个独立电子战旅。其中4

个独立电子战旅分别隶属于四大军区的联合战略司令部(北方军区未配备独立的电子战旅),而部署于坦波夫的第15独立电子战旅直接隶属于总参谋部电子战指挥总部。第15电子战旅也被称为“机动旅”,由4个营组成。

表3-1 俄罗斯陆军电子对抗旅部署情况

部队	部署地	隶属	说明
第15独立电子战旅	坦波夫(Tambov)	电子战部队指挥总部	2009年4月组建于图拉,2011年迁至坦波夫
第16独立电子战旅	库尔斯克(Kursk)	西部军区	2013年完成组建
第17独立电子战旅	哈巴罗夫斯克(Khabarovsk)	东部军区	2011年完成组建
第18独立电子战旅	叶卡捷琳堡(Yekaterinburg)	中部军区	2012年9月组建
第19独立电子战旅	拉斯维特(Rassvet)	南部军区	2015年12月1日组建

除了独立电子战旅外,在俄罗斯陆军大型作战编队中的电子战连承担更为具体的作战任务,在战术层面提供电子战战斗支持。例如,提供电磁频谱整体态势感知,降低敌方指挥控制效能,提供针对精确制导武器和遥控简易爆炸装置的防护等。所有新机械化步兵或坦克旅/师都配有电子战连。至2016年,俄罗斯陆军约有40个大型作战编队。

俄罗斯海军主要的岸上电子战单位是独立电子战中心。如表3-2所示,俄罗斯海军四大舰队中都设有电子战中心,其中太平洋舰队下设两个电子战中心,其他舰队各有一个电子战中心。里海地区舰队未设电子战中心,但有一个附属综合技术控制单位。一个电子战中心至少包含两个电子战营,并可能包含一个独立电子战连。一个营负责执行战略任务,另一个营则可能负责战术任务。俄罗斯海军舰船和潜艇上都拥有电子战装备。所有海军舰艇都配备有雷达告警接收机和电子对抗能力,但不同舰船上装备的性能水平差异很大。

表3-2 俄罗斯海军的独立电子战中心

部队	部署地	隶属
第186独立电子战中心	北莫尔斯克(Severomorsk)	北方舰队
第471独立电子战中心	彼得罗巴甫洛夫斯克—乌斯季堪察茨克	太平洋舰队
第474独立电子战中心	Shtykovo	太平洋舰队
第475独立电子战中心	塞瓦斯托波尔(Sevastopol)	黑海舰队
第841独立电子战中心	Yantarnia	波罗的海舰队

俄罗斯空天军有多种电子战装备。空天军的5个空防集团军(AADA)中至少有4个独立电子战营(表3-3)。

表3-3 俄罗斯空防集团军的独立电子战营

部队	部署地	隶属	说明
第328独立电子战营	佩索利 (Pesochnyi)	第6空防集团军 (西部军区)	可能部分部署于喀琅施塔得(Kronstadt)
第226独立电子战营	恩格斯 (Engels)	第14空防集团军 (中部军区)	
第541独立电子战营	阿尔乔姆 (Artem)	第11空防集团军 (东部军区)	在符拉迪沃斯托克
第504独立电子战营	诺沃米·哈伊洛夫斯 (Novomi-khailovskii)	第4空防集团军 (南部军区)	在图阿普谢(Tuapse)
序号未知的一个独立电子战营		第45空防集团军 (北方舰队)	推测应该存在

战略火箭军的电子战部队主要是综合技术控制单位。综合技术控制有两大任务:一是辐射控制,对电磁辐射进行管控,确保不会因为电子系统使用不当而暴露己方部队和军事目标;二是确保电磁兼容性,旨在避免电子系统因互扰而导致系统性能下降。2016年底,每个空降编队的独立电子战排升级为电子战连,并在师级和旅级部队恢复成立了电子战局;俄军的专业电子战飞机隶属位于奥伦堡的第117运输航空团。电子战直升机隶属陆军航空兵。所有陆军航空兵团和旅都拥有一个电子战分队。

本章介绍俄罗斯陆军联合作战中关于电子对抗部队的作战样式和手段,使读者对外军电子对抗的组织和指挥方式有所了解,为我军实施战役和战术电子对抗提供参考。

3.2 对地无线电电子对抗营行军组织的基本理论

行军是指部队和分队成纵队沿道路或纵队路线组织,以前出至指定地域的转移行动。作战行军指的是部队作战条件时按照上级的要求对特定作战区域进行有目的性的运动。

行军种类按方式主要包括徒步行军、机械化行军和履带式行军。徒步行军主要特点是机动能力弱,通行能力强,不容易被发现,可以随时做好作战准备,主要用于游击作战和山地行军、秘密行军,指挥员电台往往保持静默,只接收上级指示。除非情况紧急,不然不与上级电台沟通。机械化行军主要特点是机动能力强,通行能力弱,容易被发现,遇到空袭或者突然袭击时不能立即反击,通常用于大地域远距离机动,以汽车和火车作为载具。机械化行军的缺点是目标容易暴露。如一个团级单位进行机械化行军时,其车辆组成的长度首尾将近 5km,容易受到卫星侦察。履带行军主要特点是机动能力强,通行性能好,能随时做好作战准备,往往履带行军是直接让作战人员到达作战区域进行作战。主要以装甲单位进行,组织各种装甲履带车辆进行运动。

为了保证行军途中的秩序和应对突发情况,往往在行军中要严格做好以下部署:了解各种军事信号;准备应对各种突发情况,如遭敌袭击、空袭,卫星过顶等;保持电台的畅通,在接收上级台指令时,除非需要,不然保持无线电静默;在行军过程中做好组织休息的活动,同时要注意伪装。

行军最终目的是进入作战地域。所以,进入作战地域之后,要做好以下方面的准备工作:派兵侦察休息区域;迅速卸装,搭建营地,并做好隐蔽工事;派遣警戒,做好防偷袭工作;配置防御要图。

3.2.1 无线电电子对抗部队的行军组织

无线电电子对抗部(分)队的转移可以依靠徒步行军、铁路以及综合方式实现。根据行军方向,行军可以分为:向前沿行军,从前沿向后方行军和沿着前沿行军。根据完成条件,行军可分为:与敌方无遭遇风险的行军,与敌方有遭遇风险的行军,会遭敌方大规模杀伤性武器和高精度武器袭击风险的行军。

行军的组织包括行军初始组织和休息点组织。行军初始组织前要确认出发点(地线)和调整点(地线),出发点(地线)的制定要考虑无线电电子对抗各部(分)队能够呈纵队展开,部队之间形成预定距离以及部队行进达到预定速度。休息地点确定以及休息后再次开始进行时调整的地线确定也要参考上述要素。休息点制定要考虑:每经过 3~4h 行军后最多休息 1h,目的是使人员得到休息,检查武器装备的情况;在昼夜行军的下半部分则一次休息约 2h,使人员得到休息、进食,并检查武器装备的情况,视情进行武器保养。

无线电电子对抗部队的行军纵队构成包括:行军警卫(先头部队)、主力部(分)队、营后卫部(分)队、技术保障和后勤部(分)队以及道路保障队。独立对地无线电电子对抗营行军队形如图 3-2 所示,构成依次为:警卫排,营指挥所,短波和超短波通信干扰 1 连、2 连,对空超短波通信干扰排,合成对空警戒的无线电近炸引信弹干扰排,后勤和技术保障分队,道路保障队以及后警卫队。

3.2.2 对地面目标无线电电子对抗部队行军组织

1. 明确受领任务

对地面目标无线电电子对抗营在行军开始前,营长要明确所受领的任务,具体

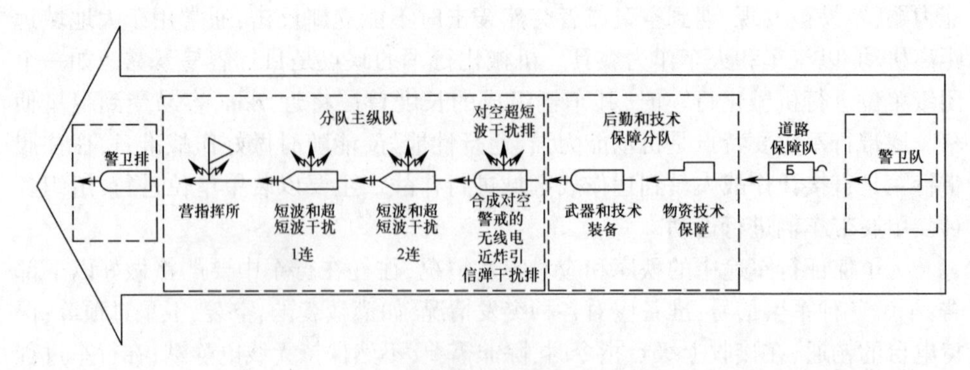

图 3-2　电子对抗营行军纵队构成

包括:行动目的;行军目的(集结地域、到达集结地域时间,准备进行何种行军);行军路线,进入(撤出)预定行军路线的时间和地点;昼夜行军的次数;休息地域及到达休息地域的时间,行军开始时间,给定行军时间;营(部(分)队)防空兵器掩护兵力队形;行军保障队形。

2. 行军评估

行军前,要对行军过程和行军环境进行分析评估,主要内容包括:根据地图对行军路线、长度及地形特点进行评估;对敌侦察破坏小组和非法武装组织可能进攻的地域评估;休息的时间和地点选择评估;加油的时间、地点和顺序评估;人员进食、补充消耗物资的时间、地点和顺序评估;下属部(分)队的行军能力评估;路线中各地段的可能行军速度,以及通过各地段的时间分析计算;日(夜)间休息(集结)地域的地形特点,地域工程构筑容量评估计算;行军中的警戒方式及通信顺序制定等。

3. 制定行军决心

在明确受领任务和完成行军评估后,无线电电子对抗营营长需要制定行军决心,如图 3-3 所示,决心要点如下:

(1) 行军计划:行军队形构建;行动路线及平均速度;出发点、调整点及其通过时间,通过路线中各地段的行军速度;昼夜行军中休息次数、位置和持续时间;集结地域、休息地域和阵地地域的位置,到达这些地点的时间;击退敌侦察破坏小组、抵抗敌飞机和直升机打击的方法及行动顺序。

(2) 给各部(分)队下达的任务。

(3) 主要的协同问题。

(4) 组织指挥和全面保障的程序。

4. 行军决心图标注

在行军决心图中要标注出:

(1) 有关敌方的信息,侦察破坏小组及非法武装组织的可能攻击地域。

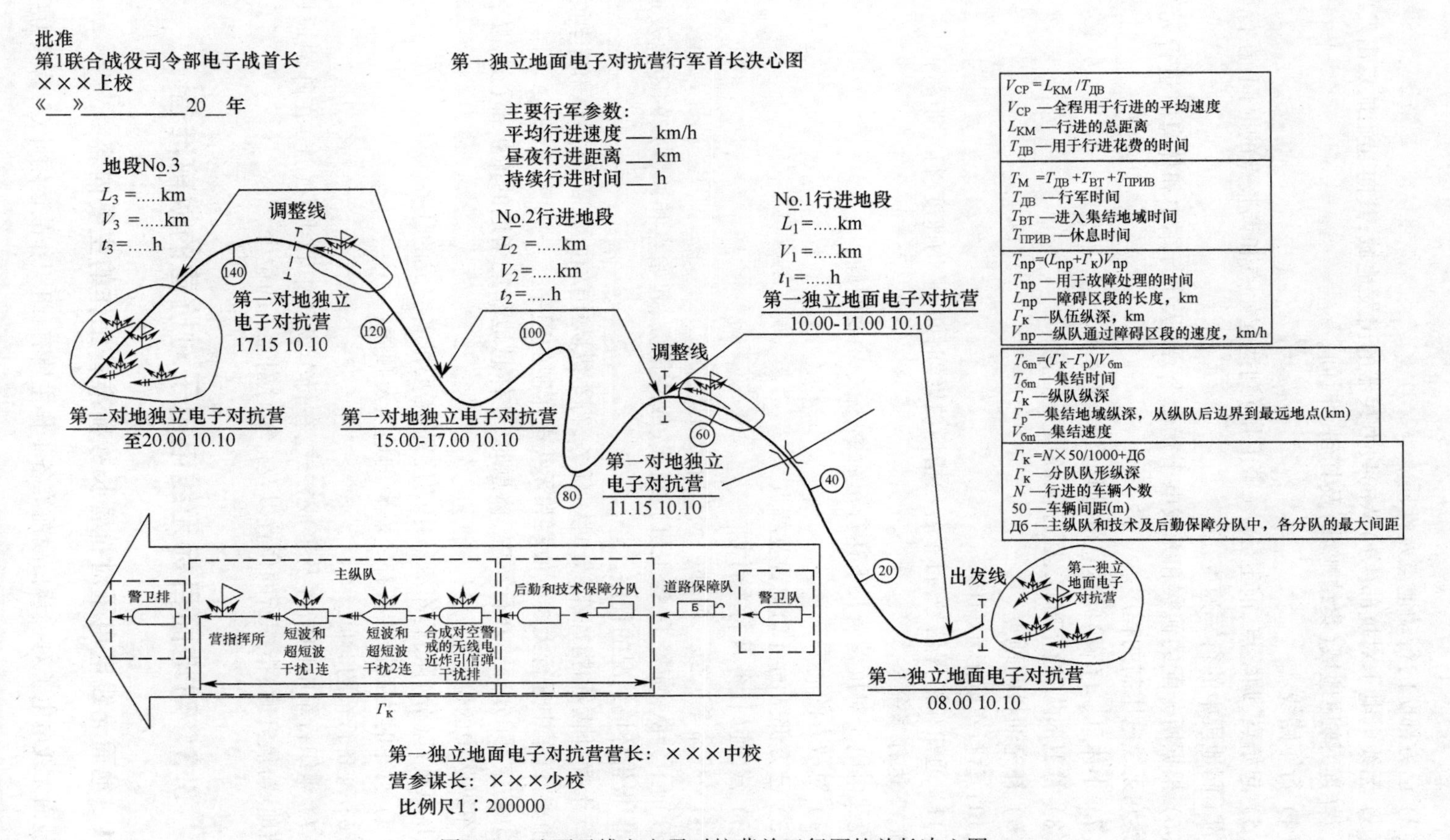

图 3-3　地面无线电电子对抗营关于行军的首长决心图

(2) 己方部队的行动地点及性质。

(3) 无线电电子对抗部(分)队的兵力兵器的出发地域,其向起始地点出发的顺序,营(连)阵地地域(集结地域)及其到达时间。

(4) 行军路线。

(5) 起始点、调整点,前卫分队(警卫排)到达起始点和调整点的时间,在行军路线的不同地段中的行军速度。

(6) 根据所分配的侦察和无线电干扰命令,部队在行军中和休息时进行无线电侦察和无线电压制的程序。

(7) 小休息、日(夜)间休息的地域及持续时间。

(8) 警卫部队、通信部队,医疗队的展开位置。

(9) 补充油料的地点。

(10) 营行军队形示意图。

(11) 通知和指挥信号,行军各项指标(持续时间、平均速度、行军距离)。

5. 下达行军命令

无线电电子对抗营营长下达行军命令,命令中要明确:

(1) 对敌方的简要描述。

(2) 己方部队的行动位置及特点。

(3) 营(连)任务及行军计划。

(4) "我命令"之后,向部(分)队下达的任务:

① 前卫分队(前警卫,警卫班):组成、战斗任务、起始点和调整点的距离及通过时间,报告环境情况的程序。

② 干扰、侦察和指挥部(分)队:任务、行军纵队中的位置、部(分)队和车辆之间的距离,行军中进行无线电侦察和无线电压制的程序。

③ 防空部(分)队:在行军中、休息时、在休息地和集结地的掩护部(分)队任务,行军纵队中的位置。

④ 其他部(分)队:行军纵队中的位置、需要准备完成的任务。

(5) 行军时为武器装备补充燃料的地点及顺序;

(6) 准备行军的时间。

(7) 组织行军中的指挥及警戒方式、在行军纵队中和当营(连)在阵地地域(集结地域)展开时、指挥所的位置以及行军时副营长的位置。

3.3 对地面目标无线电电子对抗营的战前准备

3.3.1 地面无线电电子对抗营长战前准备工作的主要内容

地面无线电电子对抗营长战前准备工作主要有:组织作战运用计划,营兵力兵器遂行作战任务的前期准备,展开并建立营战斗队形,对阵地地域进行工程构筑,营长、副营长及营参谋长指导下属部(分)队中的实际工作。其中,在作战组织运用计划方面主要内容如下:

(1) 对装备状况和无线电电子态势数据进行不间断获取、采集、分析、研究和归纳。

(2) 拟定战斗顺序。

(3) 明确受领的任务,评估无线电电子态势数据和装备状况情况。

(4) 向下属部(分)队部署任务。

(5) 定下作战决心。

(6) 组织协同,对营兵力兵器实施全方位保障。

(7) 组织检查指导下属兵力兵器准备情况。

营长组织作战运用计划的工作方法分为并行工作法和串行工作法,工作内容如图 3-4 所示。营长在计算工作时间时需要确定:定下决心、部署战斗任务、组织

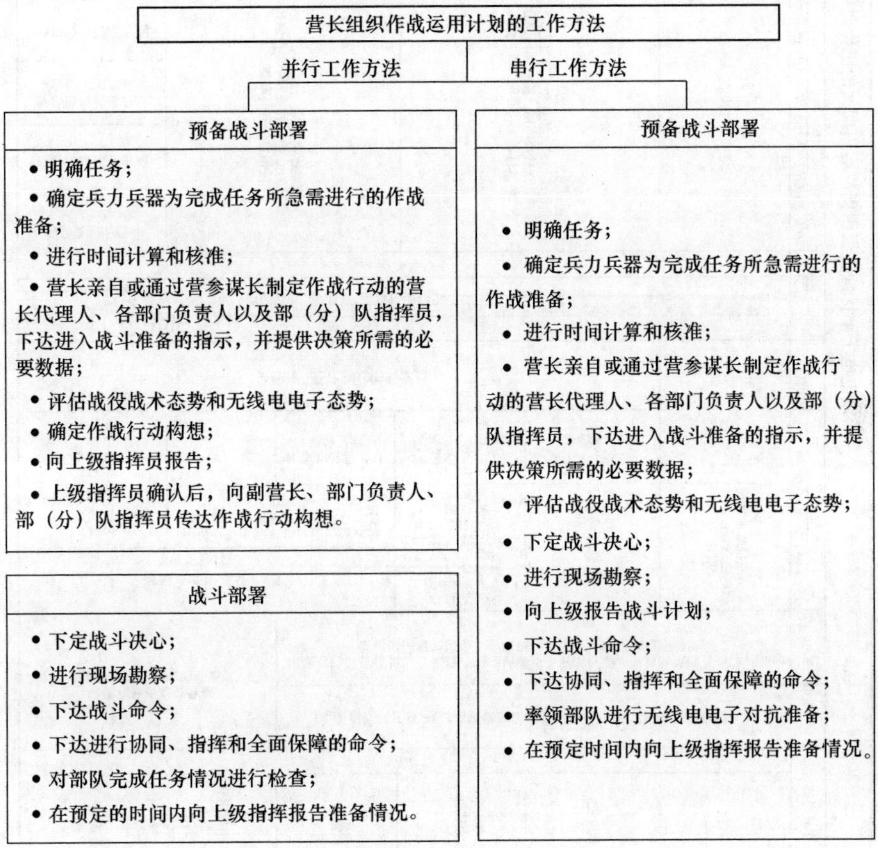

营长组织作战运用计划的工作方法

并行工作方法

预备战斗部署

- 明确任务;
- 确定兵力兵器为完成任务所急需进行的作战准备;
- 进行时间计算和核准;
- 营长亲自或通过营参谋长制定作战行动的营长代理人、各部门负责人以及部(分)队指挥员,下达进入战斗准备的指示,并提供决策所需的必要数据;
- 评估战役战术态势和无线电电子态势;
- 确定作战行动构想;
- 向上级指挥员报告;
- 上级指挥员确认后,向副营长、部门负责人、部(分)队指挥员传达作战行动构想。

战斗部署

- 下定战斗决心;
- 进行现场勘察;
- 下达战斗命令;
- 下达进行协同、指挥和全面保障的命令;
- 对部队完成任务情况进行检查;
- 在预定的时间内向上级指挥报告准备情况。

串行工作方法

预备战斗部署

- 明确任务;
- 确定兵力兵器为完成任务所急需进行的作战准备;
- 进行时间计算和核准;
- 营长亲自或通过营参谋长制定作战行动的营长代理人、各部门负责人以及部(分)队指挥员,下达进入战斗准备的指示,并提供决策所需的必要数据;
- 评估战役战术态势和无线电电子态势;
- 下定战斗决心;
- 进行现场勘察;
- 向上级报告战斗计划;
- 下达战斗命令;
- 下达协同、指挥和全面保障的命令;
- 率领部队进行无线电电子对抗准备;
- 在预定时间内向上级指挥报告准备情况。

图 3-4 并行工作方法和串行工作方法的内容

表3-4 电子对抗实施进程表

<table>
<tr><th colspan="23">无线电电子干扰营在组织作战运用期间的工作时间表(并行法)</th></tr>
<tr><th colspan="2" rowspan="2">作战时间</th><th rowspan="2">0.00−0.30</th><th rowspan="2">0.30−0.50</th><th colspan="3">0.50−1.50</th><th rowspan="2">2.00−2.30</th><th rowspan="2">2.30−3.00</th><th rowspan="2"></th><th colspan="4">3.00−5.00</th><th rowspan="2">5.00−6.00</th><th rowspan="2">6.00−6.30</th><th colspan="2" rowspan="2">6.30−8.30</th><th rowspan="2">8.30−10.00</th><th rowspan="2">10.00−11.00</th><th colspan="2">11.00−14.00</th><th rowspan="2">14.00</th></tr>
<tr><th>0.5−1.05</th><th colspan="2">1.05−2.00</th><th>3.00−3.15</th><th>3.15−3.25</th><th>3.25−4.15</th><th>4.15−5.00</th><th>11.00−11.30</th><th>11.30−14.00</th></tr>
<tr><td>营长</td><td rowspan="6">预先战斗号令</td><td rowspan="4">明确作战任务,确定部队快速完成任务所必需措施以及时间安排</td><td rowspan="4">指导部门负责首长，分队指挥员理解即将采取的行动，下达部队战备命令，并向他们提供有关决策、侦察以及现地作业时间和程序的数据</td><td colspan="2">评估战役战术环境和电磁态势，并听取建议</td><td>确定作战行动意图</td><td>汇报战斗行动计划</td><td rowspan="6">将口头预先战斗号令传达至指挥员</td><td rowspan="6">战斗号令</td><td colspan="4">定下战斗决心</td><td>听取分队指挥员作战行动计划</td><td>汇报战斗运用决定</td><td rowspan="6">组织侦察</td><td rowspan="6">下达作战命令，包括各种保障的安排</td><td>检查各单位准备执行预定任务的进度</td><td>听取分队作战决心</td><td colspan="2">听取保障计划</td><td rowspan="6">报告营关于执行预定任务的准备</td></tr>
<tr><td>参谋长</td><td></td><td>汇报作战行动和方案</td><td>指导属下制定首长作战决心图，拟制预先作战号令</td><td rowspan="5">参加战斗运用构想的听证会</td><td colspan="4" rowspan="2">制定组织协同，指挥和保障措施，完成首长作战决心图，检查和协助分队执行预定任务的准备</td><td rowspan="2">拟制战斗命令、通信号令</td><td rowspan="5">参加听取关于作战行动的决定</td><td colspan="2" rowspan="4">为了按预期完成战斗任务，在部队战备期间制定所需的各类保障、检查和协助的计划和文件</td><td colspan="2">听取通信计划</td></tr>
<tr><td>营参谋部</td><td colspan="2">评估战役战术环境、电磁态势、全面保障形势、综合技术侦察设备、拟制并提交营指挥官作战行动计划</td><td>制定首长关于作战行动的决心图，拟制预先作战号令</td><td colspan="2">检查和协助分队执行预定任务</td></tr>
<tr><td>副营长</td><td rowspan="3">确定所属受领的任务</td><td rowspan="2">评估全面保障形势，综合技术侦察设备，拟制并提交指挥官作战运用构想</td><td>汇报作战行动计划的提案</td><td colspan="4" rowspan="2">制定组织协同，技术和后勤保障的措施，检查和协助分队执行预定任务的准备</td><td rowspan="2">拟制组织协同、技术和后勤保障命令</td><td colspan="2">汇报组织协同、技术和后勤保障的计划</td></tr>
<tr><td>营属指挥军官</td><td colspan="2" rowspan="2">收集和分析态势数据
评估所属各分队的状态</td><td></td><td colspan="2">检查和协助分队执行预定任务的准备</td></tr>
<tr><td>分队长</td><td colspan="2">为使各分队做好按计划执行任务准备的首要措施</td><td>领会受领的战斗任务</td><td>确定部队作战方向</td><td>评估战役战术环境，综合技术侦察设备</td><td>确定战斗行动计划</td><td>汇报作战行动计划</td><td>定下作战决心</td><td>汇报作战决心</td><td>下达战斗命令</td><td>检查和协助分队的准备</td></tr>
</table>

协同和全方位保障、进行现地勘察所需的时间,部(分)队训练所属人员完成分配的任务的时间,到达阵地地域、兵力兵器转入战斗准备状态的时间,第一次和第二次阵地地域工程构筑的时间,对部(分)队完成战斗任务的准备情况进行检查时间等。

3.3.2 营兵力兵器遂行作战任务的前期准备

营兵力兵器遂行作战任务的前期准备主要包括:

(1) 人员满编装备补齐。

(2) 准备必需的物资设备及武器装备。

(3) 营长和营参谋长及所属人员进行战斗任务培训。

(4) 整理武器装备,使其处于可作战使用状态。

(5) 同部(分)队人员进行作战协调、指挥所演练、战术专业演习。

(6) 组织同未来行动相关的思想工作。

在人员遂行战斗任务的培训方面,需要做到:

(1) 研究人员在不同情况下所担负的工作和行动方案。

(2) 班组要充分研究所受领的任务及其完成任务的方法和顺序。

(3) 研究敌方通信的组织及雷达站的主要技战术性能。

(4) 研究军队隐蔽指挥及所使用信号的文件。

(5) 研究可快速探测(敌雷达站)及有效对敌雷达站施放干扰的方式。

(6) 确定初始数据以计算侦察能力。

(7) 研究地形对无线电干扰设备、侦察设备及伪装设备的影响。

(8) 培训驾驶员完成行军的能力。

(9) 检查人员遂行任务的战备水平、组织可强化人员心理素质的活动。

在武器装备准备方面,要检查设备并解决存在问题,对固定设备进行技术维修和保养,更新防护涂层和识别标志,提供备件(如提高通行能力的设备、遮光罩、夜视仪等),提供用于燃料和水的附加容器、消防设备、特殊处理设备以及油料存储设备,检查并提供工程、化学和后勤物资。

3.4 对地无线电电子对抗营的战时组织

对地无线电电子对抗营的战时组织和运用流程是:对技术保障和无线电电子态势的数据进行不间断获取、收集、分析、研究、概括和汇总→拟定战斗运用方案→明确所受领的任务以及对无线电电子态势的数据进行评估→向下属部(分)队布置任务→定下战斗运用决心→组织协同,对营兵力兵器进行全方位保障→组织指挥对部(分)队兵力兵器准备情况进行监督。

3.4.1 明确所受领的任务，评估战役战术环境和无线电电子态势

电子对抗营营长在明确受领任务时应当了解：作战行动的目的；上级对进行无线电电子对抗的决心，明确电子对抗实施的位置；电子对抗营的任务及完成任务的顺序；上级和友邻部队兵力兵器可完成的有利于本营的任务；同其他兵种和特种部队的协同顺序；完成电子对抗任务兵力兵器的准备时间。

在明确受领任务得出的结论中应该确定：电子对抗主要兵力的集结方向；完成任务的方法和顺序；无线电干扰和压制的目标以及需要规避受到无线电引信炸弹威胁的设施；整体综合技术检查；营兵力兵器完成任务的准备时间和具体工作方法。

电子对抗营营长进行环境评估的内容是：进行季节和时间评估，对敌评估，己方部队评估，现地评估以及核、生、化环境的评估。其中：

（1）对敌方的评估主要是：①敌方地面和空中集群的位置和组成，其电子战兵力兵器及可能行动特点；②其部队集群指挥控制系统中主要指挥所和雷达的位置及隶属关系；③其通信的组织、通信状态及暴露水平；④其使用的无线电通信的特点，使用的无线电通信的指控环节和单位；⑤无线电通信工作种类和模式，通信装备的技术特点及侦察特征等。

（2）评估己方部队主要是：①评估下属部（分）队的组成、位置、状态、战斗能力及保障情况；②评估协同的电子对抗部（分）队、无线电电子侦察部（分）队、诸兵种合成军（兵团）的位置及兵力兵器行动特点，其指挥所位置及其协同条件；③评估受到航空炸弹、无线电近炸引信弹和地雷威胁的设施；④评估己方部队可保障电磁环境正常的雷达系统展开地域；⑤评估下属部（分）队的组成、位置、状态，主要包括队伍完整性、人员辐射暴露程度，人员的三防技能，人员的道德心理状态，部（分）队指挥员的能力素质和经验以及武器装备的状态。

（3）对友邻部队进行评估时，营长需要研究：①友邻部队属于哪个集群及其部署和机动地点；②其需要免受无线电引信炸弹侵袭威胁的设施；③其可保证电磁环境正常的己方雷达部署地域，其指挥所位置及与其协同的条件；④确定友邻部队的行动对完成营战斗任务的影响程度以及对此己方的工作内容；⑤确定与友邻部队就查明的敌指挥所、雷达，辐射、化学、生物条件，以及地面敌方和空敌的行动进行情报共享的流程和方式；⑥与友邻部队确定对营兵力兵器进行保护防御及通信的要求。

（4）在进行现地勘察时，营长要评估：①在己方行动地带的战术特点（地形、土壤、侦察指挥和无线电干扰设备阵地的遮蔽角；道路网络和通行性；电子防护特点；伪装、定位和观察条件；季节性地形改变情况以及水源地情况）；②无线电波传播的条件以及在敌干扰下受到的影响。

电子对抗营营长完成环境评估后,需要形成环境评估的结论,结论包括如下主要要素:最重要的无线电干扰和压制目标,部(分)队有效无线电压制目标和进行技术检查的能力,营的战斗队形,侦察和无线电压制区域(扇区),补充侦察措施和获取缺乏的侦察数据的方法,部(分)队兵力兵器战备活动。

完成环境评估后,营长需立即责成下属部(分)队完成的工作有:准备和提供为定下决心所需的必要数据,开展与整修武器装备、人员训练、补充物资储备、救援病号相关的活动,立即采取措施保护部(分)队免受敌大规模杀伤性武器袭击的行动。此时,营长向营参谋长下达的命令包括:副营长、部(分)队指挥员明确未来行动,组织侦察,明确在现地工作的时间和顺序,准备好定下决心所需数据,训练部队以完成未来行动。营长下达给各部(分)队的命令则包括:进行技术维护、使武器装备进入可战斗使用状态,将损坏的武器装备转交给维修部门并确定修复时间,将弹药和物资设备补充至规定水平,将伤病员转交给医疗机构。

3.4.2 定下营战斗决心

独立对地无线电电子对抗营营长的战斗决心包括:战斗意图,部(分)队战斗任务,协同的主要问题,对部(分)队兵力兵器的行动组织指挥和给予全面保障的顺序。

如图 3-5 所示,在战斗决心图中要标注:作战分界线;敌集群及可能行动;敌方部队的指挥所和通信枢纽,其最重要的无线电通信线路;需要免受航空炸弹、无线电近炸引信弹和地雷威胁的目标防护;对敌进行无线电侦察和无线电干扰压制的方法(压制时机、探查敌方目标的手段、跟踪哪些目标、压制哪些目标、压制目标的顺序);指挥机构和无线电干扰阵地地域的营战斗队形;在战役(战斗)中的转移路线;协同友邻电子对抗部(分)队兵力兵器完成的任务;其他军兵种部队指挥所的展开位置;保障营兵力兵器行动的后勤及修理机关;进行综合技术检查的方式。

独立对地无线电电子对抗营能够同时压制敌方 44 条短波地面通信线路、48 条超短波地面通信线路、16 条机载通信线路,即敌 1 个战役战术集团军、2 个兵团的主要短波和超短波通信及其与航空兵的超短波协同通信,以及掩护 4 个指挥所、炮兵连的目标免遭敌方无线电近炸引信弹的袭击,掩护面积为 $1\sim2km^2$。营对敌方通信的压制纵深为 30~60km,对航空兵的压制距离为 120km。在实施侦察和干扰时,营展开战斗队形。营战斗队形包括指挥所、短波干扰连战斗队形、短波和超短波连战斗队形、无线电近炸引信弹干扰排战斗队形和对空超短波干扰排战斗队形如图 3-6 所示。

在战役中,电子对抗营在阵地展开,展开兵力的数量应能有效对敌方实施侦察和干扰。在防御中,营指挥所距前沿 15~20km 展开;在进攻中,距前沿 10~15km。

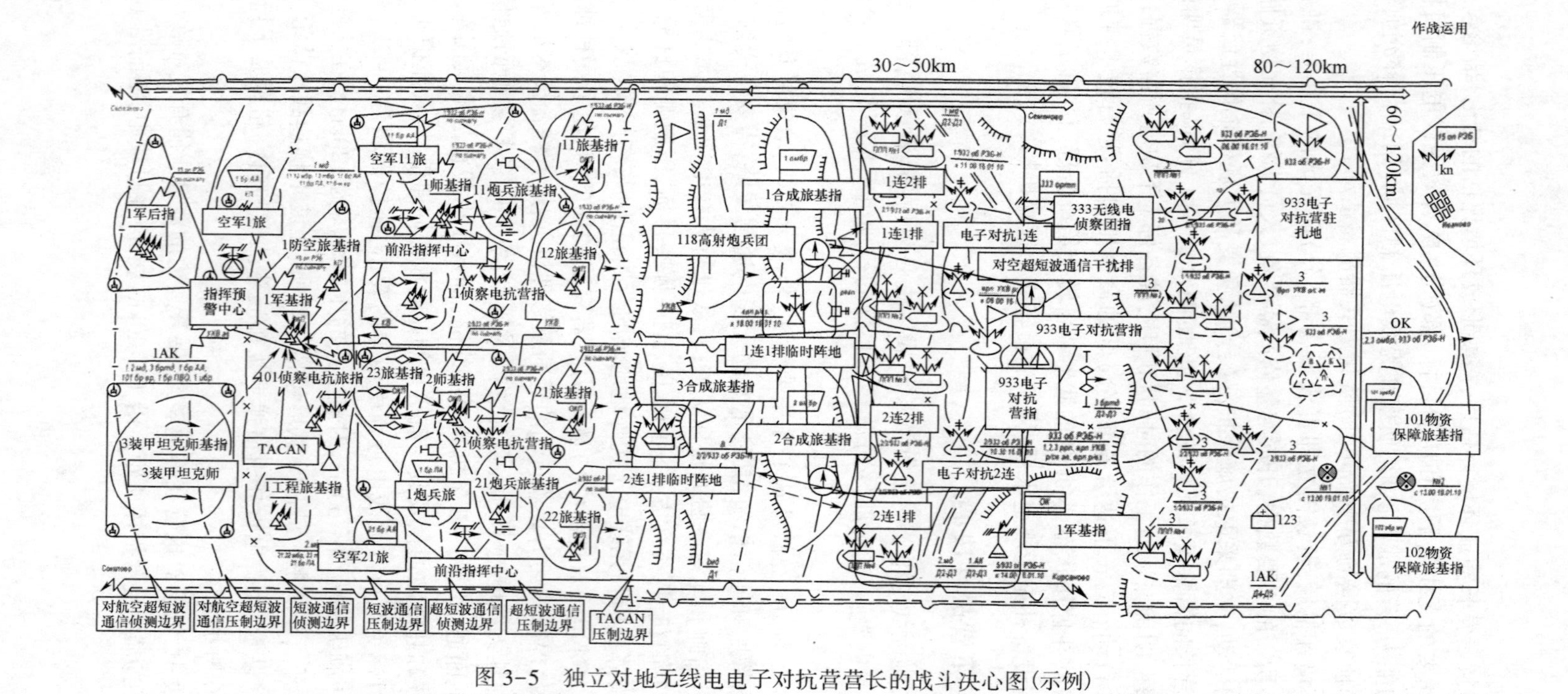

图 3-5　独立对地无线电电子对抗营营长的战斗决心图(示例)

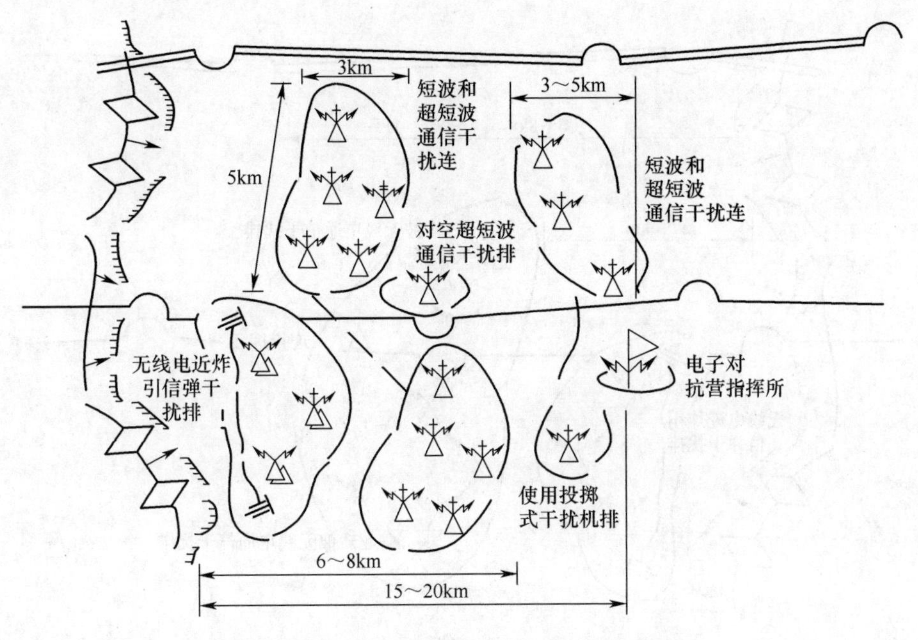

图 3-6　独立对地无线电电子对抗营的战斗队形

短波通信干扰连距营指挥所约 3~5km 展开。短波和超短波通信干扰连以及对空超短波干扰排的阵地位于第 1 梯队机械化步兵旅的战斗队形中，距前沿的距离与兵团的电子对抗连相同。无线电近炸引信弹干扰排的使用原则与机械化步兵旅电子对抗连的无线电近炸引信弹干扰排相同。

通常，电子对抗营整体行动。但是，在个别情况下，短波和超短波通信干扰连可能配属给在独立方向上行动的机械化步兵旅(独立遂行任务)。该连配备 3 个短波干扰站、6 个超短波干扰站和 9 个引信干扰站，能够同时压制敌方 12 条短波通信线路和 24 条超短波通信线路，即敌方 2 个旅(团)的主要短波和超短波通信，掩护 4 个类似师(团)指挥所、机械化步兵连和炮兵连的目标免遭无线电近炸引信弹的袭击，掩护面积为 1.5~2km^2。连对敌方地面通信的干扰距离为 30~50km。在实施侦察和干扰时，该连展开战斗队形，包括指挥所、短波和超短波干扰排战斗队形、无线电近炸引信弹干扰排战斗队形如图 3-7 所示。

战斗中，短波和超短波通信干扰连位于敌方炮兵、坦克和反坦克导弹的直接瞄准火力范围之外的阵地上展开。通常，在主要兵力集结方向，该连的阵地距防御前沿 6~8km；在主要突击方向，距进攻前沿 4~6km。当该连满编时，其阵地防御正面为 5km，纵深 2~3km。无线电近炸引信弹干扰排的阵地位于己方炮兵的战斗队形中或者是指挥所阵地及其他目标附近，使这些目标免遭无线电近炸引信弹的袭击。

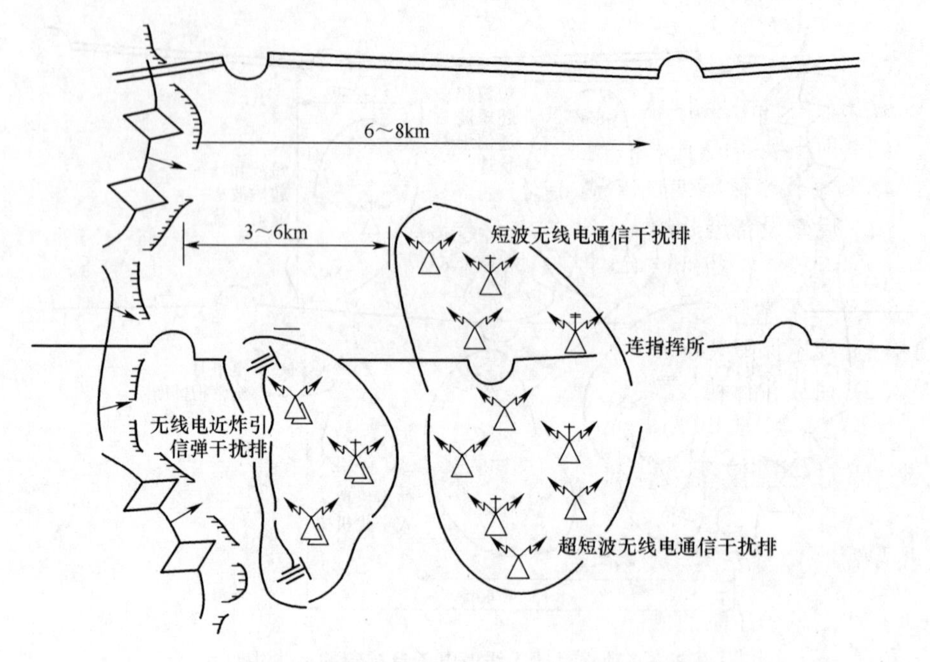

图 3-7　短波和超短波通信干扰连的战斗队形

3.4.3　营长向下属部(分)队下达无线电电子对抗的战斗任务

1. 无线电干扰部(分)队的任务

(1) 主阵地和预备阵地(地域)的位置,以及占领时间和顺序。

(2) 无线电侦察、无线电干扰和综合技术检查的任务(无线电干扰的目标,侦察和压制的波段)。

(3) 无线电干扰设备的用途、工作模式,无线电压制的工作扇面(地带),综合技术检查的目标及其完成任务的时间。

(4) 侦察设备及无线电干扰设备的指挥方式和顺序。

(5) 值班兵力兵器组成及其战备程度。

(6) 被掩护目标。

(7) 与友邻部队以及其兵种部队的组织协同流程。

(8) 对作战成果进行评估的流程。

2. 防空排的任务

(1) 对主阵地和预备阵地进行防空警戒。

(2) 确认敌为实施空袭进行侦察的扇区和己方实施火力打击的扇区。

(3) 防空兵力兵器的战备时间及等级。

(4) 火力打击次序。

3. 警卫排的任务

(1) 任务,主阵地和预备阵地。

(2) 火力打击地带。

(3) 射击装备的主要射击扇面和补充射击扇面。

4. 物资技术保障排的任务

(1) 后勤设备展开的主要地域和备用地域。

(2) 在战斗行动过程中其进行转移的流程。

5. 修理排的任务

(1) 技术保障装备展开的主地域和备用地域。

(2) 在战斗行动过程中其进行转移的流程。

3.5 对敌通信系统实施无线电电子对抗的战役战术计算方法

3.5.1 确定无线电干扰和压制的目标

无线电电子压制的目标是指敌方用于指挥部队和武器、进行侦察和电子战的无线电设备,这些设备通常位于指挥所、部(分)队、某些地域和某些武器装备中。一般将要压制的目标分为硬目标和软目标两类,以独立对地无线电电子对抗连需要压制的目标为例,如图 3-8 所示。所谓硬目标,就是有实体的目标,如指挥所,指挥预警中心等;软目标是指通信线路和数据传输线路等。

为了明确要压制的目标,需要对敌方的无线电保障体系进行针对性的研究,要确认敌方每个用频单位所处的指挥控制环节、阵地位置、用频装备、用频频段、联络单位、联络方式和呼号等,通过逐级分解,明确从军到下属各级指挥所甚至是机组、班组使用的通信网络构成、相应的装(设)备数量。

就欧洲战区的情况而言,美国陆军编队的第 1 梯队行动中,最有可能出现的是由以下基本要素组成的师结构:两个旅级战斗群(Striker 机械化旅×2、炮兵营、工兵、作战技术保障),重型旅级战斗群(装甲旅含混合旅坦克营×2、炮兵营、工兵、特种部队营、作战技术保障),野战炮兵旅,陆军航空兵旅,支援旅(Avenger 防空导弹营、侦察营),保障队。

1. 美国陆军指挥所的类型

在师中,开设一个基本指挥所(Main CP)、1 号和 2 号前沿指挥所(Tactical CP 1, Tactical CP 2,后者为备用指挥所)、后方指挥所,部署保障队和机动指挥组指挥所(Mobile Command Group)。在旅内(旅级战斗群)开设基本指挥所和前沿指挥所,而在其余的兵团和部队通常开设指挥所。前沿指挥所为指挥官提供必要的灵活性,使其能够组织所有作战规划和管理活动。美国陆军师级指挥所的要素类型如图 3-9 所示。

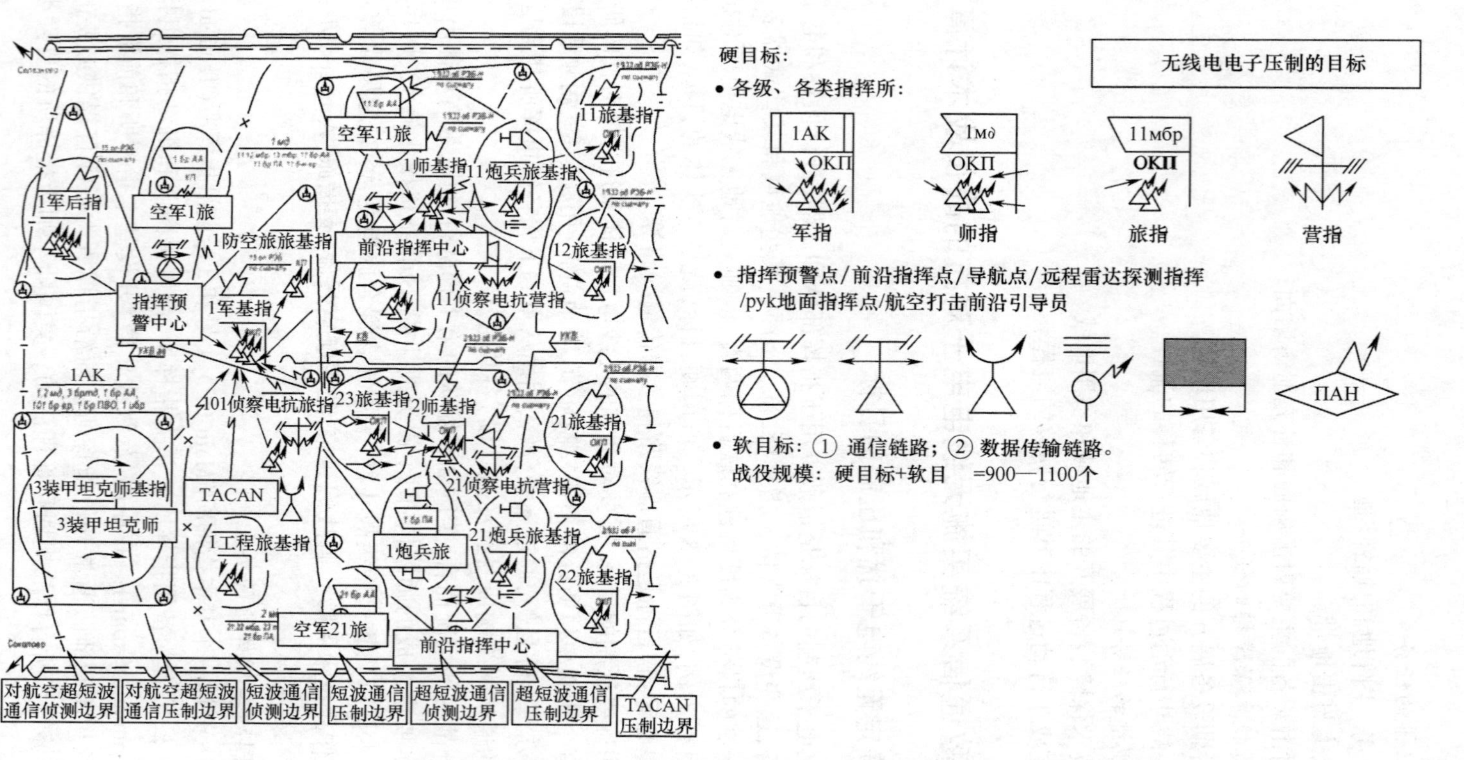

图 3-8　独立对地无线电电子对抗连需要压制的目标

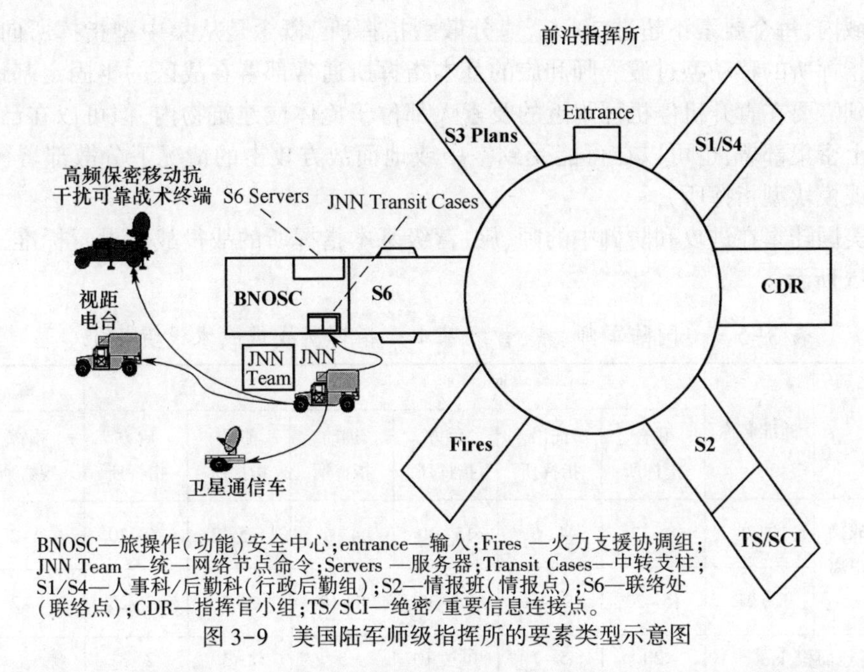

BNOSC—旅操作(功能)安全中心;entrance—输入;Fires —火力支援协调组;JNN Team —统一网络节点命令;Servers —服务器;Transit Cases—中转支柱;S1/S4—人事科/后勤科(行政后勤组);S2—情报班(情报点);S6—联络处(联络点);CDR—指挥官小组;TS/SCI—绝密/重要信息连接点。

图 3-9　美国陆军师级指挥所的要素类型示意图

分散式处理原则在“分散型指挥所”(Cellular Command Post)中得到体现。类似指挥所难以发现或发生故障(分散式指挥所为不断变化的目标组合)。根据这一概念,美国陆军基本指挥所和各师基本指挥所根据分散处理原则,如图 3-10 所示,由 14~16 个要素组成,其中至少有两个同类重复。这些要素分布在 10~15km²

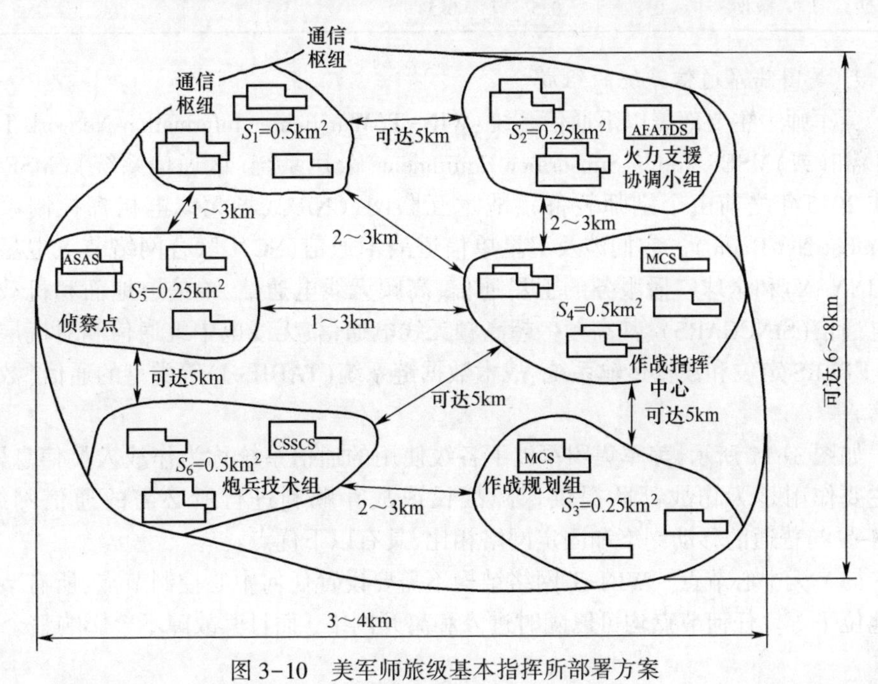

图 3-10　美军师旅级基本指挥所部署方案

的区域内，每个要素不超过20人。“分散型指挥所”概念是从集中型指挥所向模块型指挥所的移动型过渡。师和旅的基本指挥所通常部署在战区的半固定基地，考虑到需要在直升机停机坪附近的要素大都位于掩体或建筑物内，但可以在己方车辆上密集部署，也可以在可能受到空中或地面敌方攻击的情况下分散部署（分散型或模块型指挥所）。

美国陆军在进攻和防御中的师、旅、营级基本指挥所的战役战术设置标准，如表3-5所示。

表3-5 美国陆军师、旅、营级基本 指挥所战役战术设置标准

N	标准名称	师				旅		营
		联合指挥所	前沿指挥所	后方指挥所	机动指挥所	前沿指挥所	后方指挥所	指挥观察所
距作战接触线距离/km	进攻	8~12	4~6	15~30	4~6	1.5~2	10~20	1~2
	防御	15~20	8~10	25~30	8~10	3~5	15~25	1~2
占地面积/km^2		20	5~7	可达10	5	2~3	2~3	
昼夜转移次数		1~2	1~2	1				
一次移动距离/km		10~15	10~15	10~15				
转移时间/h	展开	2	1.5	1.5				
	撤收	0.7	0.5	0.5				

2. 美国陆军通信系统的组成

美军师中主要部署以下通信系统：WIN-T(War fighter Information Network Tactical)和(或)MSE(Mobile Subscriber Equipment)公用系统(区通信系统)(MSE系统在2015年之前由个别师装备)、战术互联网、CNR战场无线电指挥控制系统(Combat Net Radio)。它们涉及卫星单信道战术通信(SC)、联合网络节点卫星通信(JNN-N)和全球广播服务的卫星通信、高频无线电通信、单信道地面和机载无线电通信(SINCGARS)、甚高频—超高频无线电通信、无线电中继通信和对流层通信、EPLRS定位和数据传输系统、战术数据链系统(TADIL-J)等类型的通信(数据通信)。

如图3-11所示，美军集团军以下各级使用的通信系统称为作战人员信息网，其主要作用是为作战部队提供保障战役或战斗顺利进行所必需的通信网络。WIN-T与普通的移动网络和固定网络相比，具有以下优点：

(1) 无中心节点。WIN-T网络结构不需要设置任何中心控制节点，所有节点的地位平等。任何节点均可以随时进入和离开网络，而且其故障不会影响整个网

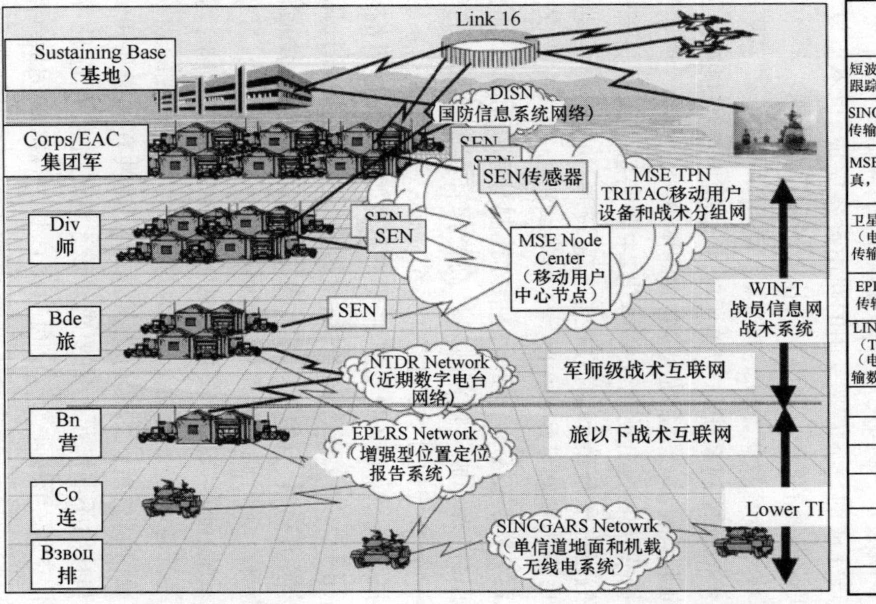

模式	频率波段/MHz	信号带宽（通信种类）/kHz	传输速度/(kbit/s)	调制方式
短波（带有自动跟踪装置的高频）	2～30	3	9.6	8FSK，PSK2，PSK4，PSK8 и AM
SINCGARS（电话，传输数据，跳频）	30～88	25	16	FM，FSK
MSE（电话，传真，传输数据）	225～400，1350～2690	小于5×10^4	256～4800	PSK2，PSK4，PSK8 QAM16，QAM32，QAM64
卫星通信（电话，传真，传输数据）	225～400，7900～8400	5.25	小于52	PSK2，PSK4，PSK8
EPLRS（跳频传输数据）	420～450	3×10^3	57	PSK2
LINK-16（TADIL-J）（电话，跳频传输数据）	969～1206	3×10^3（地—空，空—空）	118千比特/秒	MSK
军侦察通信系统				
防空通信系统				
军野战炮兵通信系统				
军陆军航空兵通信系统				
军独立机械化旅和师通信系统				
军事警察旅通信系统				
军工程兵分队通信系统				

图 3-11　美国陆军作战信息网

络的运行,因此 WIN-T 网络结构具有很强的抗毁性。

(2) 动态拓扑。WIN-T 网络节点可以随处移动,也可以随时开启和关闭,从而使网络的拓扑结构随时会发生变化。这种能力对于美国陆军向可伸缩的模块化作战部队转型来说非常关键,美国陆军能够从基于师的资源转型为基于各个旅战斗队的资源进行作战,可以在进行超视距部署的同时为作战一线的士兵提供通信和信息共享服务。WIN-T 利用现有成熟的商用技术,提供大容量高速传输能力,并引入新型技术网络中心波形(Network-Centric waveform,NCW)和高频段网络波形(High-band Metwork Waveform,HNW)使网络传输能力大大增强,战术通信卫星提供的传输速率达到 8.2Mbit/s,相比过去的军事卫星(Milstar)数据传输速率增加了 25 倍。这会使受保护的视频、战场地图和目标数据等战术军事数据能够获得实时传输,为指挥员实时不间断地获取战场态势,实施正确的指挥决策提供有力支撑。WIN-T 的布设或展开无须依赖于任何预设的网络设施。节点开启后就可以快速、自动组成一个独立的网络。当节点要与其覆盖范围之外的节点进行通信时,需要中继节点的多跳转发,与固定网络的多跳不同,WIN-T 网络中的多跳路由是由普通的网络节点完成的。不需要专用的路由设备完成,也不需要专业的人员来操作,能够达到快速部署的能力,适应未来快节奏的作战需要。

3. 美国陆军战术指挥控制系统的组成

美国陆军战术指挥控制系统作为美国陆军作战指挥控制系统的重要组成部分,是功能完善的典型战术 C^3I 系统,其组成如图 3-12 所示。该系统旨在提高战场重要功能领域指挥控制的自动化和一体化,主要装备于军以下部队。该系统可使指挥官在复杂战场电子环境下,有效控制信息资源,协调作战行动。该系统直接与美国陆军全球指挥和控制系统(GCCS-A)相连接,为从营到战区的指挥控制提供一个无缝的体系结构,包括 5 个独立的指挥控制分系统和 3 个通信分系统。当系统全部投入使用时,将形成从陆军战术最高指挥官到单兵战壕的作战指挥和控制网络。其中,5 个分系统包括:机动控制系统(MCS),又称机动系统;前方地域防空指挥控制和情报系统(FAADC2I),其主要任务是防空;先进野战炮兵战术数据系统(AFATDS),用于火力支援控制系统;全源分析系统(ASAS),用于情报/电子战;战斗勤务支援控制系统(CSSCS),用于战斗勤务支援。由 3 个通信分系统将这 5 个分系统互联起来。3 个通信分系统包括移动用户设备系统(MSE)、单信道地面与机载无线电系统、陆军数据分发系统(ADDS)。5 个独立的指挥控制分系统通过这 3 个通信分系统融合成一个简洁、紧凑的陆军各兵种合成的战场应用系统。

战斗勤务支援控制系统(CSSCS)为其他系统提供有关设备可用性的关键情报,使设备、人员和补给不断满足所需要求。该系统的主要用途是:汇总战斗勤务支援关键的功能信息;赋予战斗勤务支援指挥官和参谋人员完成实时支援和持续分析的能力;允许战斗勤务支援指挥官共享分配给部队指挥官的指挥控制数据库。

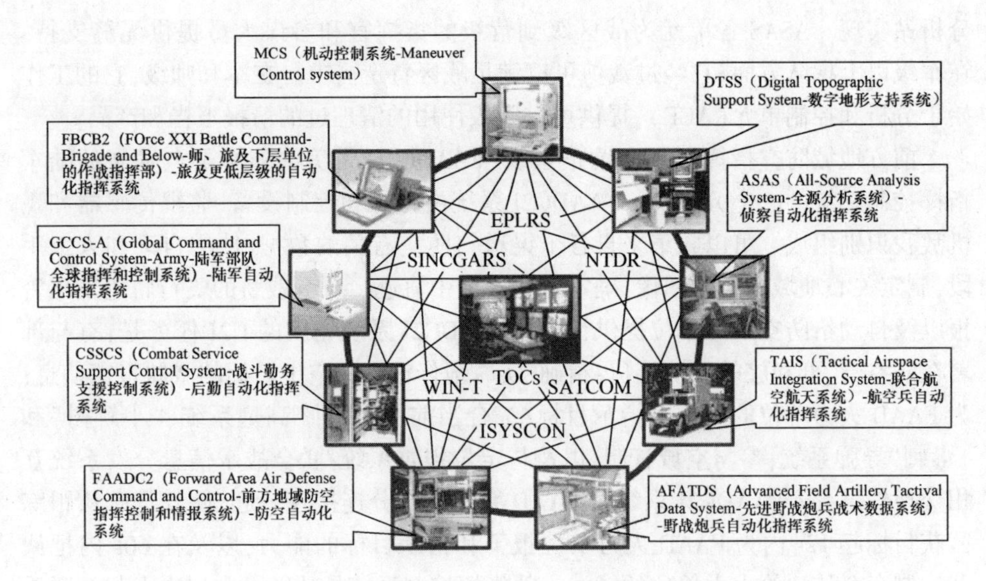

图 3-12　美国陆军 ATCCS 战术自动化指挥控制系统

机动控制系统（MCS）是美国陆军配属在营至军各级指挥机关的战术计算机系统及其终端的总称，是一种战术指挥控制系统。由战术计算机终端、战术计算机处理机和分析控制台组成的机动控制系统主要用于美国陆军的军、师和旅级，辅助指挥官和参谋人员收集、处理、分析、分配和交换战场信息以及传送命令，使指挥官在敌方做出决策之前就能采取行动。为此，机动控制系统会在装甲部队、步兵和联合兵种编队中执行自动的指挥和控制功能。该系统还会与其他指挥控制系统接口，如火力支援、情报电子战、防空及战斗勤务支援等指挥控制系统。

先进野战炮兵战术数据系统（AFATDS）取代了战术射击指挥控制系统，处理火力支援任务和其他有关的协调信息，以便最佳地使用所有的火力支援资源，包括迫击炮、野战炮、加农炮、导弹、攻击直升机、空中支援火力以及舰炮火力。它可向从军到排级的火力协调中心提供信息处理能力，使火力支援的计划和实施更加方便和自动化。此外，先进野战炮兵战术数据系统还能够满足野战炮兵管理关键资源、支持人员派遣、收集和提供情报、信息补给、保养和其他后勤职能方面的需求，还能与陆军其他火力支援系统和陆军战术指挥控制系统以及德军的“阿德拉”、英军的“巴特斯”、法军的“阿特拉斯”火力支援指挥控制系统相连接，借助先进野战炮兵战术数据系统，机动部队指挥官将进一步提高主宰战场的能力；火力支援指挥官将进一步扩展控制兵器和分配火力资源的能力。

全源分析系统（ASAS）是一个地面的、移动的、自动化的情报处理和分发系统，为作战指挥员提供及时的、准确的情报和目标支持。ASAS 能提供通信和情报处理能力，以使传感器及其他情报数据自动地进入全源信息数据库并能同时在多个分析站实现。ASAS 各单元为战区级到营级的指挥官和参谋人员提供无缝支持。在军级以上梯队方面,它经过裁剪可以满足战区特定需求。在军和师级,它的工作始于分析和控制单元(ACE),提供可供下级使用的清理过的情报报告和产品。

前方地域防空指挥控制和情报系统(FAADC2I)是美国陆军重点发展的陆军指挥控制系统的一个分系统。FAADC2I 系统由指挥和控制设备、监视传感器和飞机敌我识别组成。可以收集来自各个渠道与防空有关的数据,使用自动和人工手段,制定关心地域的空中图像,确定目标的空中轨迹。对有威胁的飞行轨迹发出警报以及自动给防空火力单位提供目标。FAADC2I 系统完成的 C2I 任务是:有与部署在防空营、群和旅的系统接口;精确、实时地传输有关空中目标的威胁报警信息;为 FAAD 火力单位的操作手指示目标;综合当前的"火神"高炮系统、"小解树"和"毒刺"导弹系统;参与空域管制;以及与定位报告系统/联合战术信息分发系统互相交换信息等。FAADC2I 系统将 FAAD 系统各部分连接在一起,使其具有从跟踪截获目标起 12s 内为 FAAD 火力单位报警和指示目标的能力,以及在 60s 内把武器控制命令传递给火力单位的能力。师指挥控制系统是功能上和层次上相互联系的指挥机构、控制所、通信系统、指挥过程自动化系统和设备以及信息采集、处理、存储和传输的专用系统的集合。指挥控制系统的主要组成部分包括:指挥机关和指挥所、通信系统和自动化指挥控制系统。

4. *确定要压制的目标*

明确了指挥通信网络的组成之后,以师级的短波和超短波通信网络为例,结合战术需要、目标的重要性、位置分布、通信方向以及红方通信压制装备的能力,最终确定要压制的重要目标,分别如表 3-6~表 3-16 所示。

表 3-6 美国陆军军本级指挥体系中可用短波无线电通信干扰的目标

无线电网络使用单位	无线电网络数量	传输方式	无线电网络组成(主体)
指挥部	3	电话,电报,电传,传真	军(基本指挥所、前沿指挥所、后方指挥所),机械化师基本指挥所,炮兵参谋部,独立装甲骑军(兵团)指挥所,炮兵指挥所,防空旅指挥所,侦察和电子战指挥所
指挥部和指挥机关	2	电话,传输数据,电报	(1) 军炮兵参谋部,舰载航空兵营参谋部,炮兵仪器侦察营,军战斗行动指挥中心火力支援中心; (2) 军炮兵参谋部,机械化师炮兵参谋部
航空兵	1	电话,电报,传真,传输数据	战术空军指挥中心,军基本指挥所(空军作战支援中心),机械化旅基本指挥所(战术空军控制指令)
指挥部(备用)	1	数字调频话音	军基本指挥所(空军作战支援中心),机械化旅基本指挥所(战术空军控制指令),控制与预警所,控制与预警中心,飞行联队指挥所

续表

无线电网络使用单位	无线电网络数量	传输方式	无线电网络组成(主体)
防空兵	2~3	电话,传输数据	带有防空导弹营的(高射炮兵)防空导弹指挥所(高射炮兵)
电子战	1	电话,传输数据	军基本指挥所,侦察和电子战指挥所

注:军共部署了10~11个短波主要无线电网络,属于首批压制目标。

表3-7 美国陆军军本级指挥体系中可用超短波无线电通信干扰的目标

无线电网络使用单位	无线电网络数量	传输方式	无线电网络组成(主体)
指挥部	1	数字调频话音	军(基本指挥所、前沿指挥所、后方指挥所),机械化师(基本指挥所、前沿指挥所、后方指挥所),机械化旅(基本指挥所、后方指挥所)
舰载航空兵火力指挥和炮兵观察指挥	1	数字调频话音	舰载航空兵指挥所,炮兵营指挥所,军炮兵指挥所,军(基本指挥所、前沿指挥所、后方指挥所),机械化师(基本指挥所、前沿指挥所、后方指挥所),机械化旅(基本指挥所、后方指挥所),地导营指挥所,高射炮兵连指挥所
陆军航空兵和侦察指挥	1	数字调频话音	军基本指挥所(空军作战支援中心),前沿指挥所,控制与预警所,控制与预警中心,飞行联队指挥所
战术航空兵、陆军航空兵和侦察协同和指挥	1	数字调频话音	军基本指挥所(空军作战支援中心),机械化师基本指挥所(战术空军控制指令),控制与预警所,控制与预警中心,飞行联队指挥所

注:对于超短波无线电波段,以频移键控(主模式)工作的无线电的份额大大增加,类噪声操作,使用密码保护,过渡到数字传输模式,超短波波段上限增加,减少无线电话传输数量并增加数据传输通道,传输速度为2400b/s、4800b/s和9600b/s。

表3-8 美军机械化师(坦克师)指挥体系中可用短波无线电通信干扰的目标

无线电网络使用单位	无线电网络数量	传输方式	无线电网络组成(主体)
指挥部(战斗行动指挥中心)	1	电传	机械化师基本指挥所(战斗行动指挥中心),机械化师前沿指挥所,炮兵指挥所,机械化旅基本指挥所(×3),侦察连指挥所
作战指挥	1	电传	机械化师基本指挥所,机械化师前沿指挥所,炮兵指挥所,机械化旅基本指挥所(×3),侦察连,工程工兵营,机械化师后方指挥所,地导营
侦察指挥	1	电传	机械化师基本指挥所,机械化师前沿指挥所,炮兵指挥所,机械化旅基本指挥所(×3),侦察连,陆军航空兵旅,工程工兵营,地导营

续表

无线电网络使用单位	无线电网络数量	传输方式	无线电网络组成(主体)
直接航空支援请求	1	单边带传输	机械化步兵营指挥所(×11),机械化步兵旅基本指挥所(战术空军指挥中心),机械化旅前沿指挥所(战术空军指挥中心)
行政—后勤指挥	1	电传	机械化师后方指挥所,炮兵指挥所,机械化旅基本指挥所(×3),侦察连,陆航旅,工程工兵营,野战通信枢纽,地导营,后勤部(分)队

注:机械化师(坦克师)中总共部署了5个短波主要无线电网络,属于首批压制目标。

表3-9 美军机械化师(坦克师)指挥体系中可用超短波无线电通信干扰的目标

无线电网络使用单位	无线电网络数量	传输方式	无线电网络组成(主体)
指挥部	1	数字调频话音	机械化师基本指挥所,机械化师前沿指挥,炮兵指挥所,机械化旅基本指挥所(×3),侦察连,陆航旅,工程工兵营,地导营,通信连,机械化师后方指挥所
侦察指挥	1	数字调频话音	机械化师基本指挥所,机械化师前沿指挥所,炮兵指挥所,机械化旅基本指挥所(×3),侦察连,陆航旅,工程工兵营,地导营,侦察和电子战连,机械化师后方指挥所
气象勤务	1	数字调频话音	机械化师基本指挥所,机械化旅基本指挥所(×3),陆航旅
战术航空兵导航	1	数字调频话音	机械化营指挥所,机械化旅/师基本指挥所(战术空军指挥中心),机械化旅前沿指挥所(×3)
后勤指挥部	1	数字调频话音	机械化师后方指挥所,后勤部(分)队

注:机械化师(坦克师)中总共部署了5个超短波主要无线电网络,属于首批压制目标。

表3-10 美军机械化旅指挥体系中可用超短波无线电通信干扰的目标

无线电网络使用单位	无线电网络数量	传输方式	无线电网络组成(主体)
指挥部	1	数字调频话音(保密通信)	机械化旅基本指挥所,机械化旅前沿指挥所,机械化营指挥所,机械化营指挥所,侦察连指挥所,陆航指挥所,后勤部(分)队
侦察	1	数字调频话音	机械化旅基本指挥所,机械化旅前沿指挥所,机械化营指挥所,机械化营指挥所,侦察连指挥所,陆航指挥所
行政—后勤	1	数字调频话音(保密通信)	机械化旅基本指挥所,机械化旅前沿指挥所,机械化营指挥所,侦察连指挥所,陆航指挥所,后勤部(分)队
陆军航空兵指挥	1	数字调频话音	机械化旅基本指挥所,机械化旅前沿指挥所,陆航指挥所
后勤指挥部	1	数字调频话音	机械化师后方指挥所,后勤部(分)队

注:超短波通信则是利用30~300MHz的电磁波传输信息的视距通信,具有通信容量大、保密性能好、抗干扰性能强等特点。对超短波通信压制可以使敌方战役和战术指挥控制能力大幅下降甚至是失效。超短波通信是"旅—营"环节中的主要通信形式,在该旅中最重要的有2个无线电网络(短波和超短波)和2个炮兵火力支援营的无线电网络。这些无线电网络应首先压制。

表 3-11　美军机械化旅指挥体系中可用短波无线电通信干扰的目标

无线电网络使用单位	无线电网络数量	传输方式	无线电网络组成(主体)
指挥部	1	电传	机械化旅基本指挥所,机械化旅前沿指挥所,机械化营指挥所,侦察连指挥所,陆航指挥所

表 3-12　美军机械化旅属侦察和电子战营指挥体系中可用短波无线电通信干扰的目标

无线电网络使用单位	无线电网络数量	传输方式	无线电网络组成(主体)
雷达诱饵站№1,№2	2	电传	机械化师战斗行动指挥中心,侦察和电子战营作战中心,侦察和电子战排作战中心(×3)

表 3-13　美军机械化(坦克)营指挥体系中可用超短波无线电通信干扰的目标

无线电网络使用单位	无线电网络数量	传输方式	无线电网络组成(主体)
指挥部	1	数字调频话音	机械化(坦克)营指挥所,侦察排,机械化(坦克)连指挥所(×4),连指挥所(机械化营中)
地面观测预警指挥	1	数字调频话音	机械化(坦克)营指挥所,定位侦察小组,地面自动化探测部位和其他哨位
行政—后勤指挥	1	数字调频话音	机械化(坦克)营指挥所,救援部(分)队,卫生排,保障排,连参谋部指挥所,修理排

注:在该营的通信系统中,超短波无线电通信是主要的。该营最重要的无线电网络是司令部无线电网络(短波和超短波)。营部(分)队内部配属了连队的无线电网络,而在连队的无线电网络中,每个排通常都有一个内部网络。

表 3-14　美军野战炮兵营(155,203-2 自行榴弹炮)指挥体系中可用超短波无线电通信干扰的目标

无线电网络使用单位	无线电网络数量	传输方式	无线电网络组成(主体)
炮兵火力指挥与控制指挥部	2(1个为备用)	数字调频话音	炮兵营指挥所,炮兵射击指挥,目标侦察排,目标侦察旅,炮兵连火力指挥所(×3),修理救援车(×3),炮兵连司令部指挥车,防空指挥车
炮兵火力指挥(1~3)	3(A、B、C炮兵连)	数字调频话音	炮兵营指挥所,炮兵连指挥所,自动瞄准仪(前沿炮兵侦察员)

注:野战炮兵营中共部署了5个超短波主要无线电指挥网络,属于首要压制。

表 3-15 美军机械化师属侦察和电子战营指挥体系中可用超短波无线电通信干扰的目标

无线电网络使用单位	无线电网络数量	传输方式	无线电网络组成(主体)
指挥部	1	数字调频话音	侦察和电子战作战中心,侦察和电子战连指挥所,保障连指挥所,侦察和无线电技术侦察连指挥所
无线电侦察部(分)队(测向)指挥	1	数字调频话音	侦察和电子战作战中心,连变电站(×3),无线电中继传输系统排指挥所(侦察跟踪仪器)
无线电技术侦察部(分)队和测向指挥	1	数字调频话音	侦察和电子战作战中心,侦察和电子战排指挥所(×3),无线电技术侦察队,雷达侦察队
无线电干扰组指挥	2	数字调频话音	侦察和电子战作战中心,机械化旅战斗行动指挥中心(×3),侦察和电子战排指挥所(×3),无线电电子干扰分队,无线电技术侦察队,雷达侦察队,无线电中继传输系统排指挥所
直升机无线电侦察和电子战指挥	1	数字调频话音	侦察和电子战作战中心,无线电中继传输系统排指挥所,直升机,机场
直升机技术侦察和电子战指挥	1	数字调频话音	侦察和电子战作战中心,侦察和电子战排指挥所(×3),直升机,机场
行政—后勤指挥	1	数字调频话音	侦察和电子战作战中心,侦察和电子战连指挥所,侦察和无线电技术侦察连指挥所,维护连指挥所

表 3-16 美军指挥所间的频率分配

特　征	工作频率分配				
	连、营	机械化步兵旅(坦克旅)	野战炮兵旅	机械化师(装甲坦克师)	军
频率波段/MHz	33~36 39~43	30~33 43~51 51~54	33~39	32~44 48~52	56~76
同时工作的雷达站数量(个)	4~8	可达 30	可达 20	可达 60	可达 120

此外,美军在战区内部署了战术航空兵自动化指挥控制系统,如图 3-13 所示,其任务有:对责任区域内的所有的飞行器、导弹进行探测、识别和分类;跟踪每

架飞机、导弹和舰艇;同其他兵种进行情报交换;评估敌飞机、导弹、拥有可火力打击武器的风险;识别己方航空兵;监督责任区内的空域和空中行动;战斗行动区域的战术航空兵自动化指挥控制系统的无线电通信体系。美军战术航空兵自动化指挥控制系统是美军 C4ISR 系统的重要组成部分,它主要负责陆军航空兵信息系统的数据处理、显示控制、辅助决策和作战指挥保障。图 3-14 是系统内各单元之间的通信关系,表 3-17 所示为使用的通信方式和用频情况。

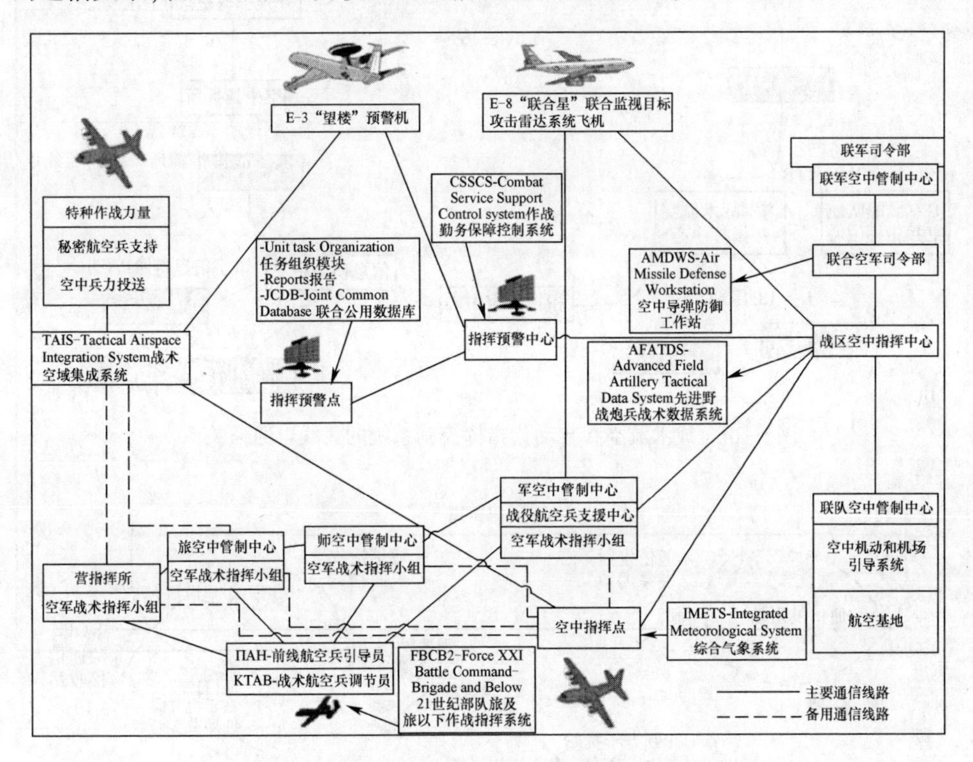

图 3-13　美军战术航空兵自动化指挥控制系统

结合战术需要、目标的重要性、位置分布、通信方向以及红方通信压制装备的能力,最终确定要压制的重要目标。表 3-18 所示为美军陆军军一级规模内要压制的无线电通信目标,其中,硬目标数量为 106 个,软目标数量为 729 个,总量是 835 个,表 3-18 只计算了主力部队,所以总量小于 1000。

3.5.2　对各种无线电短波/超短波通信干扰压制距离的计算

1. 计算超短波无线电通信的压制距离

第一步,确定初始数据。如图 3-15 所示,主要从战役战术隶属关系确定敌通信线路距离 D_c,根据各发射机和接收机参数确定功率和增益等。

第二步,选择(确定)求 R_{Π} 的计算公式并进行计算。

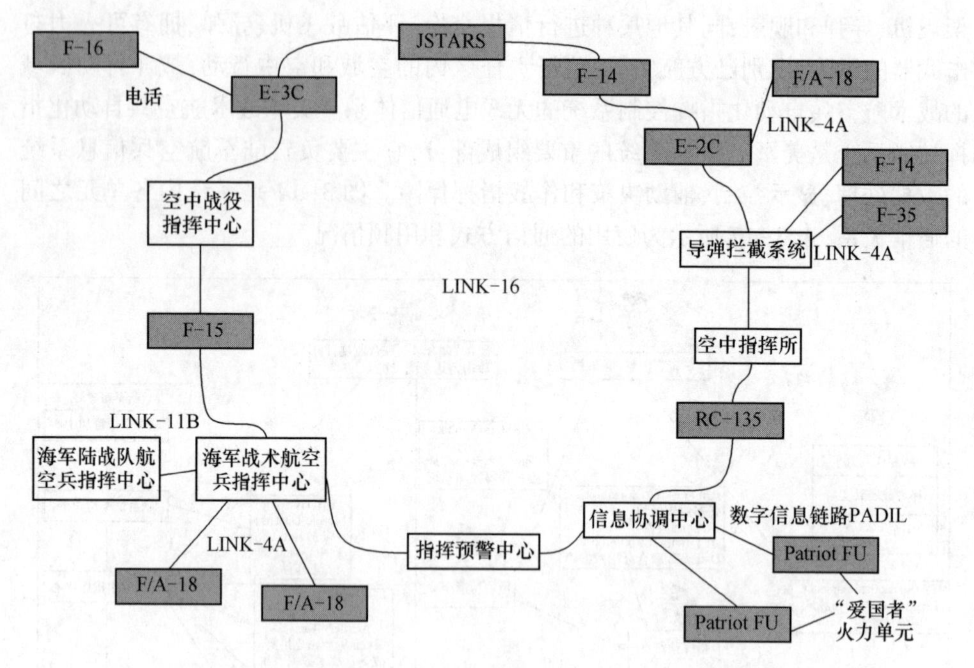

图 3-14　战术航空兵自动化指挥控制系统的无线电通信关系

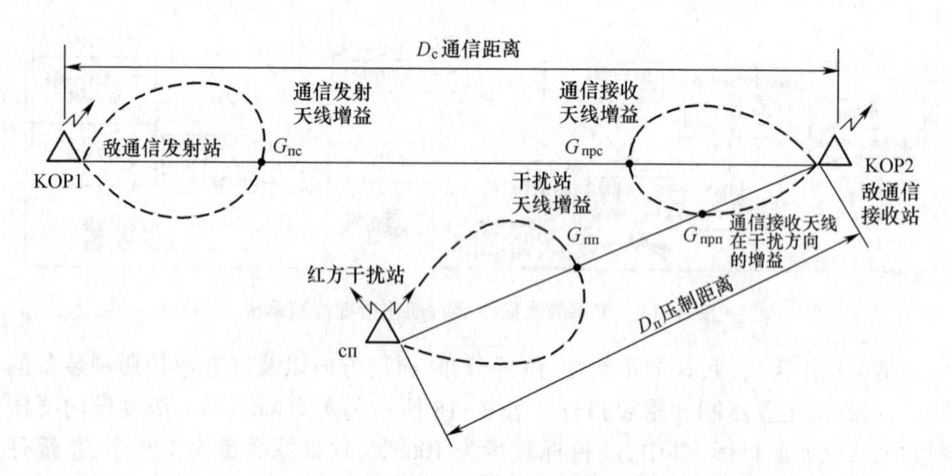

图 3-15　干扰站和敌方通信线路之间的相互位置关系示意

$$
R_{\text{п}} = \begin{cases} D_{\text{c}} \sqrt[4]{\dfrac{P_{\text{пп}} G_{\text{пп}} G_{\text{прп}} l_{\text{п}}^2 \gamma}{P_{\text{пс}} G_{\text{пс}} G_{\text{прс}} l_{\text{c}}^2 K_{\text{п}}}}, & \text{天线假设高度 } l \text{ 为 } 2\lambda \sim 3\lambda \text{ 之间} \\ D_{\text{c}} \sqrt[4]{\dfrac{P_{\text{пп}} G_{\text{пп}} G_{\text{прп}} \gamma}{P_{\text{пс}} G_{\text{пс}} G_{\text{прс}} K_{\text{п}}}}, & \text{天线假设高度 } l < 2\lambda \end{cases} \tag{3-1}
$$

表 3-17　美军战区内战术航空兵无线电通信系统方式

模式	频率范围/MHz	信号带宽/kHz（通信种类）	传输速度/(kb/s)	解调方式
短波(带有自动跟踪装置的高频)	2~30	3(地—空,空—空)	小于 9.6	8FSK\PSK2\PSK4\PSK8
短波(高频),指挥空中行动和兵力投送	2~30	3(地—空,空—空)		AM
超短波(甚高频), SINCGARS (跳频电话)	30~88	25(地—空)	16	FM/FSK
超短波(甚高频),空中飞行管理(电话)	118~137	25(地—空)		AM/FM
超短波(空中飞行管理),传输数据	118~137	25(地—空)	31.5	PSK2/PSK4/PSK8
超短波(甚高频,超高频) Have QuickI, Ⅱ (跳频电话)	225~400	25(空—空)	16	FM/PSK2
超短波(甚高频,超高频), 传输数据 LINK-4A (TADIL-C)	225~400	25 (地—空)	5	FSK
超短波传输数据 LINK-11B (TADIL-B)	225~400	25 (地—空)	小于 2.4	15PSK4
超短波 LINK-16 (TADIL-J) (传输数据、跳频电话)	969~1206	3 (地—空,空—空)	118	MSK

表 3-18　美军陆军军一级规模内要压制的无线电通信目标

序号	压制对象	硬目标数量	软目标数量	通信方式						
				卫星通信	无线电中继通信	对流层散射通信	短波通信	超短波通信	雷达通信线路	动中通
1	陆军指挥所	56	426	41	26	1	27	180	54	97
2	野战炮兵指挥所	9	130	10	9	0	7	50	39	15
3	空军指挥所	33	71	1	1	0	10	40	19	0
4	防空兵指挥所	4	9	0	0	0	0	4	3	2
5	侦察和电子战部队指挥所	4	93	4	0	0	5	15	69	0
合　计		106	729	56	36	1	49	289	184	114

式中：$P_{пп}$为干扰站在通信接收方向上的压制功率；$P_{пс}$为干扰站在通信发射接收方向上的压制功率；$l_{п}$ 为接收天线高度；l_{c} 为通信站发射天线高度，γ 为点播衰减常数；$K_{п}$ 为压制系数，其取值如表 3-19 所示。

表 3-19 压制系数 $K_{п}$ 的取值

通信种类	$K_{пE}$	$K_{п}$
电报，键控调幅	0.9，…，1	0.8，…，1
电报，键控调幅	1，…，1.1	1，…，1.2
电报，单边带传输	1	1
照片，电报	1.6，…，2	2.5，…，4
电话，调幅	1.5，…，1.8	2.3，…，3.4
电话，单边带传输	5，…，5.5	2.5，…，3.0
电报，频率键控	1.4，…，1.6	2，…，2.5

第三步，按照公式确定最小压制作用距离 $R_{П}^{*}$，其中 $D_{пр.вид}$ 为加了高程差在内的距离。

$$\begin{cases} D_{пр.вид.} = 4120(\sqrt{l_n} + \sqrt{l_{пр}}) \\ D_{пр.вид.}^{*} = \min[(0.8,\cdots,0.9) \times D_{пр.вид.}, D_{пр.вид.图示距离}] \end{cases}$$

$$R_{п}^{*} = \min\{R_{п}; D_{пр.вид.}^{*}\} \tag{3-2}$$

2. 计算压制无线电通信的概率

初始数据：干性地表，$D_{c}=10\text{km}$，$f=40\text{MHz}$，$P_{пс}G_{пс}=60\text{W}$，通信方式为数字调频话音，$D_{п}=15\text{km}$，$P_{пп}G_{пп}=6000\text{W}$。

选择干性地表图，如图 3-16 所示。

如图 3-16 中黑色箭头所示，依次选取 $D_{c}=10\text{km} \to f=40\text{MHz} \to$在线上的点 $PG=1000\text{W}$。

由 $P_{пс}G_{пс}=60\text{W} \to E_{c}=2.5\mu\text{V/m}$。

由 $P_{пп}G_{пп}=6000\text{W} \to E_{п}=10\mu\text{V/m}$（灰色箭头）。

$E_{п}/E_{c}=4>K_{пE}$，（$K_{пE}=1.4,\cdots,1.6$），即敌短波通信线路被压制。

若是换成湿性地表时，则采用图 3-17 所示方法进行计算。

初始数据：湿性土壤，$D_{c}=10\text{km}$，$f=40\text{MHz}$，$P_{пс}G_{пс}=8\text{W}$，通信方式为数字调频话音，$D_{п}=15\text{km}$，$P_{пп}G_{пп}=2000\text{W}$。

选择湿性地表图，如图 3-17 所示。

如图 3-17 中黑色箭头所示，依次选取 $D_{c}=10\text{km} \to f=40\text{MHz} \to$在线上的点 $PG=1000\text{W}$。

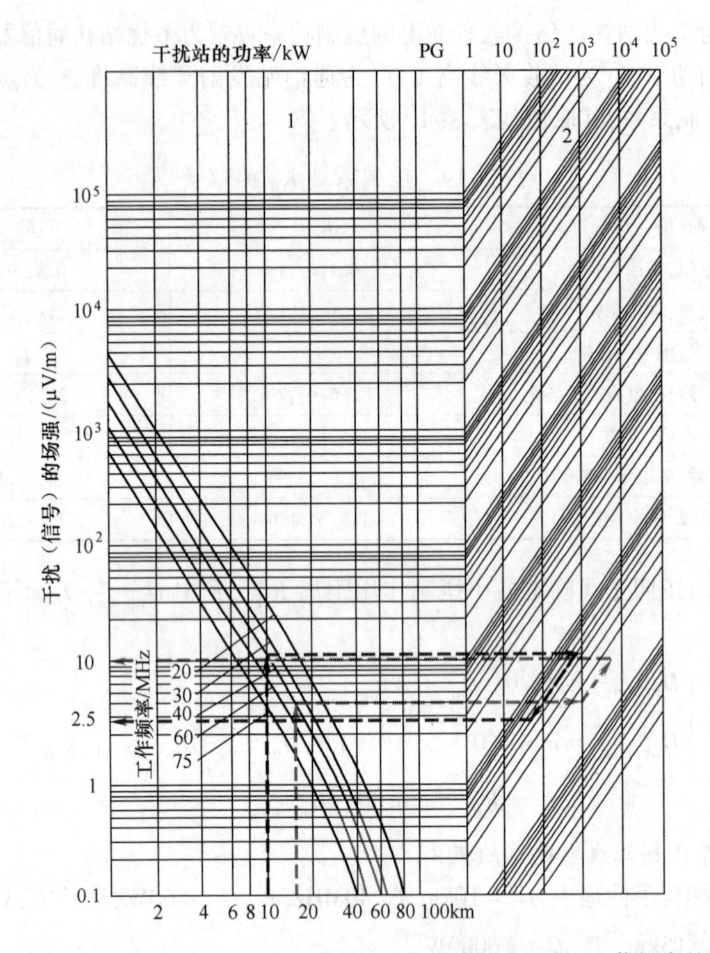

图 3-16 使用图形和表格计算压制干性地表下的短波无线电通信概率的方法

由 $P_{\text{пс}}G_{\text{пс}}=8\text{W}\rightarrow E_{\text{c}}=150\mu\text{V/m}$。

由 $P_{\text{пп}}G_{\text{пп}}=2000\text{W}\rightarrow E_{\text{п}}=1400\mu\text{V/m}$(图 3-17 中灰色箭头)。

$E_{\text{п}}/E_{\text{c}}=8.7>K_{\text{пE}}$,($K_{\text{пE}}=1.4,\cdots,1.6$),即敌短波通信线路被压制。

3.5.3 对敌航空指挥控制体系中的无线电通信进行压制距离的计算

1. 短波和超短波无线电通信干扰站位置的选取

第一步,如图 3-18 所示,根据战斗情报和态势评估,在地图上标注敌方指挥所的已知或估计的坐标,测量它们之间的通信距离 D_{c}。

第二步,根据位于这些指挥所的所处的通信节点,估算其短波和超短波无线电通信的相关参数,确定各种类型的信号(调频话音、调幅话音、数字调频电报、数字调幅电报等)的压制距离:

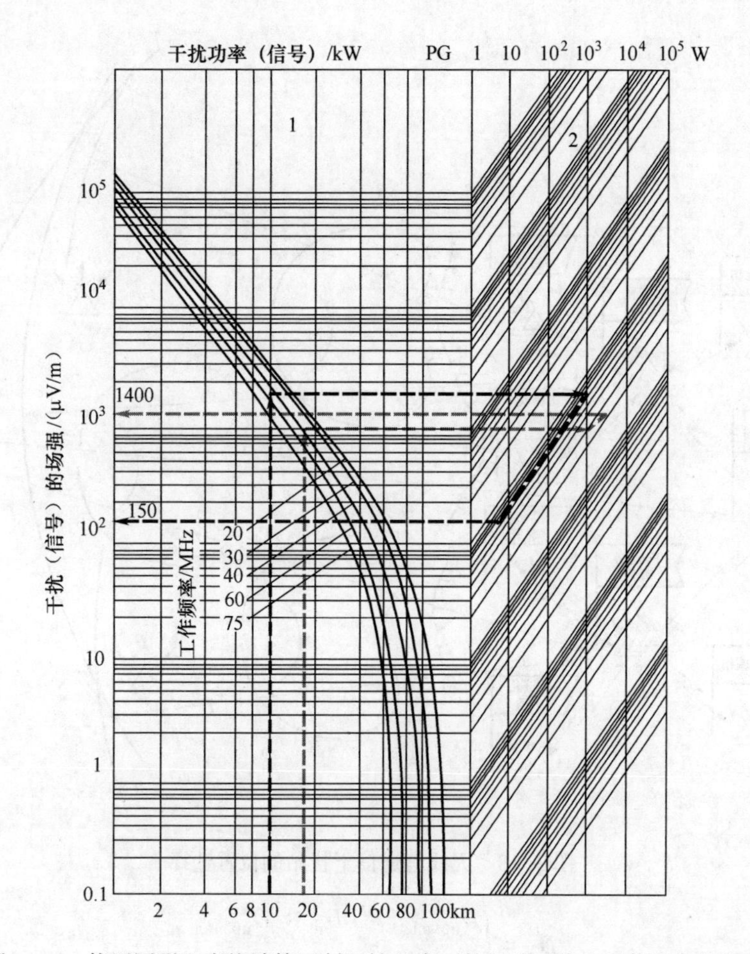

图 3-17　使用图形和表格计算压制湿性地表下的短波无线电通信概率的方法

$$D_{\text{п}} = D_{\text{c}} \sqrt[4]{\frac{P_{\text{пп}} G_{\text{пп}} l_{\text{п}}^2 \gamma}{P_{\text{пс}} G_{\text{пс}} l_{\text{c}}^2 K_{\text{п}}}} \tag{3-3}$$

式中：$l_{\text{п}}$、l_{c} 为干扰站和通信站的发射天线的高度；$K_{\text{п}}$ 为不同信号的功率压制系数；$P_{\text{пп}}$，$P_{\text{пс}}$ 为干扰机发射功率和通信发射功率；$G_{\text{пп}}$，$G_{\text{пс}}$ 为干扰站和通信站的发射天线的增益。

根据计算结果，从获得的各种信号压制距离的值中选择最小的值。

第三步，对于超短波通信，首先计算压制视距：

$$D_{\text{пр. вид}} = 4120\left(\sqrt{l_{\text{п}}} + \sqrt{l_{\text{пр}}}\right) \tag{3-4}$$

式中：$l_{\text{п}}$、$l_{\text{пр}}$ 为干扰站的发射天线和通信站的接收天线的高度。

然后，比较 $D_{\text{п}}$ 和 $D_{\text{пр. вид}}$，并选择：

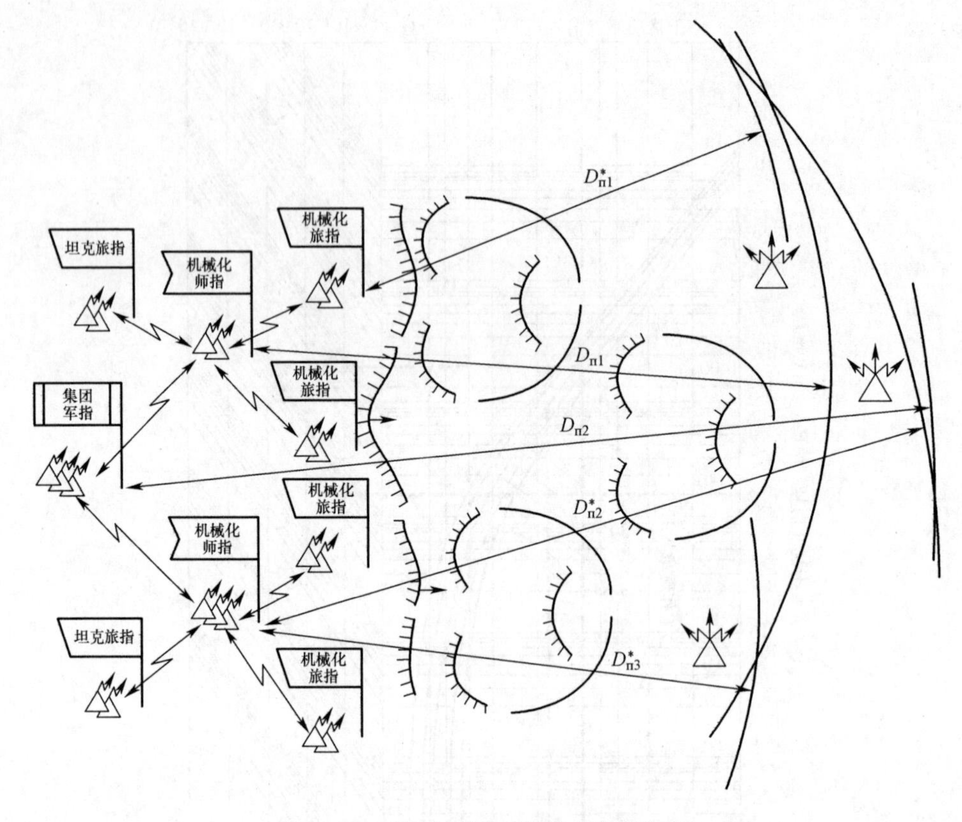

图 3-18　无线电通信干扰站的位置选择

$$D_п = \begin{cases} D_{пр.\,вид},\ 当\ D_п \geqslant D_{пр.\,вид} \\ D_п,当\ D_п < D_{пр.\,вид} \end{cases}$$

考虑实际地形的影响，通过地形衰减系数 K_p 修正压制范围：

$$D_п^* = K_p D_п$$

式中：$K_p = 0.9$（对于平原开放地形）；$K_p = 0.8$（对于低植被覆盖的地形）；$K_p = 0.6$（对于林地）。

第四步，以敌方通信发射机所在的位置为圆心，向红方部队区域绘制弧线，短波通信压制弧线半径为 $D_п$，超短波通信压制弧线半径为 $D_п^*$。

第五步，根据己方部队的战斗队形和阵地选址要求，在确定的范围内选取无线电干扰站位置。

2. 确定对敌“前线航空引导员—飞机”航空超短波通信压制干扰站位置和通信链路压制区域

第一步，如图 3-19 所示，沿对峙前沿标注出相互距离约 5km 的两个前线航空引导员的位置。

第二步，以航空引导员的位置为圆心，分别向己方部队所在方向画半径$R_{侦察}$ = 20km 的弧线。

第三步，在弧线交汇区域，综合考虑到己方部队的作战队形应距离部队的军事接触线 4~6km 的条件，可确定用于压制航空指挥控制体系中的超短波无线电通信干扰站的位置。

第四步，以干扰站的位置中心，确定半径为 $R_{п}$ = 130km（对于高度在 1000m 以下的空袭武器）和 $R_{п}$ = 200km（对于在 1000m 以上的空袭武器）的飞机超短波无线电通信干扰压制区域。

第五步，以前线航空引导员位置为圆心，确定半径为 R_{3H} = 2~5km 的航空引导站的非压制区，其中心沿着干扰站和航空引导站位置的连线朝向敌方后方，实际区域中心向后偏移航空引导员距离 D = 0.5~2km。

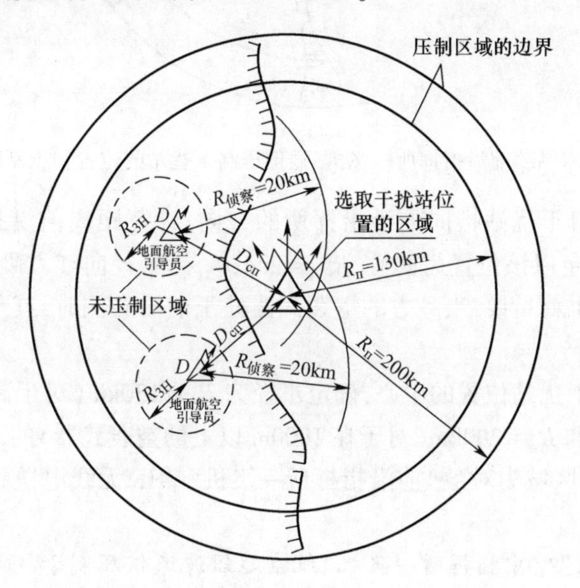

图 3-19　对敌“前线航空引导员—飞机”通信压制干扰站的位置和压制区域确定

3. 确定对敌“前沿指挥所—飞机”航空超短波通信压制干扰站位置和通信链路压制区域

第一步，如图 3-20 所示，沿对峙前沿标注出相互距离约 40km 的两个前沿指挥所的可能位置。

第二步，以前沿指挥所的位置为圆心，分别向己方部队所在方向画半径$R_{侦察}$ = 35km 的弧线。

第三步，在弧线交汇区域，综合考虑到己方部队的作战队形应距离部队的接触前沿 4~6km 的条件，可确定用于压制航空指挥控制体系中的超短波无线电通信干扰站的位置。

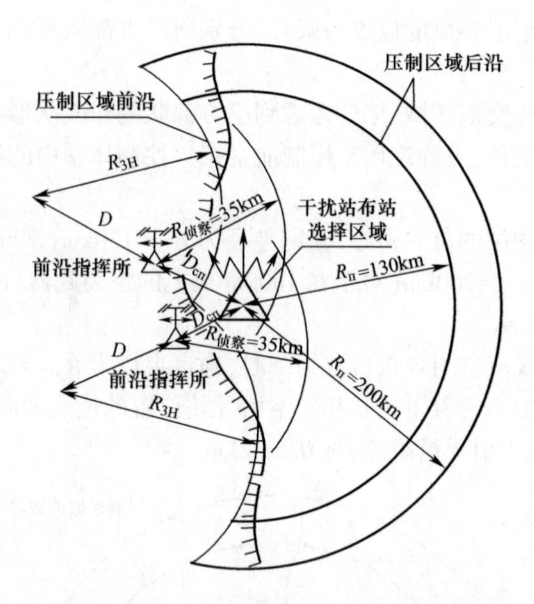

图 3-20　对敌"前沿指挥所—飞机"通信压制干扰站的位置和压制区域确定

第四步，沿着干扰站指向前沿指挥所的方向，计算距离前沿指挥所距离 $D=2D_{CΠ}$ 的位置，确定以该位置为圆心，$R_{3H}=2.4D_{CΠ}$ 为半径向红方画弧线，弧线即为压制区域前沿，也就是说，当敌方的空袭武器处于前沿右侧时，其与前沿指挥所的通信将被压制。

第五步，以干扰站位置的中心，确定半径为 $R_{п}=130\text{km}$（对于高度在 1000m 以下的空袭武器）和 $R_{п}=200\text{km}$（对于在 1000m 以上的空袭武器）的飞机超短波无线电通信干扰压制区域为对敌"前沿指挥所—飞机"VHF 无线电链路干扰区域的后边界。

4. 确定对敌"空中指挥所—飞机"航空超短波通信压制干扰站位置和通信链路压制区域

第一步，如图 3-21 所示，以空中指挥所巡逻区域的中心为圆心，向红方部队纵深区域画半径 $R_{侦察}=300\text{km}$ 的弧线。

第二步，考虑到己方部队的作战队形应距离部队的军事接触线 4～6km 的条件，可用于选择部署压制航空指挥控制系统中的超短波无线电通信干扰站的位置。

第三步，沿着干扰站指向空中指挥所的方向，计算距离空中指挥所距离 $D=2D_{CΠ}$ 的位置，确定以该位置为圆心，$R_{3H}=2.4D_{CΠ}$ 为半径向红方画弧线，弧线即为压制区域前沿。也就是说，当敌方的空袭武器处于前沿右侧时，其与空中指挥所的通信将被压制。

第四步，以干扰站位置的中心，确定半径为 $R_{п}=130\text{km}$（对于高度在 1000m 以

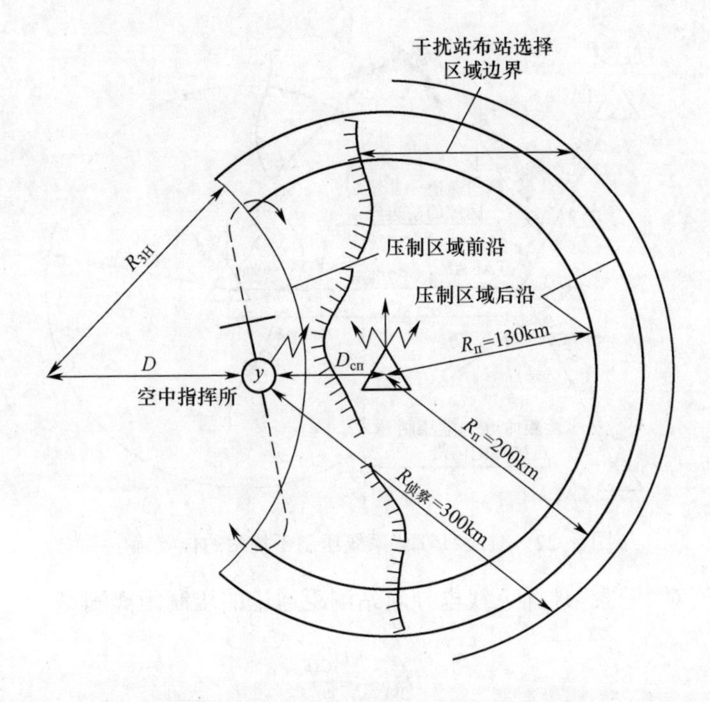

图 3-21　对敌“空中指挥所—飞机”通信压制干扰站的位置和压制区域确定

下的空袭武器）和 $R_п$ = 200km（对于在 1000m 以上的空袭武器）的飞机超短波无线电通信干扰压制区域为对敌“空中指挥所—飞机”VHF 无线电链路干扰区域的后边界。

5. 确定对敌“塔康”导航系统压制干扰的区域

“塔康”导航系统（TACAN-Tactical Air Navigation System）是战术空中导航系统的简称，由美国于 1955 年研制成功，后被法国、德国、英国、加拿大、日本、韩国等国广泛使用。主要用于为舰载机提供从几十千米到几百千米距离范围内的导航，保障飞机按预定航线飞向目标，机群的空中集结，以及在复杂气象条件下引导飞机归航和进场等。

“塔康”是一个极坐标无线电空中导航系统，工作频率为 962~1213MHz 的特高频（UHF）。每间隔 1MHz 划分为一个频道，共有 126 个分立频点，舰载设备与机载设备采用不同的发射频率。飞机通过向舰艇信标发出询问信号，得到回复后通过计算得出机—舰间的距离；同时，通过探测舰艇信标发出的无线电波形，得出飞机相对于舰艇的准确位置。

对“塔康”干扰站位置的计算确定步骤如图 3-22 所示。

第一步，根据已知的干扰站坐标和“塔康”无线电地面站的坐标，确定它们之间的距离 $D_{СП}$。

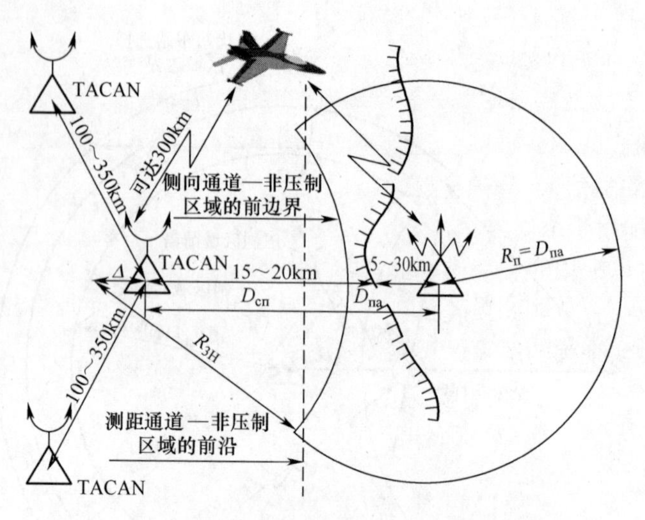

图 3-22 对敌“塔康”系统压制干扰站的位置确定

第二步,对“塔康”地面无线电导航站测距通道的压制距离满足

$$D_{пд} = \frac{D_{СП}}{2} \tag{3-5}$$

第三步,如图 3-22 所示,在地图上以垂直于“导航站—干扰站”连线的形式在距干扰站距离 $D_{пд}$ 的位置标记“塔康”地面导航站压制区的边界。

第四步,对“塔康”地面无线电导航站测向通道的压制距离满足

$$D_{па} = 4120\left(\sqrt{l_п} + \sqrt{h_c}\right) \tag{3-6}$$

式中:$l_п$ 为干扰站发射天线的高度;h_c 为飞机飞行的高度。

第五步,以“导航站—干扰站”连线向敌纵深外延 Δ 的位置为圆心,以 R_{3H} 为半径向红方画弧线,确定对导航站无线电压制区域的前沿,其中

$$R_{3H} = D_{СП}\frac{a}{a^2 - 1}, \Delta = \frac{D_{СП}}{a^2 - 1} \tag{3-7}$$

a 的大小取决于公式

$$a = \sqrt{\frac{P_{пп} G_{пп}}{P_м G_м K_п}} \tag{3-8}$$

式中:$P_{пп}$、$G_{пп}$ 为干扰站发射机的功率和发射天线的增益; $P_м$,$G_м$ 为“塔康”地面导航站发射机的发射功率和发射天线的增益;$K_п$ 为压制系数(根据压制信道:距离上 $K_{пд}$ = 0,5;方位上 $K_{па}$ = 1)。

第六步，以干扰站的圆心，以 $R_{п} = D_{па}$ 为半径向红方纵深位置画弧线，确定无线电对导航站压制区域的后边界。

6. 计算干扰无线电近炸引信弹所形成的掩护区域

近炸引信(Proximity Fuse)是按目标特性或环境特性感觉目标的存在、距离和方向而作用的引信，又称为非触发引信(Non-Contact Fuse)，如图 3-23 所示。近炸引信可以配用于杀伤弹、破甲弹、杀伤/破甲两用弹、爆破弹、攻坚弹和破障弹等主用弹，也可以配用于燃烧弹、发烟弹等特种弹。配用于杀伤弹、破甲弹、杀伤/破甲两用弹时，综合效能的提高非常明显。近炸引信是最能体现弹药先进性的一种引信，是一种实现弹药解除保险和发火控制智能化的引信。

图 3-23　无线电近炸引信实物半剖图

近炸引信一般由发火控制系统、安全系统、爆炸序列和能源装置等组成。其与其他引信在结构上的主要区别是发火控制系统比较复杂。近炸引信的发火控制系统一般由敏感装置、信号处理装置和执行装置等组成。在弹丸接近目标时，引信的感应式敏感装置根据目标及周围环境物理场(如电磁场、光强场、声场、静电场、压力场和磁场等)所固有的某些特性，或目标周围物理场因目标出现而产生的某些变化，来感应目标信息，将感应的信息传送给信号处理装置(信号处理电路)。信号处理装置对接收的信号进行放大、筛选和鉴别处理，从繁杂的信号中区分出目标信息，提取目标信息所反映的目标位置、运动速度和运动方向等特征量，并与战斗部毁伤能力特征数比较，当目标的特征量包容在战斗部毁伤特征数以内时，就是战斗部的有利炸点，信号处理装置便向执行装置输出启动信号，执行装置再向爆炸序列输出起爆信号，使爆炸序列中的电起爆元件发火，引爆战斗部的装药，完成引信的使命。

不同类型近炸引信，发火控制系统的作用原理略有区别，如：

(1) 无线电近炸引信是利用无线电波获得目标信息而控制发火，其广泛配用于对付各种地面、水面和空中目标的杀伤弹或杀伤/破甲弹。

(2) 光近炸引信是利用光波获得目标信息而控制发火。

(3) 磁引信是利用弹药接近目标时磁场的变化获得目标信息而控制发火，主要用于对付坦克、舰艇等目标，也可配用于各种导弹，用于对付飞机、导弹等带有磁性金属的目标。

(4) 电容感应引信是利用弹药与目标接近时电容量的变化获得目标信息而控制发火，通常配用于杀伤弹、杀伤/破甲弹、破甲弹和爆破弹等，用于对付地面和空中的各种目标。

(5) 声引信是利用声波（或声信号）获得目标信息而控制发火，通常配用于水雷、鱼雷等弹药，用来对付舰艇等目标。

近炸引信的分类方法很多，按感受目标物理场的不同，近炸引信可分为无线电近炸引信、光近炸引信、声近炸引信、磁近炸引信、电容感应近炸引信、静电近炸引信、动压近炸引信等大类。各大类还可以细分成若干小类。如无线电近炸引信按其工作波长的不同，分为米波、分米波、厘米波和毫米波无线电近炸引信等；按其工作体制（信息探测方法），分为多普勒、调频、脉冲、脉冲多普勒、比相和编码无线电近炸引信等。光近炸引信可按光谱特性，分为可见光、红外线和激光近炸引信等。声近炸引信可按工作的声波频率，分为次声波、声波和超声波近炸引信等；按工作原理，分为动声、静声、声梯度、声差动和线谱近炸引信等。磁近炸引信按工作原理，可分为磁感应近炸引信、磁饱和近炸引信和磁膜近炸引信等；还可按感受不同的磁场参数，分为静磁、动磁和磁梯度近炸引信等。人们习惯上把无线电近炸引信以外的各种近炸引信统称为非无线电近炸引信。按作用方式，近炸引信可分为主动式（场源在引信上）、半主动式（场源既不在引信上，也不在目标上，由使用方专门设置和控制）、半被动式（场源既不在引信上，也不在目标上，且不受双方控制）和被动式（场源在目标上）近炸引信四类。按可控制的精度，分为一般精度和高精度近炸引信两类。此外，还可以按其他方法进行分类，如按配用的弹药、配用的武器等分类。

近炸引信的作用特点是引信不接触目标便能起爆，没有延迟时间和触发机构，完全依靠其敏感装置来感应目标的存在、速度、距离、方向，在距目标一定的距离时即可起爆弹药。它的优点是能大幅度提高武器系统对地面有生力量、装甲目标和空中、水中目标的毁伤概率，提高弹药对各种目标的毁伤效果，减少弹药的消耗量，对需要近距离爆炸的弹药，如杀伤弹、破甲弹等，是最适用的引信。近炸引信的缺点是比较容易受干扰。

无线电引信干扰机是一种发射干扰电磁波使敌方射弹（导弹、炮弹、航空炸弹)上的无线电引信提前引爆或失效的电子装(设)备。通常由侦察接收机、干扰发射机、中央控制显示单元、天线和电源等组成。由于无线电引信一般只在射弹距目标数百米时才开机工作,而干扰又必须在射弹进入有效杀伤区之前引爆战斗部,才能有效地保护目标,因此要求无线电引信干扰机必须具有极短的反应时间。为了达到既干扰敌方又保护自己的目的,一般采用副瓣干扰和多方位背景干扰,其发展趋势是扩展频段、综合采用多种干扰样式、提高反应速度、提高自适应干扰能力等。

无线电引信干扰排是指装备无线电引信干扰机,执行使敌方射弹上的无线电引信提前引爆或失效任务的电子对抗排。图 3-24 所示为俄罗斯"СПР-2"(另一代号为"汞-BM")型无线电近炸引信干扰车,该车采用履带式底盘,可发射电磁信号使无线电近炸引信提前爆炸。将原设定离地 3m 爆炸的近炸引信在距地面 800m 就引爆,可保护方圆 0.5km^2 内的部队。使用干扰车时火箭弹引信在较高的高度就已经被引爆,该型车可用于保护炮兵阵地等目标。

图 3-24 СПР-2 无线电近炸引信弹干扰车

掩护的方法取决于目标形状、掩护目标的机动性、在现地目标元素的相互位置、现地特点、敌方火力可达性和目标易损性。掩护方法有目标掩护法和区域掩护法。目标掩护法用于掩护单独目标,包括移动目标,如军指挥所、作战指挥组、摩步旅指挥所、连火力阵地等。区域掩护法用于覆盖给定区域,在该区域上会创建连续的干扰场,当无线电近炸引信弹从任何方向打击时,都可以有效地干扰无线电引信,区域掩护法用途有限,因为需要大量的干扰站才可形成连续的区域干扰。

对无线电近炸引信弹干扰区域的计算方法如图 3-25 所示。

第一步,根据所使用的无线电引信的类型(迫击炮、导弹)和被保护目标与接触线的距离,确定干扰站相对于武器的射击方向和被保护目标的位置。

第二步,确定所需的干扰站的数量,以覆盖要保护区域的前沿和纵深,计算公式为

$$K_{\text{ф}} = [Д_{\text{ф}}/X] + l, K_{\text{г}} = [Д_{\text{г}}/y] + l \quad (3-9)$$

式中:$Д_{\text{ф}}$、$Д_{\text{г}}$ 为掩护对象沿正面和纵深的线性尺寸;X, Y 为无线电压制区域的参

数，取决于干扰站的类型和所使用的无线电引信的类型。

第三步，确定掩护对象目标的干扰站的总数：$K = K_{\Phi}K_{\Gamma}$。

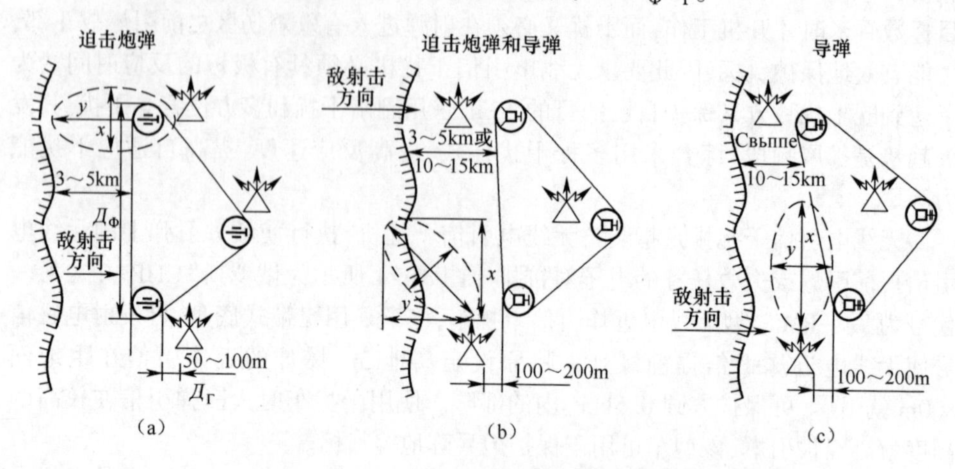

图 3-25　对无线电近炸引信弹干扰区域的计算

3.6　独立对地无线电电子对抗营的作战指挥方法

3.6.1　电子对抗部队指挥的特点

电子对抗部队的指挥要求具有高效性、不间断性和灵活性的特点。指挥的高效性是指为了使下属分队成功及时完成其所担负任务而使其自身对作战潜力的使用程度；指挥的不间断性是指指挥员在任何时间（无论在准备阶段或战斗阶段）都能够对下属分队下达必要的集中指挥，以及可从其获得有关目前情况的情报能力；指挥的灵活性是指指挥员时刻了解情况并可迅速对情况变化做出反应，并及时对战斗进程施加影响以达到预定目的的能力。指挥方法可以分为集中化指挥或分散化指挥，也可分为自动化指挥和非自动化指挥。

3.6.2　独立对地无线电电子对抗营的指挥控制体系

独立对地无线电电子对抗营的指挥控制体系由指挥机构、指挥所和指挥控制系统组成。营指挥机构包括指挥部、参谋部、勤务处、分队指挥员以及其他常备机构或临时组建的机构；指挥所包括营、连、排指挥所以及临时指挥所等；指挥控制系统通常由通信系统、自动化综合设备以及信息加密保护系统等组成。

如图 3-26 所示，独立对地无线电电子对抗营指挥所由战斗指挥小组、通信枢纽和保障小组构成。战斗指挥小组包括营长、副营长、勤务处和分队指挥员；通信枢组则包括指挥车组(КШМ)、电话电报站(ТТС)、对流层散射通信站(р\ст Рср)、卫星通信中继站(К\ОРРСт)以及电源车等;保障小组则包括:防御和保护作用的人员和技术装备,对地域进行工程构筑人员和技术装备,有助于指挥所进行三防(防核辐射、防化学武器和防生物武器)侦察的人员及装备,组织转移、休息,为指挥所人员提供饮食和医疗服务的人员和技术装备。

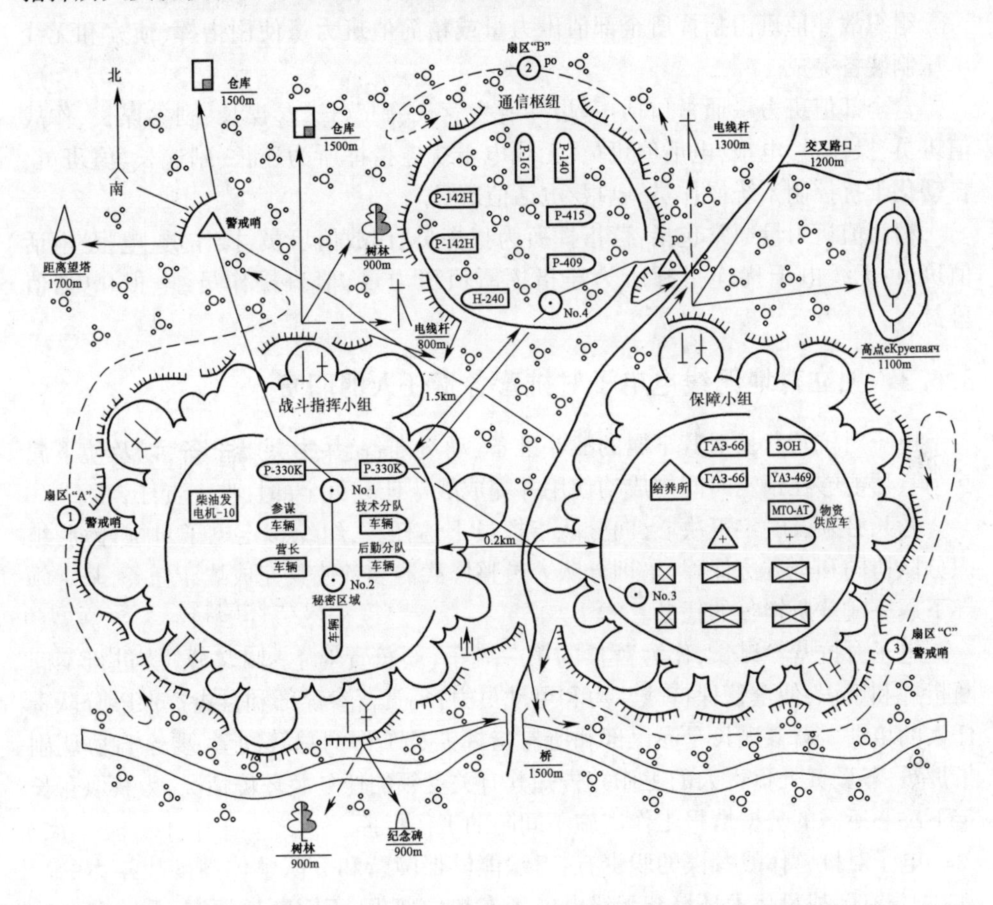

图 3-26　独立对地无线电电子对抗营指挥所组成和部署

在进行无线电侦察和无线电压制过程中,营长在作战指挥所内对分队和指挥所人员兵力兵器的行动加以指挥。营长应时刻关注对侦察情报的获取及研究工作,查明无线电干扰目标并在各分队中分配目标(使用无线电侦察设备及无线电干扰设备),指挥分队进行无线电压制,评估无线电干扰的效果,并及时向上级首长报告无线电侦察和无线电压制的结果。

电子对抗营及分队执行作战值班的战备等级规定如下:

一级战备:分队在战斗地域展开;侦察站、指挥所和通信站均开启并进入战斗工作；开启无线电静默（无辐射），人员搜寻无线电干扰信号并准备立即建立干扰。

二级战备：分队在战斗地域展开；营指挥所和电子战设备处于精简战斗值班人员状态；检查自动化指挥控制系统、无线电干扰站，使其进入战备状态；无线电侦察设备根据预定时间表工作。

从二级战备转入一级战备的时间不超过 6min。

组织战斗值班由指挥所全部值班力量或精简值班力量使用指挥、侦察和无线电压制装备完成。

营全部值班力量通常包括：营指挥所为营长、副营长、参谋长、副参谋长、作战值班员、操作员、电报/电话值班员；无线电干扰连指挥所为连长、副连长、值班员、自动化干扰控制系统操作员、电报/电话值班员。

精简值班力量通常包括：营指挥所为指挥员、作战值班员、操作员、电报/电话值班员；无线电干扰连指挥所为连指挥所值班力量、值班操作员、电报/电话值班员。

3.6.3 独立对地无线电电子对抗营各责任人的职责

电子对抗营营长对其下属的战斗准备、动员准备、兵力兵器准备，以及使下属兵力兵器能够在预定时间内成功使用并完成战斗任务负全部且唯一责任。

营长必须及时定下决心，向分队指挥员下达任务，组织拟定电子对抗计划，组织分队协同和全方位保障，培训分队人员整修武器装备使其完成战斗任务，坚定领导下属完成其所担负的任务。

电子对抗营参谋长，作为营长的第一副手，要负责对下属部（分）队进行不间断指挥和组织，使全营保持战斗力和可动员力，负责营参谋部和营指挥保障分队责任人的培训。营参谋长是参谋部和所有指挥人员工作的总筹划者，要亲自协调副指挥员、各勤务处负责人的工作并告知其有关受领的任务及环境情况，为获取营长定下决心所需的数据情报工作实施不间断的工作指挥。

电子对抗营作战参谋的职责有：组织能够保障营和分队整体高度战斗力的活动；收集有关战役战术环境和无线电电子态势的情报，不间断地研究、总结和评估有关空中目标和无线电干扰目标的情况；进行战役战术计算，向营长提出建议以使其定下决心；撰写决心、战斗命令和战斗号令，及时将其下发至分队指挥员；拟定营和分队兵力兵器行动计划；组织协同，并在无线电压制时仍然保持协同；组织对分队兵力兵器行动进行全面保障，使其完成战斗任务；监督分队完成任务情况；及时组织指挥所工作展开，对指挥所进行保卫和防御，同下属分队、上级领导、协同兵团（部队/分队）进行不间断联系并使用自动化指挥控制系统；研究无线电防护系统及营和分队指挥控制系统，研究敌方技术侦察设备传输数据及伪装方式，组织对敌监控；组织恢复营（分队）受损指挥能力的行动；告知参谋长、下属责任人员及友邻兵团(部队/分队)有关无线电电子态势的情报;清点人员、技术装备、弹药、燃料及其他物资设备;为下属分队配齐人员、技术装备,补充物资设备;及时向上级参谋部报告;研究进行侦察和无线电压制的经验,并将其整理总结并分发至分队人员。

3.7 独立对地无线电电子对抗营同其他部队的协同组织

协同是部队(兵团)和分队为达成战斗目的,在目的、任务、地点、时间和遂行任务的方法上协调一致的行动。电子对抗部(分)队通常要在防空部队和兵团、歼击航空兵部队、陆军防空兵的防空(高射炮兵)兵团和部队、海军防空力量以及雷达兵的紧密协同下,遂行战斗任务。

3.7.1 协同的目的和方法

电子对抗部队组织协同的目的在于协调电子对抗部队同各兵种(特种部队)协同行动,使诸兵种合成兵团或部队能够在当前行动阶段完成最重要任务,实现其作战目的。

协同动作理应由协同者的上级机关组织,但也不排除直接实施协同动作的兵团、部(分)队的指挥员与参谋部主动协调和采取战术措施的必要性。

组织协同动作的依据是指挥员的决心或者上级参谋部下达组织协同的命令。电子对抗部(分)队与友邻的协同根据机械化兵团指挥员的命令、其参谋部的协同指示和战斗号令组织实施,机械化旅(团)所属分队之间的协同动作,依据旅(团)指挥员的战斗决心组织实施。

指挥员和参谋部组织协同的工作方法,要根据战斗准备的具体条件,首先是根据战斗任务的性质、用于完成任务的兵力兵器的编成、军队集团和作战地域的特点、武器装备的作战性能,以及现有的时间。在组织和保持协同动作中起领导作用的是指挥员。参谋部负责为指挥员组织协同的工作提供保障,拟定相应的文书,使实施协同的部队和分队达成统一认识。

为协调与友邻的行动,机械化旅(团)指挥员应准确地了解其任务、位置、兵力兵器的编成、能力,以及上级指挥员规定的保持联系和联合行动的程序。组织协同的要求是,对所有这些问题形成统一的认识,对它们进一步明确和细化,确定相互通报空中敌情和己方行动信息的程序和方法,如果时间允许,还要演练最典型的联合行动情节和方案。为此,指挥员和参谋长应亲自前往实施协同部队的指挥所交换作战行动计划摘要,实施指挥所战勤班的共同操演、分队战术演习等。

成功组织电子对抗的协同,要依靠协同部队各层级所有指挥人员对作战行动的目的、行动中电子对抗部队的任务及位置取得统一的理解,向部队及电子对抗部队分配明确的任务以及不间断协调完成这些任务的方法。各级指挥员对实际环境条件清楚掌握并灵活巧妙地发挥己方部队和协同部队(电子战部队)的战斗力。要不间断分享情报,推测战斗行动可能的进展,确定已有兵力兵器(包括电子对抗部(分)队)最有效的使用方案,要能够及时恢复受损的协同组织。电子对抗协同组织的考虑应列入指挥员决心(图)、战斗命令、进行无线电压制和无线电侦察的计划表、所有保障计划等文件。

电子战部队协同的主要方法有:合理分布指挥所,组织并保持不间断的协同通信(在协同的无线电网络、单独的有线通信中),以及使用通信装备和文件在协同兵团、作战组(军官)指挥所之间形成部队隐蔽指挥。

评估协同动作效果有各种各样的指标。例如,根据协同目的,可以采用实施这种协同动作的部(分)队实现总体战斗能力的相对值作为第 i 种协同方案的效能指标。这一指标的值可通过对联合作战行动的模拟或根据实兵演习的数据求得。通常将实施协同的部(分)队达成的总效果与它们彼此没有协同时达成的效果之和的比值作为效能指标,即

$$\partial_{\mathrm{co}} = \frac{R_i}{\sum_{j=1}^{n} r_j} \tag{3-10}$$

式中:∂_{co} 为协同行动的效果;R_i 为协同部队(分队)在实施第 i 个协同方案时达成的效果;r_j 为某部(分)队在无协同时达成的效果;n 为实施协同部(分)队的数量。

指标的数值应当大于1,这样才能证明协同动作有正面的效果。

3.7.2 独立对地无线电电子对抗营与陆军作战部队的协同组织

无线电压制兵力兵器行动是根据任务、地域(地线)、时间就陆军作战部队打击敌最重要指挥所及压制无线电电子目标进行协调的行动。

在战役(战斗)中电子对抗部队的协同由作战部队最高指挥机构的参谋长指挥,电子对抗部门首长、侦察部门首长、特种部队首长实施,完成以下主要任务:根据作战行动的目的、地点和时间协调电子对抗兵力兵器对敌无线电侦察和指挥控制系统进行火力打击和无线电压制,对本方作战部队进行雷达、红外和光学等战术伪装;进行电子对抗兵力兵器与其他军兵种的作战行动协调;进行无线电电子防护、反敌技术侦察和保护本方无线电电子装(设)备的电磁兼容性;与侦察部(分)队协同进行对敌指挥系统的侦察和分析,探测和识别要压制的无线电目标。

根据电子对抗部队首长的命令,电子对抗营长和营参谋长要同无线电技术侦察部队协调的内容如下:

(1) 保持协同的通信流程,尤其是将组织无线电压制的必要侦察数据传输给电子对抗部队的流程。

(2) 压制作为侦察来源的敌方主要通信线路的活动。

(3) 对敌加密的无线电通信和无线电中继通信实施压制的流程。

(4) 敌侦察和电子战部队的指挥所位置和阵地地域,其在战役(战斗)中的展开顺序。

(5) 侦察设备的使用流程和对无线电压制效果进行评价。

同诸兵种合成部队要协同有关战术环境和无线电电子态势情报的流程,相互通报有关空中情况、辐射化学和生物(细菌)污染情况的流程以及电子对抗部队装备和后勤保障的问题。同友邻电子对抗部队主要协调交换有关敌无线电电子目标的侦察情报,完成在军(兵团)的混合侧翼中实施压制的任务。

组织电子对抗部(分)队之间的协同时,指挥员应当协调无线电干扰和无线电侦察分队完成任务的行动,使所有指挥员对战斗任务和完成任务方法取得统一理解,并在战役(战斗)中形成和调整分队行动方案,确定无线电干扰的编号(计算)顺序,拟定指挥、通告和协同的信号。

3.7.3 独立对地无线电电子对抗营与防空部队的协同组织

防空部队(兵团)与电子对抗部(分)队的协同动作是最为复杂的。组织实施防空和电子对抗部队协同的目的是在以防空的火力消灭空中之敌、以电子对抗部(分)队的干扰压制敌无线电电子装(设)备的联合作战中,最充分地发挥两者的作战能力,以及确保己方无线电电子装(设)备的电磁兼容。

协同目的要靠完成协同的任务来达成。防空兵和电子对抗部队协同的基本任务是:消除防空部队和电子对抗部队无线电电子装(设)备的相互干扰;及时发现空中之敌并获取最全面的敌方情报;以一些设备的强点弥补另一些设备的弱点,为完成战斗任务而实施相互支援;以火力摧毁和无线电电子压制打击空中之敌,以将其消灭和阻止其对己方目标进行瞄准轰炸并引导己方毁伤兵器;阻止敌对我保卫目标的突击;相互交换关于空中之敌、己方行动和无线电电子情况的信息。通过电子对抗部队同防空部队的协同,可以对空敌实施不间断影响,建立防空兵力兵器在地线和方向上对敌的优势,保障有关被压制目标和空中情况的及时情报交换和共享,排除电子对抗部队、雷达部队和防空部队间的相互干扰,及时发现敌方空袭并最大限度获取情报,通过体系协同弥补装备劣势。

防空部队和电子对抗部(分)队的协同按其样式是战术性的,而就其实施方法看则具有其自身的特色。它可由防空部队的指挥员和参谋部依据防空部队的协同及电子对抗战斗命令和指示进行组织。在组织协同时要确定:实施协同的防空部队和电子对抗部(分)队兵力兵器的编成及其战斗任务;相互交换关于无线电电子情况、敌我双方侦察和电子对抗兵力行动信息的程序;无线电电子装(设)备的无线电电子防护保障措施(包括电磁兼容措施〕、对抗敌技术侦察手段的措施。

完成相互交换无线电电子情况的任务具有特别重要的意义。这种交换的目的是更广泛地利用有关敌指挥所和无线电电子目标的情报,最大限度地减少突然性因素,并及时采取使用防空部队和电子对抗部(分)队的措施。相互交换的内容包括:关于己方兵力兵器行动的情况,所定下的消灭敌空中指挥所、干扰飞机和侦察手段决心的情况;仍未受到电子对抗部(分)队打击的敌方目标和无线电电子目标的情况;己方无线电电子装(设)备用以保障其电磁兼容的工作体制。

在远离国境的腹地组织防空部队和电子对抗部(分)队的协同时,要为电子对抗部(分)队确定压制敌导航系统、机载雷达、导航-轰炸系统和航空无线电通信系统的任务、展开地域和工作程序;解决交换有关敌无线电电子装(设)备工作情报的问题;规定统一的协同信号。在边境(濒海)地区组织协同时,实施协同部队的指挥员和参谋部要确定:应予以火力和无线电电子压制的目标、协同兵力兵器的区分;交换无线电电子情况信息的程序;用以消灭敌电子对抗舰艇、飞机、无人驾驶飞行器和压制敌无线电电子系统和设备的兵力兵器的行动;对抗敌技术侦察手段的措施和无线电电子防护措施(包括电磁兼容措施)。

组织防空部队与海军电子对抗兵器的协同在于,协调用于掩护海军目标和兵力免遭空中之敌侦察和突击的力量,确保己方部队和武器的稳定指挥与控制。

在组织防空部队与空军电子对抗部(分)队的协同时,要明确:对敌空袭兵器、电子对抗飞机、指挥所和无线电电子目标实施火力毁伤的联合行动的程序;在战斗队形内、空域内实施佯动时使用空军电子对抗兵力兵器的程序(飞行航线、高度、施放干扰的开始和结束时间等);以歼击机掩护干扰机的程序;保障无线电电子防护和对抗敌技术侦察手段的联合措施;相互交换无线电电子情况信息的组织;保障己方航空兵安全的问题。组织协同的问题要标示在指挥员的作战决心图上。

为消除防空部队和电子对抗部队无线电电子装(设)备的相互干扰,要采取保障无线电电子装(设)备电磁兼容的措施。电磁兼容是指采取的旨在是指消除会降低其战斗能力的无线电电子装(设)备相互影响的措施。保障防空部队和电子对抗部队无线电电子装(设)备的电磁兼容是一种特殊的协同方法。保障无线电电子装(设)备电磁兼容的实质,是为了创造一种条件,在这种条件下,所有无线电电子装(设)备在指定地域内的发射均不会对防空部队和电子对抗部(分)队的作战效能产生不利影响。为保障电磁兼容,要采用技术方法和组织—技术方法。保障电磁兼容的技术方法在无线电电子装(设)备的设计和生产过程中实现。组织—技术方法直接在部队采取,包括:频率间隔、区域间隔、空间间隔、时间间隔,以及利用地形地貌和屏蔽装置消除或降低相互干扰的程度。具体如下:

(1) 利用频率间隔保障电磁兼容,即区分和指定无线电电子装(设)备的频率,以确保其工作互不影响。区分频率在于为所有的用户(兵团、部队、分队)分配一组(套)频率,而指定频率则是为共用的无线电电子装(设)备、无线电网、无线电专向分配一套频率。

(2) 以区域间隔保障电磁兼容在于为无线电电子装(设)备选择在军队集团中的部署位置,以确保降低或消除相互干扰。

(3) 以空间间隔保障电磁兼容的方法是指严格规定无线电电子装(设)备工作时发射和接收信号的方向。

(4) 以时间间隔保障电磁兼容的方法是指协调无线电电子装(设)备的工作时间或禁止某些设备的发射,时间间隔方法用于使用其他方法无法消除干扰作用的情况。

(5) 以地形地貌和屏蔽设备保障电磁兼容,即在选择和构筑无线电电子装(设)备的阵地时,要考虑到无线电波在有高地、大片森林、建筑物,以及有人工屏蔽条件下的传播特点,使用人工屏蔽的目的是降低来自某些最危险方向上相互干扰的强度。

防空部队与电子对抗部(分)队对敌采取的协调一致的协同动作,可在数个地幅和在同一地幅内实施。在同一地幅的协同动作可采用对同一批目标同时集中兵力或对不同目标区分兵力两种方法。

对同一批目标集中兵力,即同时或逐次集中防空兵器和电子对抗兵力。这种方法通常在防空兵器和电子对抗兵力兵器足够多、可同时对空中目标实施打击时,或对特别重要的空中目标实施打击时采用。在这种情况下,对己方目标的保护效果最好,因为此时敌每一件空袭兵器既受到防空兵器又受到电子对抗兵器的同时或逐次打击。区分兵力的协同方法在防空部队和电子对抗部(分)队的战斗能力不足时采用。在这种情况下,电子对抗部(分)队应先对防空兵器未打击的空中目标实施无线电电子压制。

第4章　独立对空无线电电子对抗团(ОП РЭБ-С)的作战组织和运用

4.1 引　言

对空无线电电子对抗部队的职责是压制敌机载的无线电电子侦察设备、通信设备和空袭武器的导航设备,对己方集团军空军和防空部队指挥控制系统和武器装备中的电子装(设)备实施电子防护、电磁兼容和反敌技术侦察措施,掩护己方的重要地面目标和行军机动,避免遭受敌空中侦察和空中瞄准式打击。通常,战区下辖一个独立对空无线电电子对抗团,该团下辖两个电子对抗营,在联合战役中,营配属到一个军,主要是压制敌侦察—打击控制系统中的短波通信,干扰敌卫星无线电通信信道,破坏敌战略和战术航空、火箭军、大型编队、侦察部队和电子对抗部队的指挥控制系统,压制敌"塔康"导航系统,保障己方防空部队和空军部队实施反空袭,并对军重要目标进行掩护。

如图4-1所示,独立对空无线电电子对抗团包括指挥机关(指挥科、业务科、武器和装备技术科、后勤部)和主要作战力量。后者包括2个无线电干扰营、1个指挥控制连和各保障单位(1个通信连、1个修理连、1个物资保障连、1个工兵排、1个三防排)。该团装备36个雷达干扰站,8个超短波通信干扰站和2个导航干扰站,能够掩护4~5个大型目标(如旅、师、方面军(集团军)指挥所等),同时压制32条重要的超短波通信线路,破坏100~200km地带内的航空兵导航。

在方面军(集团军)的防御和进攻(反攻)战役行动中,独立对空无线电电子对抗团被部署到第1梯队中,包括该团的指挥所、各电子对抗营,以及侦察、指挥与控制、后勤和技术保障部(分)队等。在方面军(集团军)的行动中,电子对抗部队与防空部队、联合预备队、坦克部队以及无线电和电子侦察部队联合执行作战任务。如图4-2所示,通常团指挥所部署在团战役编队的中心(可能与其中一个营的指挥所一起),与下属电子对抗营的指挥所之间距离不超过40km。电子对抗营可从配属的雷达以及无线电技术部队或防空部队的指挥所及雷达站等获取空情数据。电子对抗营(连)部署的位置区域及其与前沿的距离取决于要掩护的目标的位置。用于压制"塔康"导航系统的P-388(M)干扰站可以部署在第1梯队的战斗编队中,与前沿的距离为10~15km。

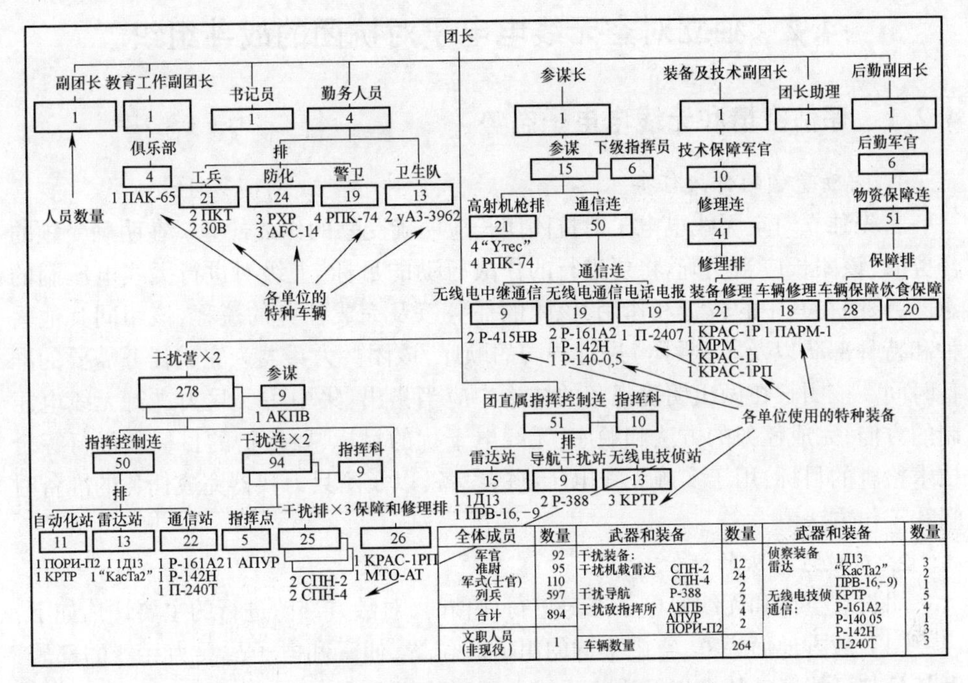

全体成员	数量	武器和装备	数量	武器和装备	数量
军官	92	干扰装备:		侦察装备 雷达 1Д13	3
准尉	95	干扰机载雷达 СПН-2	12	“КасТа2”	2
军式(士官)	110	СПН-4	24	ПРВ-16,−9)	1
列兵	597	干扰导航 Р-388	2	无线电技侦 КРТР	5
合计	894	干扰敌指挥所 АКПБ	2	通信: Р-161А2	4
		АПУР	4	Р-140 05	1
		ПОРИ-П2	2	Р-142Н	3
文职人员(非现役)	1	车辆数量	264	П-240Т	3

图 4-1　独立对空无线电电子对抗团组织结构

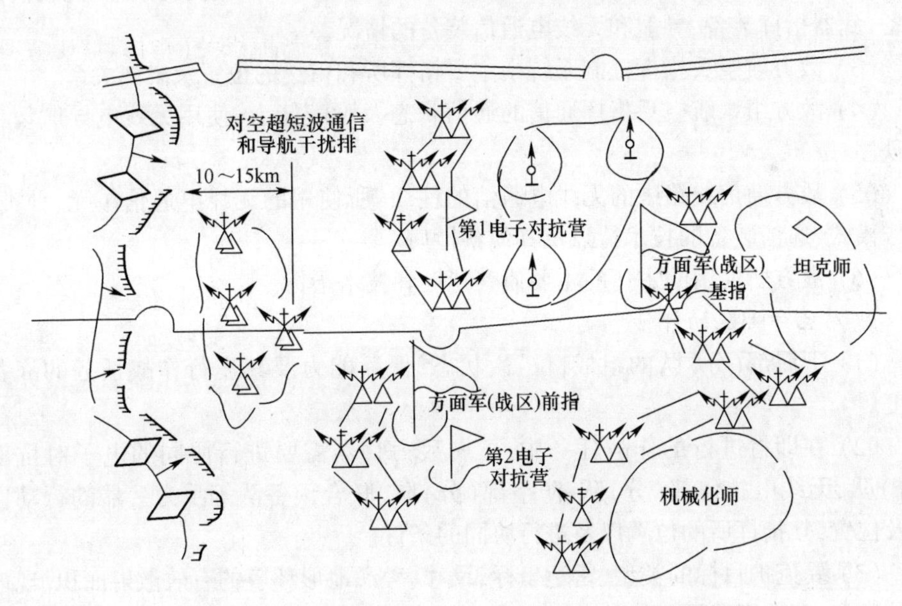

图 4-2　对空无线电独立电子对抗团在战役中的位置部署

4.2 独立对空无线电电子对抗团的战斗组织

4.2.1 评估空情和无线电电子态势

1. 明确受领的作战任务

首先独立对空无线电电子对抗团团长应明确受领的作战任务。在明确受领的任务时,该团长应当明确:将要进行的作战行动的目标,上级对进行无线电压制的意图,该团在其中的位置和作用,该团的任务以及完成任务的流程,该团同其他兵种和特种部队以及军(兵团)进行协同的顺序,该团兵力兵器为完成任务需要的准备时间。该团长在做出明确任务的结论中应当指出:集中主要兵力进行无线电压制的方向,完成任务的方法和顺序,无线电干扰的目标、要掩护的目标和进行综合技术检查的目标,用于实施无线电压制的设备,以及团兵力兵器完成任务的准备时间和工作方法。

2. 对敌方部队的评估

团长对空情和无线电电子态势进行评估时,对敌方部队进行的主要评估如下:

(1) 敌方地面集群、空中集群的组成和位置,侦察和电子战兵力兵器的部署,尤其是其可能行动特点以及进行无线电压制的能力。

(2) 敌方航空兵主要机场的位置及其隶属关系,其驻泊飞机的数量,机载侦察装备、武器指挥装备、导航和无线电通信装备的情况。

(3) 敌方航空兵指挥控制系统中主要指挥所和雷达的位置及隶属关系。

(4) 敌方组织航空兵指挥通信的通信状态及隐蔽能力,使用无线电导航设备的秩序。

(5) 敌方通信线路中的无线电通信的性质,所使用的无线电通信单元、种类、工作模式、通信装备的技术特点及其侦察性质。

(6) 敌方所使用的雷达的主要侦察特性和技术指标。

3. 对己方部队的评估

(1) 下属部(分)队的组成、位置、状态、保障能力及其遂行作战任务的战备程度。

(2) 在即将进行的作战任务中,下属兵力兵器需要进行协同的电子对抗部(分)队、无线电技侦部(分)队、防空部(分)队、联合预备队等兵力兵器的行动性质及位置,其指挥所的位置以及进行协同的条件。

(3) 要掩护目标的类型、雷达坐标、尺寸、考虑地形环境的有效散射面积、现地中的配置、部队同掩护目标的距离。

(4) 可保障电磁兼容性的己方雷达部署区域。

(5) 在团(分队)行动扇面(地带)中能够获取的空情和无线电电子态势的程度,获取所需侦察数据以及进行补充侦察的方法。

4. 评估现地、天气情况及其他能够影响作战任务的要素

(1) 敌航空兵机载雷达可视区域和可能攻击的方向、区域,电磁波传播的条件以及由于敌方行动导致其可能发生的改变情况。

(2) 在团(分队)行动区域(扇区)的现地特点,如地形、土壤、地表,以及侦察指挥和无线电干扰设备阵地上的遮蔽角。

(3) 道路交通网及通行力。

(4) 现地防护特点。

(5) 伪装和观测条件。

(6) 水源地情况。

(7) 辐射、化学和生物污染安全情况。

5. 评估结论

团长就空情和无线电电子态势的评估结论中要明确:对敌进行无线电干扰和压制的最重要的目标,需要掩护的己方目标,进行综合技术检查和控制的目标;电子对抗部(分)队查明上述目标和进行无线电综合技术检查的能力;团战斗队形部署,侦察区域(扇区)和无线电压制区域(扇区);获取所需侦察情报以及补充侦察的方法;下属部队兵力兵器完成战备的情况。

6. 战役战术考虑和计算

为完成空情和无线电电子态势的评估,团参谋部要进行的战役战术考虑和计算如下:

(1) 要确定掩护预定目标所需的兵力兵器及掩护方法。

(2) 为各电子对抗部(分)队分配要掩护的目标。

(3) 确定干扰、侦察和指挥的阵地的坐标,初始定向角度,主要部队和补充侦察的作战区域(扇区)。

(4) 确定被掩护目标的可视区域及公开区域。

(5) 确定侦察区域和压制区域的边界。

(6) 确定敌航空兵在可能飞行方向上的飞行和临近时间。

(7) 确定各部(分)队的战斗边界。

(8) 在敌使用大规模杀伤性武器的条件下,计算辐射污染区域和需要通过的污染地段。

(9) 计算构筑阵地工事的设备和数量。

(10) 计算指挥所和值班力量的兵力兵器分配。

(11) 计算恢复分队战斗力、恢复受损指挥战斗力的能力。

4.2.2 独立对空无线电电子对抗团团长的战斗决心

独立对空无线电电子对抗团团长的战斗决心包括:战斗意图、下属部(分)队的作战任务、协同组织、对部(分)队兵力兵器全方位保障的秩序、组织指挥和为完成任务而进行的战备时间。

其中,在战斗意图中应当说明,需要集中主要力量对付进行侦察和无线电压制的敌目标,完成侦察任务和无线电压制任务的方法(目标是什么,在什么时间使用什么手段对敌方何种装备实施侦察,对何种目标以何种顺序实施监测和压制),电子对抗部(分)队实施掩护的目标(地域),为掩护部队和目标所使用的方法,部(分)无线电压制的区域(扇区),进行综合技术检查的目标,电子对抗团的战斗队形。

图 4-3 所示为对空无线电电子对抗营营长战斗决心图,该图的作战态势与之前独立对地无线电电子对抗营营长的决心图(图 3-5)是相对应的,图 4-3 左侧没有画蓝军的地面部队部署,主要是标出了蓝军空中打击力量体系。蓝方主要是从红方第 1 梯队两个旅的防守部以及旅之间的防御结合部发起多波次空袭,目的是摧毁红方的前沿指挥所、防空导弹发射阵地、机场和警戒雷达等重要军事目标。空中打击一般按照"侦察→突防→第一波打击→第二波打击→补充侦察"的模式进行。在空袭过程中,蓝方 E-3A 预警机作为战略空中指挥预警中心,将收集的战场信息实时地传送给不同的部队;E-8C 预警机则能够进行战役区域实时监视,并与战役指挥预警点进行信息交互,引导飞机发起攻击。

因此,对空目标电子对抗部队的任务就是要保障空军和防空部队实施反空袭作战行动。这种战术保障的要求上体现在两个方面:一是要干扰敌各类机载雷达,使其"找不到,瞄不准",让己方的战斗机和防空导弹顺利实施对敌武器的拦截和打击;二是干扰敌方战役指挥预警点和前沿指挥中心之间的通信联络,使敌方空袭部队"看不见、听不见",从而不敢贸然进入己方的防御阵地。对空目标电子对抗部队要达到的战术保障效果如图 4-3 中各类边界线所示。这些边界线包括无线电技侦边界、雷达探测边界、预警边界、己方干扰设备通电界限、目标分选界限、己方干扰设备加高压实施干扰的界限和可实现的掩护区域界限。当敌空袭武器处于不同的界线上时,则采取相应界线上的战术动作。

在对空无线电电子对抗团团长的战斗决心图中需要标明:

(1) 战斗分界线。

(2) 敌部队的位置及其可能的行动性质。

(3) 敌空袭集群的组成,航空兵可能的行动方向及飞行频次,空袭兵器的地面指挥所和引导站等。

(4) 电子对抗部(分)队兵力兵器掩护的目标和地域。

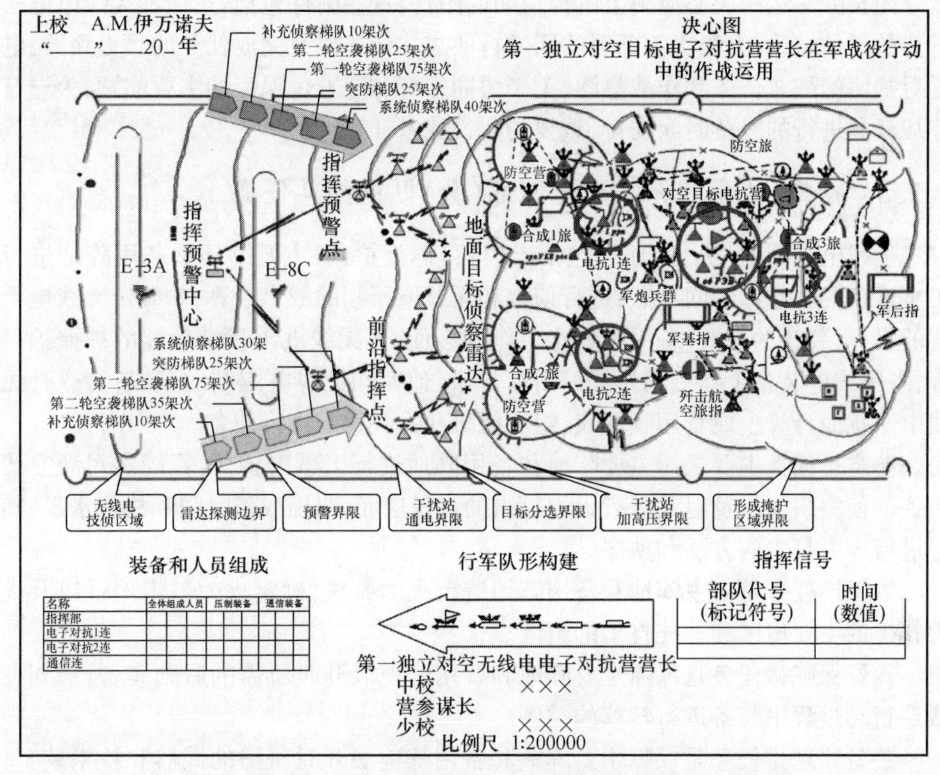

图 4-3　独立对空无线电电子对抗营营长的战斗决心图(示例)

(5) 电子对抗团和及其下属部(分)队的任务，标示出侦察、掩护和无线电压制的扇区，要进行无线电压制的目标以及建立无线电压制的时间。

(6) 标示出包含指挥所和无线电干扰阵地地域的团战斗队形。

(7) 侦察、指挥和无线电干扰设备的备用阵地以及在战役(战斗)中的转移路线。

(8) 友邻电子对抗协同部(分)队的位置。

(9) 协同作战的无线电技侦部队、防空部队的位置，以及在 100m、1000m 和 4000m 高度上无线电技侦部队和防空部队的雷达探测距离以及导弹杀伤区域。

(10) 其他协同的兵种和特种部队的指挥所展开位置。

(11) 保障电子对抗团兵力兵器行动的后勤和修理机构。

(12) 进行侦察及无线电压制所需的参考数据和计算数据包括：团兵力兵器的计算，敌航空兵可能飞临时间，敌空袭武器在各个高度上的分布情况，大规模打击时可能的飞行路径图，敌高精武器和制导武器可能的发射边界，己方指挥和预警信号，己方的行军队形和其他所需数据。

团长战斗运用决心应附上解释说明的附件，这些附件包括：空情和无线电电子态势的评估结论，上级决策部署的团遂行的战斗任务以及完成任务的兵力兵器，电子对抗团的战斗任务和作战意图，关于协同指挥和全方位保障的主要问题，为遂行作战任务进行的战备时间安排，重要的战役战术计算。

4.2.3 指挥、侦察和无线电压制部(分)队的战斗任务

无线电压制部(分)队任务包括：进行目标掩护；对主要阵地和备用阵地进行工事准备的顺序和时间节点；进行侦察和无线电压制的战术计算，如确定无线电干扰的目标，装备的主要、备用和禁止工作的扇面，各无线电干扰站分配的被掩护目标，各无线电装备工作的初始辐射角度，进行侦察和无线电压制的频段；为遂行无线电干扰而计算生成禁用频率表；组成值班兵力兵器并进行战备。

防空排任务主要是对主要阵地和备用阵地进行工事准备，计算确定对敌空袭装备的侦察扇面以及对其进行火力打击的责任扇面，明确战备时间和战备水平，确定进行火力打击的方法和秩序。

警卫连任务是对主阵地和备用阵地进行火力警戒，确定火力射击地带以及火力打击的主要扇区和补充打击的扇区。

物资保障排任务是保障主要阵地和备用阵地展开时所需的后勤装备，筹划在战斗行动过程中装备进行转移的顺序。

装备修理排任务是保障主要阵地和备用阵地展开时所需的武器和技术装备，筹划在战斗行动过程中武器技术装备进行转移的顺序。

各干扰站的工作班(组)的任务包括：计算确定各雷达站、无线电技术侦察站和无线电干扰站的位置坐标；明确各指挥自动化系统及其他指挥所的无线电中继通信站使用的天线朝向和极化方式；明确进行侦察和无线电电子压制的目标及其侦察特征；明确战斗班组值班力量的战备时间和战备水平；计算侦察和无线电电子压制的主扇面、备用扇面以及禁止扇面；计算侦察和干扰的初始定向角度；形成对己方飞机机载雷达和友邻部队形成非故意干扰的排除预案；生成禁用频率表；明确在战斗任务进行中向指挥所报告的流程和方式。

4.3 对空无线电电子对抗连指挥所的组成和装备及其工作组织

4.3.1 对空无线电电子对抗连指挥所的任务使命及装备

如图 4-4 所示，独立对地无线电电子对抗连指挥所由作战指挥组、通信枢纽和保障组构成。作战指挥组包括连长、副连长、勤务组和分队指挥员；通信枢纽则

包括指挥车队、电话电报站、对流层散射通信站、卫星通信中继站以及电源车等;保障小组则包括阵地工事保障人员及工事保障装备、三防保障人员及三防保障装备、后勤保障人员及后勤保障装备等。指挥所的阵地部署与图 3-26 所示相似。

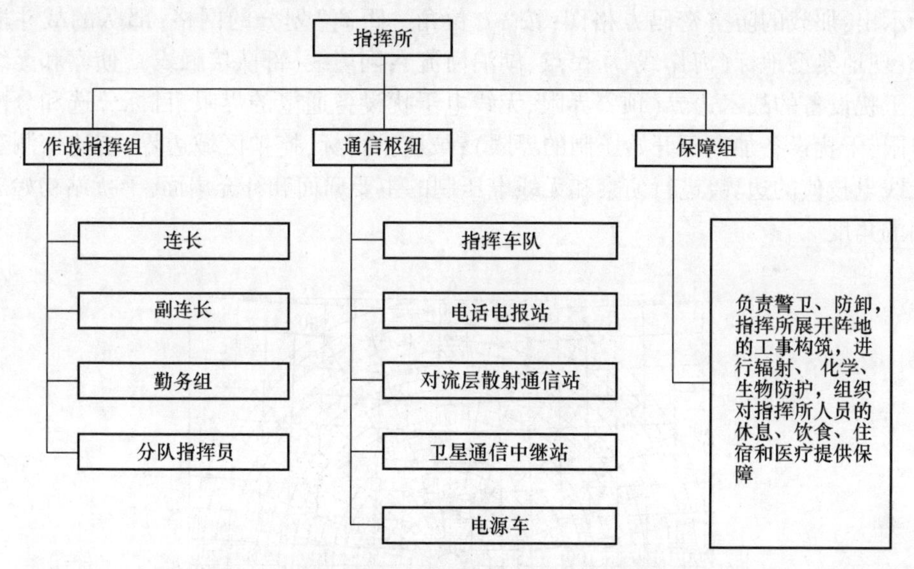

图 4-4　独立对空无线电电子对抗连指挥所组成

连指挥所的装备应当能够保证对敌方的侦察和无线电电子对抗部(分)队的状态以及作战相关的情报进行搜集、加工和反映,获取其他支撑指挥员做出目标分选和分配所需情报,向下属部(分)队(无线电干扰站)传递目标指示的数据。

指挥员(连长)的工位设置在作战指挥所,这类作战指挥所通常由 3 辆车组成并在阵地联合展开。作战指挥所(指挥车队)还装备有:指挥所进行作战计算人员的专业工位;用于显示总体空情、指挥无线电压制、无线电技术侦察和部(分)队任务的平板仪,用于显示目标特性和部队行动的显示仪;用于作战标图的平台;自动化指挥设备和小型机械化设备;与雷达侦察设备和自动化指挥设备配套的指示仪;目标监测装备。

通常,第一辆车设有指挥员工作工位、作战计算专业工位以及平面显示设备,用于指挥员的作战指挥;第二辆车设置与作战标图、计算、文书处理相关的平台和设施,用于作战计算人员开展指挥作业;第三辆车设置通信值班人员工位,装备各型通信装备和信息处理设备,用于指挥所信息处理,同时也是作战计算轮换军官的休息区。

在作战计算人员工位间以及与指挥所其他单元之间要建立电话和内部广播通信。工位上要设置电话和集线器,从而建立有线、无线电中继、无线电电话和加密通信。对于所有类型的工位,在使用信道以及与指挥所的其他单元进行有选择性和重复性通信时,必须优先保证部队指挥员的通信权限。

向指挥所作战人员反映总体空情的平板仪(标图板)如图4-5所示,图板中要标示出:加载的防空密码方格图;按"方位角—距离"划分的网格;部队的战斗队形;现地典型地标(海岸线、居民点、湖泊河流);国境线(部队接触线);侦察和无线电干扰设备的战术边界(预警界限、无线电干扰设备通电的界限,目标分选和分配界限,干扰设备加高压开始压制的界限);被掩护目标,掩护区域边界;雷达探测和无线电技侦的边界;进行侦察和无线电压制的主要扇面和补充扇面;干扰站初始方向的角度。

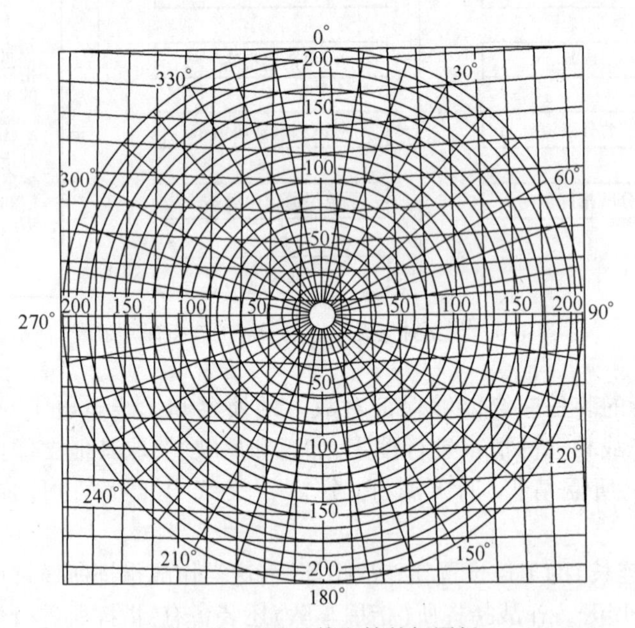

图4-5 反映总体空情的标图板

进行无线电压制的标图板用于在非自动化指挥模式下使指挥所人员对空情和无线电电子态势以及作战计算具有统一的认识和理解,把握空中目标并确定无线电压制目标,明确指挥员在作战决心中对无线电压制分队下达分配的压制目标,校对情报和计算结果。在标图板上要反映出空中目标、无线电压制目标及其行动,引导和跟踪用于坐标干扰压制和摧毁的目标作战及其他数据。如图4-6所示,组织无线电压制的标图板应标识的内容与空情标图板相同。

如图4-7所示,无线电技术侦察标图板用于确定电子目标的工作模式及其特征,并通过相对于我方部队侦察设备位置的方位角变化来识别无线电电子目标和空中目标。它通常装备在无线电压制的标图板旁边。

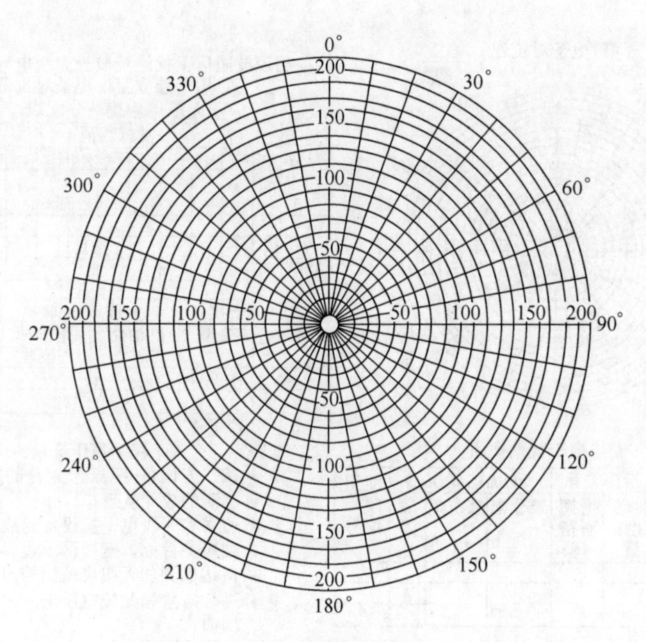

图 4-6　组织进行无线电压制的标图板

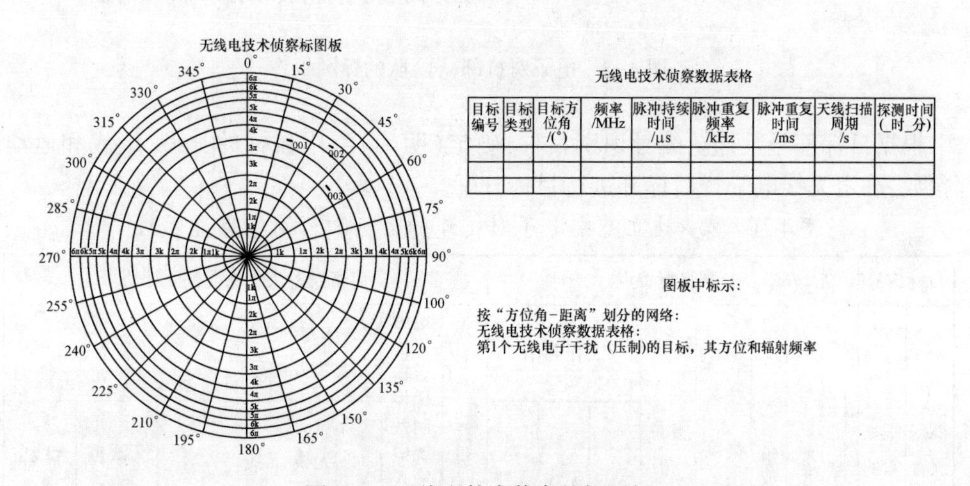

目标编号	目标类型	目标方位角/(°)	频率/MHz	脉冲持续时间/μs	脉冲重复频率/kHz	脉冲重复时间/ms	天线扫描周期/s	探测时间(_时_分)

图 4-7　无线电技术侦察的标图板

图 4-8 所示为电子对抗部(分)队的工作标图板,用于监督检查下属侦察和无线电压制分队(包括干扰站)完成任务情况、状态及战备情况,对在指挥所进行目标分配所需的必要数据进行检查和校对。

描述目标及部队行动特点的显示板如表 4-1 所示,用于在防空反导预警网络

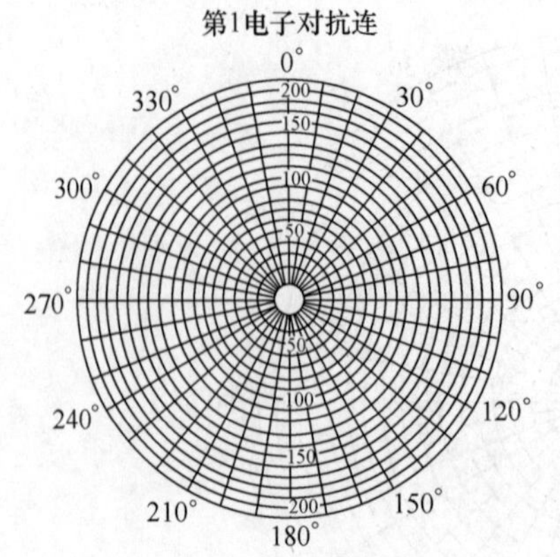

超短波通信干扰连及最近无线电导航干扰连(用于独立空中电子对抗营)

无线电干扰站分配表

No站 类型	目标编码											
	001	002	003	…	…							
1			+									
934												
7		+										
388												

干扰站编号	干扰站类型	干扰站指挥		频率/MHz
		自动化指挥	指挥所指挥	
1	P-934		+	260
…	…			
6	P-338	+		

无线电干扰站表格

干扰站编号	干扰站类型	指挥关系		干扰站状况			使用频率编号
		自动化指挥	指挥所指挥	未分配	被占用	故障	

标图板中标示：

- 按“方位角-距离”划分的网格；
- 部队的战斗队形；
- 侦察和无线电干扰设备的战术边界；
- 被掩护目标，掩护区域边界；
- 雷达探测和无线电技侦的边界；
- 进行侦察和无线电压制的主要扇面和补充扇面；
- 干扰站初始方向的角度。

注：在本标图板中仅表示一个电子对抗连对机载雷达的干扰。在部(分)队的工作标图板中应当反映所有连的情况。

标图板中需反映：

空中目标、无线电压制目标及其行动、引导和跟踪用于坐标干扰压制和摧毁的目标作站及其他数据。

图 4-8　电子对抗部(分)队的标图板

中根据目标编号及部队编号识别目标,确定(明确)空中目标的类型、组成和运动参数,确定无线电干扰目标并进行目标分配。

表 4-1　第×独立空中电子对抗连的目标和行动特点显示板

目标编号		目标新编号	目标特点							侦察设备及干扰设备的行动										
根据预警信息	根据营的情报		类型	组成	高度/km	方位角/(°)	工作频率			截获时间	地面干扰台指挥控制系统中输入的目标批号及其数据	实施压制的干扰站类型及编号			压制时间及效果					
							雷达	无线电导航	无线电通信			雷达压制	无线电导航压制	无线电通信压制	雷达		无线电导航		无线电通信	
															开始	结束	开始	结束	开始	结束

自动化指挥设备是指挥所的组成部分,在阵地通常与装有标图板的指挥车相邻。它可根据部(分)队指挥员的决策设置自动接收来自防空自动化指挥控制系统或雷达的数据,形成面板中有关空情情报并将其输入计算机;自动处理目标分配任务,将结果输出到各指挥员工位配套的远程任务指示器上;自动向无线电干扰设备发布目标指示信息并监视压制执行情况;自动监视无线电干扰部队和装备的状况;使用存储记录设备、视频和拍照设备对战斗人员的作战行动进行客观监控。存储记录设备内嵌在部(分)队的指挥员的通信设备中,实时捕获其下达的命令和指示,视频和拍照设备用于拍摄平板仪屏幕、标图板和显示板。

4.3.2 对空无线电电子对抗连指挥所的战斗行动组织

连长在组织无线电侦察和无线电压制时,从作战指挥所实施对下属部(分)队兵力兵器行动及指挥所人员工作的领导。连长须时刻监督侦察情报获取和处理情况,明确无线电干扰的目标,对各部(分)队进行压制目标分配。在进行无线电压制时,要直接指挥分队并评估无线电压制效率,及时向上级报告无线电侦察和无线电压制的结果。

如果无线电干扰站在阵地已经展开或进入一级战备,则电子对抗分队被认为已经准备好进行无线电压制,此时,根据指挥员命令被设为备用的无线电干扰站需要在阵地展开并进入二级战备。

无线电压制任务的完成情况要在连长作战地图上和无线电压制计算结果日志上记录。无线电压制的总体结果在战斗报告日志中记录,该战斗报告要呈交战役值班指挥所,并在预定时间内以作战报告的方式向上级参谋部报告。

无线电侦察和无线电压制的主要战斗总结报告由以下文件汇总后形成:

(1) 营指挥所,提交战斗情报登记日志、战斗数据。

(2) 独立作战的干扰分队指挥所,提交无线电干扰目标截获登记日志、无线电压制结果登记日志(对空无线电电子对抗营,应明确侦察和压制目标的登记日志),战斗数据。

(3) 连指挥所,提交无线电干扰目标探测截获登记日志、无线电压制结果登记日志(对空无线电电子对抗营,应明确侦察和压制目标的登记日志)。

(4) 侦察站和无线电干扰站,提交设备工作日志和战斗工作表格。

战斗总结报告中包括:新发现的敌指挥所、无线电电子目标、通信线路、航空兵机载雷达的位置及特点;有关敌使用无线电电子防护设备的情报;己方部(分)队的位置及状态,其完成的任务情况和损失情况;对敌最重要无线电电子目标的压制情况以及无线电压制设备使用效率;己方无线电电子防护的措施及有效性;组织进行技术装备和后勤保障的措施以及需上级指挥员决定的问题。

为排除己方雷达受到非故意人为干扰的情况，必须要指定并严格遵守区域频率使用标准并及时向各部(分)队、无线电侦察部队、干扰站通报临时限制和禁止使用的准备用于进行无线电压制的频率。指挥所收到有关己方部队雷达受扰情况后，连长或指挥所值班员必须立即制定排除这些干扰的措施，并立即向上级指挥员报告并根据指挥员命令采取行动。

对兵力兵器运用进行有效性监督是指使用必要的技术手段，分析完成有关任务的情况和未完成任务的原因，查明问题并提出解决的措施，及时并常态化地向营指挥所报告并及时解决问题和改正不足。

4.4 使用己方无线电干扰装备掩护目标免受敌航空兵机载雷达侦察和空袭打击的方法

4.4.1 选择掩护目标时要考虑的主要因素——评估雷达对比反射面积

根据与雷达定标物的雷达反射面积($\sigma_{ф}$)对比，按照对比度的高低，可以将要掩护的目标分为小尺寸点状目标和中大型面状目标，其中，小尺寸点状目标的雷达对比反射面积$\sigma_{об}<10^3\ m^2$，中型面状目标的雷达对比反射面积一般为$10^3\ m^2\leqslant\sigma_{об}\leqslant10^5\ m^2$，大型面状目标的雷达对比反射面积一般为$\sigma_{об}\geqslant 10^5\ m^2$。

根据机载雷达与地面目标相对位置关系，可以求解出$\sigma_{об}$的大小。对于小尺寸点状目标，即$\sigma_{об}<\sigma_{ф}$，可由下式直接求解

$$\overline{\sigma}_{об} = (\sigma_{об} - \sigma_{ф})S_{об} \tag{4-1}$$

式中：$S_{об}$为目标的实际面积。

对于中大型面状目标，即$\sigma_{об}>\sigma_{ф}$，可由下式求解

$$\overline{\sigma}_{об} = (\sigma_{об} - \sigma_{ф})\Delta S \tag{4-2}$$

如图 4-9 所示，ΔS 满足

$$\Delta S = \frac{c\tau_{И}Д_{рлс}}{2\cos\varepsilon}\beta_{0.5}^{БРЛС} \tag{4-3}$$

式中：$\tau_{И}$ 为机载雷达脉冲持续时间；$H_{свн}$ 为机载雷达的高度(载体飞机的飞行高度)；$\beta_{0.5}^{БРЛС}$ 为雷达的底部宽度(方位角)；$Д_{рлс}$ 为飞机到被掩护目标的距离；ε 为雷达观测角度。

表 4-2 所示为典型设施在特定地形地貌背景中的雷达对比反射面积，表 4-3 所示为一些典型地貌的雷达对比反射面积。

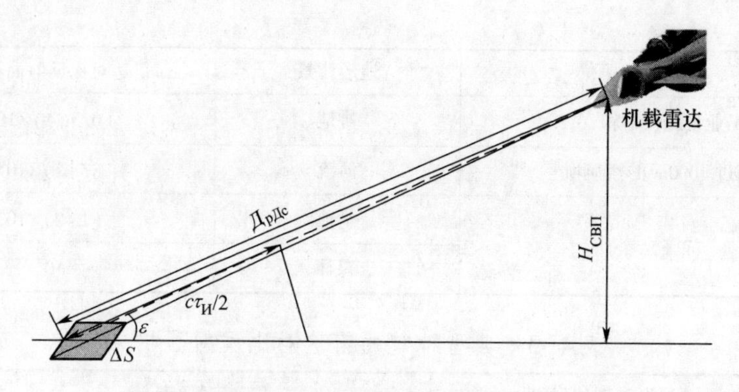

图 4-9　根据相应的方位角 ε 确定面积的大小 ΔS

表 4-2　典型设施在特定地貌背景下的雷达对比反射面积

目　　标	地形背景	雷达对比反射面积/m^2
部队联合指挥所	草地、森林	200~500
导弹旅阵地	耕地、草地	500
	森林	200~500
导弹基地	草地	$(1\sim1.5)\times10^3$
	森林	小于 10^3
空军和防空部队指挥所	草地、森林	200~500
集团军下属航空兵机场	耕地	$(1\sim1.3)\times10^4$
弹药和油料仓库	草地、森林	5×10^3
用于人员和物资装卸的火车站	草地	$(4\sim5)\times10^3$
	森林	$(2\sim4)\times10^3$
长度达 300m 的浮桥	河流	$(1.1\sim1.5)\times10^3$
陆军防空导弹系统的发射阵地	耕地、草地	500
	森林	200~500
通信枢纽	耕地、草地	300
	森林	200~300
登陆点	沿海地带	$(2\sim3)\times10^3$
铁路枢纽	草地	$(5\sim6)\times10^4$
	森林	$(2\sim5)\times10^4$
长度超 1km 的铁路(公路)桥	河流	$(2\sim5)\times10^4$

续表

目　标	地形背景	雷达对比反射面积/m^2
工业设施(冶炼厂)	耕地	$(0.5\sim1)\times10^7$
超过1000m的拦河坝	河流	$(3\sim5)\times10^6$
导弹仓库	草地	$(1\sim2)\times10^4$
	森林	10^4

表 4-3　典型地貌的雷达对比反射面积

序号	地形类型(目标)	对比度 σ/ m^2
1	耕地	$(1\sim8)\times10^{-3}$
2	草、灌木、农作物	$(3\sim10)\times10^{-3}$
3	干草原	10~3
4	沥青路面	$(0.1\sim3)\times10^{-3}$
5	混凝土路面	$(0.03\sim1)\times10^{-3}$
6	水面	$(0.01\sim1)\times10^{-3}$
7	森林	$(5\sim10)\times10^{-2}$
8	居民区	0.1~3
9	工业领域	0.5~10
10	钢筋混凝土桥梁	15~20
11	金属桥	20~30

4.4.2　对机载雷达压制干扰区域相关参数的计算方法

在无线电压制区域内部,机载无线电探测设备很难或完全不能探测或识别该区域内掩护的目标,无法进行雷达探测和定位。

最小压制距离 $D_{\text{пmin}}$ 可表示为

$$D_{\text{пmin}} = (0.6 \sim 0.7) \times r_{\text{обнmin}} \tag{4-4}$$

而

$$r_{\text{обнmin}} = V_{\text{ц}} t_{\text{пр}} + D_{\text{o}}$$

式中:$V_{\text{ц}}$ 为飞机的飞行速度;D_{o} 为炸弹的射程,大约等于轰炸的高度;$t_{\text{пр}}$ 为飞机机组人员瞄准所需的时间。

其中,$t_{\text{пр}}$ 一般由下式构成

$$t_{\text{пр}} = t_{\text{ор}} + t_{\text{б.к}} + t_{\text{пр.д}} \tag{4-5}$$

式中:$t_{\text{ор}}$ 为机组为探测、发现和识别目标而对确定航向的时间;$t_{\text{б.к}}$ 为校正飞机航向和航线所需的时间;$t_{\text{пр.д}}$ 为在不同炸弹射程上进行瞄准所需的时间。

表 4-4 所示为战役和战斗两个层面下针对机载雷达瞄准的所需时间。

表 4-4　不同飞行类型下各战术动作所需时间

飞行类型	t_{op}/s	t_{6k}/s	$t_{пр.п}$/s	t_{np}/s
战役	10~25	20~30	10~20	30~60
战斗	10~20	10~15	2~3	15~20

最大压制距离 $D_{пmax}$ 可表示为

$$D_{пmax} = (1.1 - 1.15) \times r_{обн} \tag{4-6}$$

式中：$r_{обн}$ 为机载雷达的探测距离。

通常，机载雷达的最大探测距离可以由下式求解

$$D_{рлс\ мax} = \sqrt[4]{\frac{P_{брлс} G_{пер}^{БРЛС} G_{пр}^{БРЛС} \lambda^2 \overline{\sigma}_{об}}{(4\pi)^3 P_{c\ брлс}}} \tag{4-7}$$

式中：$P_{брлс}$ 为机载雷达的脉冲功率；$G_{пр}^{БРЛС}$ 为机载雷达接收天线的增益；$G_{пер}^{БРЛС}$ 为机载雷达发射天线的增益；$P_{c\ брлс}$ 为机载雷达接收机的灵敏度；λ 为机载雷达的工作波长；$\overline{\sigma}_{об}$ 为根据机载雷达的分辨率能力，折算的被掩护目标的有效散射面积。

4.4.3　使用对空无线电电子对抗装备完成战斗任务的各战术边界确定

对空目标电子对抗部队要达到的战术保障效果，如图 4-10 所示。这些边界线分别是无线电技侦边界、雷达探测边界、预警边界、己方干扰装备通电边界、目标分配边界、干扰装备加高压实施干扰的边界和可实现的掩护区域边界。当敌空袭武器处于不同的边界线上时，则采取相应边界线上的战术动作。

为形成掩护而制定的各类边界线也有着详细的数学计算，计算过程如下：

(1) 干扰装备加高压启动压制的边界：$S_1 = (1.1-1.15) \times r_{обн}$，其中，$r_{обн}$ 为敌空袭武器的机载雷达的探测距离。

(2) 目标分配边界：$S_2 = V_Ц \times (t_{ЦР} + t_{кСП} + t_{п.н})$，其中，$V_Ц$ 为目标的飞行速度；$t_{ЦР}$ 为进行目标分配的时间；$t_{кСП}$ 为将命令下达到干扰装备的时间；$t_{п.н}$ 为干扰装备进行目标搜索和瞄准所用时间。

(3) 干扰装备通电边界：$S_3 = V_Ц \times (t_{кСП} + t_{вкл\ СП})$，其中，$t_{вкл\ СП}$ 为干扰装备通电的时间（执行一级战斗准备）。

(4) 雷达通电边界：$S_4 = V_Ц \times (t_{к\ РЛР} + t_{вкл\ РЛР})$，其中，$t_{к\ РЛР}$ 为将命令下达到雷达的时间；$t_{вкл\ РЛР}$ 为雷达通电的时间（执行一级战斗准备）。

(5) 预警边界：$S_5 = V_Ц \times (t_{оп} + t_{БГ} + t_{ЦР} + t_{кСП} + t_{п.н})$，其中，$t_{оп}$ 为从防空设备检测到目标的那一刻开始，将所需信息发送至对空无线电电子对抗部队指挥所的信息显示屏（计算机屏幕）上显示相应信息为止的预警时间（信息延迟）；$t_{БГ}$ 为对空无

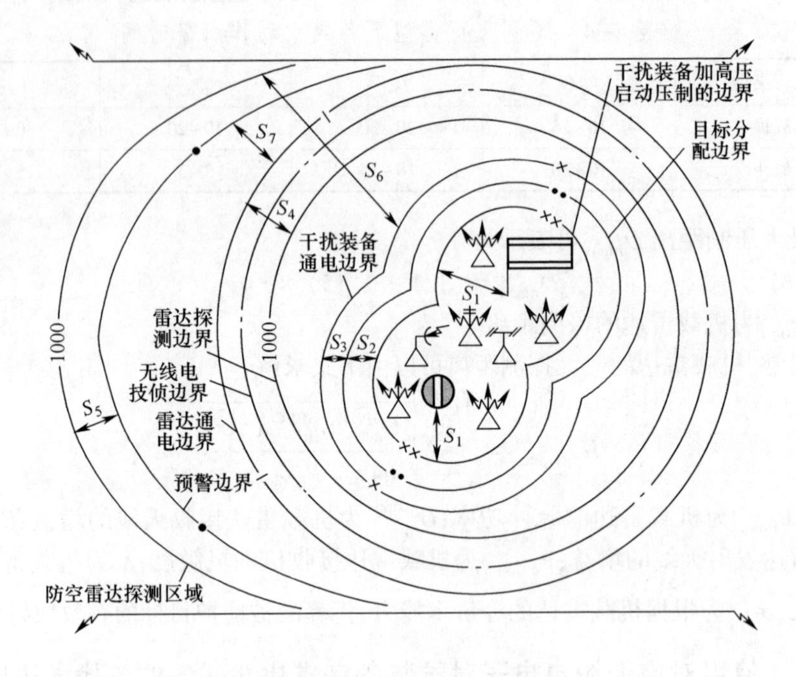

图 4-10　无线电侦察和干扰装备的战术边界线及相互关系

线电电子对抗部(分)队进入一级战斗准备的时间。

(6) 确定敌方空袭武器“飞临时间”$t_{\text{подл}}$:

$$t_{\text{подл}} = \begin{cases} S_6/V_{\text{ц}} & \text{对于电子干扰装备} \\ S_7/V_{\text{ц}} & \text{对于雷达侦察装备} \end{cases} \tag{4-8}$$

式中:S_6为雷达探测边界与干扰装备通电边界线(进入一级战斗准备)之间的最小距离;S_7为预警线与干扰装备通电边界线之间的最小距离(进入一级战斗准备)。

计算所涉及参数既有已方的装备参数也有敌方的装备参数,既有战术参数也有技术参数,参数可以事先装定,也可以来自战场传感器的实时数据。参数之间的关系环环相扣,当参数动态变化时,整个有效掩护区域和界限也是实时动态变化。当然,如果一些参数出现了问题,如雷达受到电子干扰导致探测距离缩短,则会造成整个有效掩护区域收缩变小;又如高超声速战术导弹,由于其速度过快,响应时间太短会导致一些作战边界线重合而无法及时采取对抗战术动作;也就是说,当前高超声速武器、高功率微波武器等新兴武器的出现,正在逐步改变着作战规则,为了应对这些武器,使战术规则继续有效,就需要人们研究更为先进的应对装备和战术规则。

4.5 对空无线电电子对抗部队在掩护集团军目标时的战斗队形构建

构建电子对抗部队的战斗队形，旨在完成上级赋予破坏敌方部队和武器指挥控制系统并掩护己方部队和目标的任务，进行侦察和干扰压制敌无线电设施的兵力兵器部署。

1. 战斗队形应具备的作用

（1）最大限度地发挥无线电电子侦察、无线电干扰设备和自动化指挥控制系统的作战能力，同时实现己方部队战斗队形中各武器装备的电磁兼容；

（2）能够及时在最重要方向上集结主要兵力；

（3）使得电子对抗部（分）队及其装备能够快速机动；

（4）能够对电子对抗部（分）队实施不间断的可靠稳定指挥，保障其同防空部队、友邻电子对抗部队实施协同；

（5）支援保障同上级指挥员之间的稳定通信；

（6）在敌使用大规模杀伤性武器、高精武器及其他常规打击武器时，保证侦察和电子对抗部队兵力兵器的生存力；

（7）保障分队快速机动，迅速实施干扰。

2. 构建战斗队形应考虑的因素

（1）上级赋予部队即将遂行的战斗任务；

（2）敌方地面和空中可能的行动方向及方式；

（3）敌方无线电电子装（设）备的特点及其战术使用特点；

（4）己方已有的电子干扰压制装备的特性；

（5）集团军和己方部队以及友邻电子对抗部队的任务；

（6）可利用现地条件实现伪装或防护以免成为敌方大规模杀伤性武器打击目标的可能性；

（7）保障联合作战的集团军中各武器装备的电磁兼容性；

（8）被掩护目标和标定物的雷达可探测性；

（9）敌方可定位被掩护目标位置坐标的程度。

3. 阵地区域应考虑的因素

（1）电子对抗部（分）队的干扰装备和指挥装备在进行对敌无线电电子压制的任务时能够实施现地伪装防护，同时能在需要方向上能够快速集结兵力并进行机动；

（2）能够同战斗队形中的各单元、上级指挥员、协同部队和军兵团进行稳定的通信；

(3) 清除干扰装备对己方的无线电电子装(设)备产生的非有意干扰；

(4) 便于全员展开和休息；

(5) 具有符合标准的医疗卫生及防疫条件。

4.5.1 使用目标法掩护集团军及己方目标时的战斗队形构建

对空中目标无线电电子对抗装(设)备是执行对机载雷达的无线电电子压制，目的是在敌机载雷达的探测中隐藏重要的地面物体和空中目标，并通过使用有源干扰和无源干扰手段来制造虚假目标。无源干扰主要是使用各种反射器，而有源干扰则是主动辐射掩护或模拟干扰。

通常，对机载雷达的无线电压制使用掩护干扰，这种干扰可导致机载雷达的指示器屏幕被部分或全部高亮而无法识别目标。在这种情况下，人们把机载雷达屏幕上的高亮扇区即无法将目标回波的有用信号分离的扇区称为有效压制扇区。有效压制扇区 $\psi_{эф}$ 的值取决于被压制机载雷达的参数、干扰站的参数、掩护目标的有效散射面积，以及机载雷达、干扰站和被掩护目标之间的相对位置关系。如图 4-11所示，当机载雷达与无线电干扰站之间的距离较大时，干扰仅在机载雷达天线方向图的主波瓣方向进入时才有效，但是随着二者之间距离的减小，干扰从机载雷达天线的旁波瓣进入时也能产生有效作用，从而导致了机载雷达屏幕上高亮区域扩大。

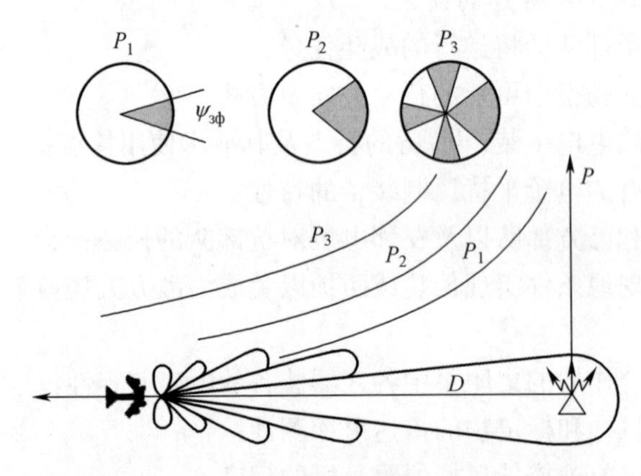

图 4-11　机载雷达受干扰的高亮区域与进行的干扰功率的关系

根据机载雷达对目标的可探测性、机载雷达的性质、机载雷达的数量和方位分布以及对压制区域纵深的要求，可以通过目标掩护法和区域掩护法来对机载雷达进行干扰以掩护己方部队所在的区域和重要目标，避免成为敌空袭武器侦察和打击的对象。

目标掩护方法用于掩护单个孤立的且相距很远的具有雷达探测高对比度的目标,如野战机场、指挥所和涉水障碍等。

如图 4-12 所示,使用目标掩护方法时,一般是将干扰站布置于敌空袭武器最有可能的突袭方向上,干扰站与被掩盖对象之间的距离为 R_{B},但是当敌利用干扰站的辐射信号进行武器引导打击的情况除外。这样就使得在每个独立的干扰区域(扇区)交叠创建了一个掩护区域。在许多情况下,面对来自不同方向的空袭武器对掩护目标的突袭,不可能仅仅依靠一个阵地的干扰站进行全方位的掩护。因此,在进行干扰站分组压制时,要确保对掩护区域的 360°全方位掩护,这时应确定图 4-12所示的扇区 ψ_1 和 ψ_2,通过确定其中一个干扰站能提供的掩护扇区,然后确定所需的干扰站的数目以掩护所有方向上的目标。

确定所需的干扰站数量的方法:

第一步,确定机载雷达对所掩护目标的最小探测距离:

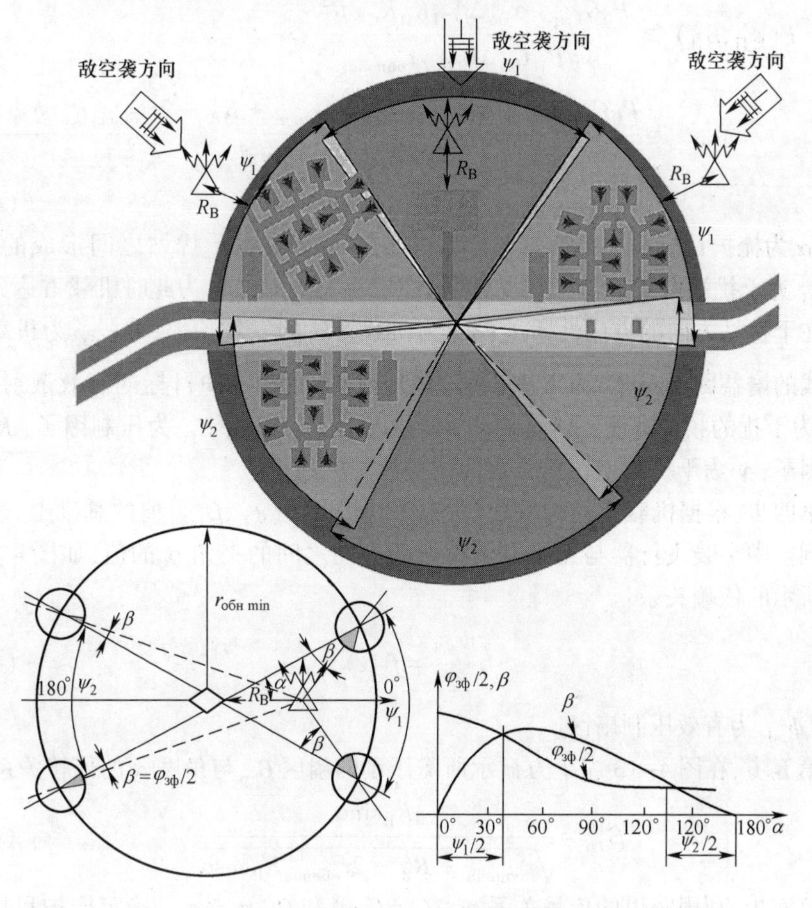

图 4-12　使用目标掩护法掩护机场的示意图

$$r_{\text{обнmin}} = V_{\text{ц}} t_{\text{пр}} + D_{\text{o}}$$

$$t_{\text{пр}} = t_{\text{ор}} + t_{\text{б.к}} + t_{\text{пр.д}} \tag{4-9}$$

式中:$V_{\text{ц}}$为飞机的飞行速度;D_{o}为炸弹的射程,大约等于轰炸的高度;$t_{\text{пр}}$为飞机机组人员瞄准所需的时间;$t_{\text{ор}}$为机组为探测、发现和识别目标而对确定航向的时间;$t_{\text{б.к}}$为校正飞机航向和航线所需的时间;$t_{\text{пр.д}}$为在不同炸弹射程上进行瞄准所需的时间。

第二步,确定干扰站与被掩护目标(机场引导站或飞机)之间的安全距离:

$$R_{\text{B}} > R_{\text{пор}} + г_{\text{проб}} + 3 \times \sigma_{\text{ср}} \tag{4-10}$$

式中:$R_{\text{пор}}$为由干扰站辐射而引导的杀伤武器的杀伤半径;$г_{\text{проб}}$为掩护目标的半径;$\sigma_{\text{ср}}$为由干扰站辐射而引导的杀伤武器的杀命中率的标准方差。

第三步,确定当干扰从机载雷达天线方向图的副瓣进入时,若要干扰依然能够起到作用时,则最小天线副瓣因子满足

$$\begin{aligned} F(\varepsilon_{\Pi}, \beta_{\Pi}) &\geqslant \frac{P_0 G_{\text{РПрУ}} \overline{\sigma}_{\text{об}} \Delta f_{\text{СП}} K_{\Pi} K_{\text{СЖ}} R_{\Pi}^2}{4\pi P_{\Pi} G_{\Pi} \Delta f_{\text{РЛС}} \gamma r_{\text{обнmin}}^4} \\ &= \frac{P_0 G_{\text{РПрУ}} \overline{\sigma}_{\text{об}} \Delta f_{\text{СП}} K_{\Pi} K_{\text{СЖ}} (r_{\text{обнmin}}^2 + R_{\text{B}}^2 - 2 r_{\text{обнmin}} R_{\text{B}} \cos\alpha)}{4\pi P_{\Pi} G_{\Pi} \Delta f_{\text{РЛС}} \gamma r_{\text{обнmin}}^4} \end{aligned} \tag{4-11}$$

式中:α 为掩护目标、空中来袭飞行器的方向与无线电干扰站之间形成的角度;P_{Π}, G_{Π} 为干扰站的发射功率和发射增益因子; $F(\varepsilon_{\Pi}, \beta_{\Pi})$ 为此时机载雷达天线方向图在干扰站方向的方向性因子; P_0 为机载雷达的发射功率; $G_{\text{РПрУ}}$ 为机载雷达的天线的增益因子; $\overline{\sigma}_{\text{об}}$ 为考虑土壤表层背景下的被掩护目标的有效散射面积; $\Delta f_{\text{СП}}$ 为干扰的频带宽度; $\Delta f_{\text{РЛС}}$ 为机载雷达的信号宽度; K_{Π} 为压制因子; $K_{\text{СЖ}}$ 为压缩因子; γ 为干扰与雷达信号之间的极化失配因子。

第四步,根据机载雷达的特性,在考虑获得的 $F(\varepsilon_{\Pi}, \beta_{\Pi})$ 值的基础上,改变从目标到空中突袭飞行器与无线电干扰站的方向之间的夹角 α 的值,如图 4-13 左下方所示的依赖关系:

$$\frac{\psi_{\text{эф}}}{2} = f(\alpha) \tag{4-12}$$

式中: $\psi_{\text{эф}}$ 为有效压制扇区。

第五步,在图 4-13 左下方显示所需压制的扇区 $\beta_{\text{тр}}$ 与角度 α 的依赖关系:

$$\beta_{\text{Тр}} = \frac{R_{\text{B}} \sin\alpha}{\sqrt{r_{\text{обнmin}}^2 + R_{\text{B}}^2 - 2 r_{\text{обнmin}} R_{\text{B}} \cos\alpha}} \tag{4-13}$$

第六步,利用获得的依赖关系 $\psi_{\text{эф}}/2 = f(\alpha)$ 和 $\beta_{\text{тр}} = f(\alpha)$,确定掩护目标的前

后扇区 ψ_1 和 ψ_2。

第七步，根据获得的掩护扇区 ψ_1 和 ψ_2 的值，确定掩护该对象所需的无线电干扰站数量

$$n = \frac{360^\circ}{0.95(\psi_1 + \psi_2)} \tag{4-14}$$

最后，在敌空袭武器最可能的突袭方向上，距离被掩护目标 R_B 处，设置所需数量的干扰站。

据报道，2018 年 1 月 5 日俄军在驻叙利亚“赫梅米姆”空军基地拦截叙利亚反政府武装无人机，当时叙利亚反政府武装 6 架无人机被截获，3 架无人机迫降，7 架被“铠甲-S”弹炮合一防空系统击毁，就说明了对空目标电子对抗法则的合理性。目前，俄军已经装备了“克拉苏哈-4”电子战系统。其是一种陆基电子压制和防护系统，可压制间谍卫星、地面雷达、预警机、无人机等空、天、地基探测系统。作为广谱强噪声干扰平台，它能够对抗美国 E-8C 类预警机、“捕食者”无人侦察攻击机、“全球鹰”无人战略侦察机，以及“长曲棍球”系列侦察卫星。图 4-13 所示为俄罗斯电子对抗连队使用“克拉苏哈-4”电子战系统掩护其空军机场示意图，形象地说明了上述战术保障过程。

图 4-13　克拉苏哈-4 电子战系统掩护其空军机场示意图

4.5.2　使用区域法掩护集团军及己方目标时的战斗队形构建

如图 4-14 所示，区域掩护法是指在一定的区域范围内，确保对所有目标(包括移动目标)的连续性和无缝掩护。在这种情况下，干扰站部署的位置应确保能

创建一个连续掩护区，且该掩护区是基于干扰从机载雷达天线方向图旁瓣方向进入而建立的。区域法用于掩护大量同一类的、具有低雷达探测对比度目标以及雷达探测标定物。该方法尤其适合于掩护位于机载雷达侦察侧面的，诸如机械化部队、坦克部队、炮兵部队之类的军事目标，尽管这些目标没有很高的雷达探测对比度，但是其与地形相比却形成了鲜明的对比度。

使用区域掩护方法的步骤如下：

第一步，对每个干扰站围绕其自身创建一个半径为 R_{Π} 的压制区域，R_{Π} 的大小取决于干扰站和被压制机载雷达的能量参数，以及在给定区域内被掩护目标的有效反射表面的分布：

$$R_{\Pi} = 2r_{\text{обн}}^{2}\sqrt{\frac{P_{\text{п}}G_{\text{п}}F(\varepsilon_{\Pi},\beta_{\Pi})\pi\Delta f_{\text{рлс}}\lambda^{2}\gamma}{P_{0}G_{\text{РПрУ}}\overline{\sigma}_{\text{об}}\Delta f_{\text{СП}}K_{\Pi}K_{\text{СЖ}}}} \tag{4-15}$$

式中：$r_{\text{обн}}$ 为敌方空袭武器的机载雷达的探测距离；P_{Π}，G_{Π} 为干扰站的发射功率和发射增益因子；$F(\varepsilon_{\Pi},\beta_{\Pi})$ 为此时机载雷达天线方向图在干扰站方向的方向性因子；$\Delta f_{\text{РЛС}}$ 为机载雷达的信号宽度；P_0 为机载雷达的发射功率；$\overline{\sigma}_{\text{об}}$ 为考虑土壤表层背景下的被掩护目标的有效散射面积；$\Delta f_{\text{СП}}$ 为干扰的频带宽度；K_{Π} 为压制因子；$K_{\text{СЖ}}$ 为压缩因子；$G_{\text{РПрУ}}$ 为机载雷达接收天线的增益；γ 为干扰与雷达信号之间的极化失配因子。

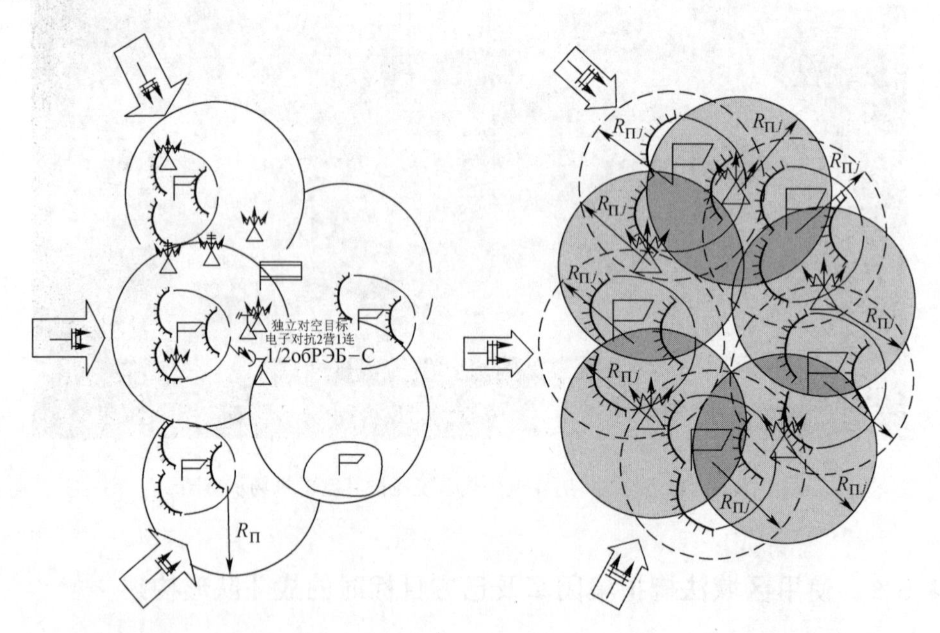

图 4-14　独立对空电子对抗 2 营 1 连使用区域法掩护集团军目标示意图

第二步,以要掩护的 n 个目标(如图 4-15 所示的各旅指挥所)的位置中心,构造半径为 $R_{\text{п}j}(j = 1,\cdots,n)$ 的圆并覆盖目标。

第三步,在已获取的圆的交汇区域中,选取干扰站的位置。

第四步,以选取的干扰站位置的中心,构造半径为 $R_{\text{п}j}$ 的圆,则该圆为可以覆盖所掩护区域的半径最小的圆。

第五步,通过在圆的交汇区域和掩护区域的内部移动干扰站的位置,以确定能够提供对最多数量的目标进行连续覆盖的干扰站的位置。

第六步,根据获得的单个干扰站的掩护区域,确定总体掩护区域。

当掩护数个单独的目标或雷达标定部的同时要掩护某个区域和空中方向时,可使用图 4-15 所示的区域—目标联合方法,此时干扰站的分布和位置距离应不超过营指挥所对其进行集中指挥控制能力的范围。这种方法最适合在大量同一类的雷达探测低对比度目标和地标中掩护 1~2 个高雷达探测对比度相关目标的情形。

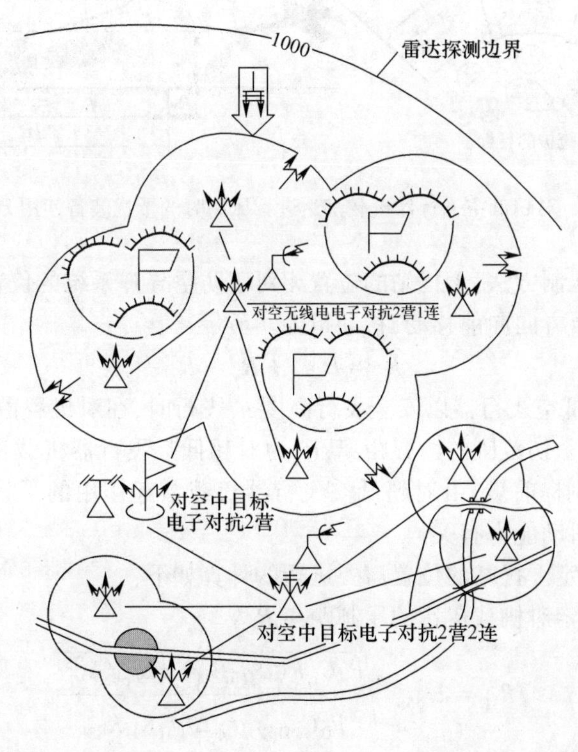

图 4-15　独立对空电子对抗 2 营 2 连使用区域—目标联合法掩护目标示意图

4.5.3 建立干扰敌超低空飞行战机的机载雷达的战斗队形以协同航空歼击机的方法

如图 4-16 所示,独立对空无线电电子对抗营对超低空飞行器机载雷达进行压制时的干扰设备使用方法。干扰设备产生的干扰可使飞行器雷达探测地表地形的能力遭到破坏,迫使飞行器提升飞行高度。这种对雷达的压制方法被用于集团军防空导弹系统的杀伤区,从而提高防空导弹系统针对超低空目标的作战效能。

使用干扰站干扰敌超低空飞行器的机载雷达时,干扰站的位置平行于防空导弹系统的展开部署线,并在敌空袭武器进入防空导弹系统杀伤区域之前和整个防空导弹系统杀伤区域内提供连续的雷达压制能力。

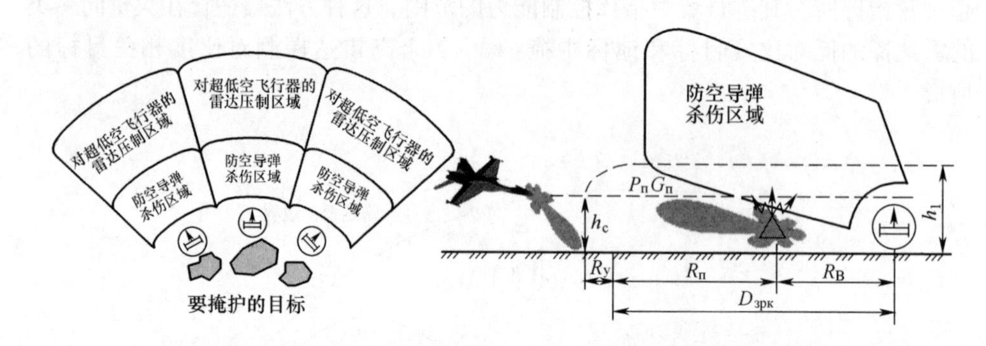

图 4-16 对超低空飞行器机载雷达进行压制时的干扰装备使用方法示意图

使用这种压制方法,干扰站的位置相对于防空导弹系统的位置(图 4-16)朝着敌方空袭的主要方向向前移动,移动量为

$$R_в = D_{зрк} + R_y - R_п \tag{4-16}$$

式中:$D_{зрк}$ 为超低空飞行器以安全飞行高度 h_1 飞行时,在对机载雷达进行压制的情况下,防空导弹杀伤范围的边界距离;$R_п$ 为对超低空飞行器机载雷达的压制距离;R_y 为无线电压制提前量,由对超低空飞行器机载雷起作用的干扰确定,与空袭超低空飞行器的机动能力有关。

为此,要确定干扰站的位置需要进行的计算如下:

第一步,确定对机载雷达的压制距离 $R_п$:

$$R_П = 2r_{обн}^2 \sqrt{\frac{P_п G_п F(\varepsilon_П, \beta_П)\pi \Delta f_{рлс} \lambda^2 \gamma}{P_0 G_{РПру} \overline{\sigma}_ф \Delta f_{СП} K_П K_{СЖ}}} \tag{4-17}$$

式中:$\overline{\sigma}_ф$ 为落在机载雷达分辨率单元区域内的背景的有效反射面积。

第二步,计算直视视距:

$$D_{\text{Пр. ВИД}} = 4120(\sqrt{l_{\text{сп}}} + \sqrt{h_{\text{с}}}) \tag{4-18}$$

式中：$l_{\text{сп}}$为无线电干扰站天线举升的高度；$h_{\text{с}}$为超低空飞行的空袭武器的高度。

第三步，比较 $R_{\text{п}}$ 和 $D_{\text{пр. вид}}$ 并确定：

$$R_{\text{п}} = \begin{cases} D_{\text{пр. ВИД}} & R_{\text{п}} \geqslant D_{\text{пр. ВИД}} \\ R_{\text{п}} & R_{\text{п}} < D_{\text{пр. ВИД}} \end{cases} \tag{4-19}$$

第四步，确定 $R_{\text{в}}$，并选择干扰站的位置。

对空目标电子对抗的兵力兵器也可用来支持己方歼击机的作战行动，如图4-17所示，通过地面电子干扰的施加，可使己方歼击机战斗机不被敌方机载雷达发现，从而减少敌方使用“空对空”制导导弹的射程，可为己方战机创造突然撤离的条件，在这种方式下，干扰站的作用距离 R_{B} 由干扰站的能力来确定。具体确定方式如下：

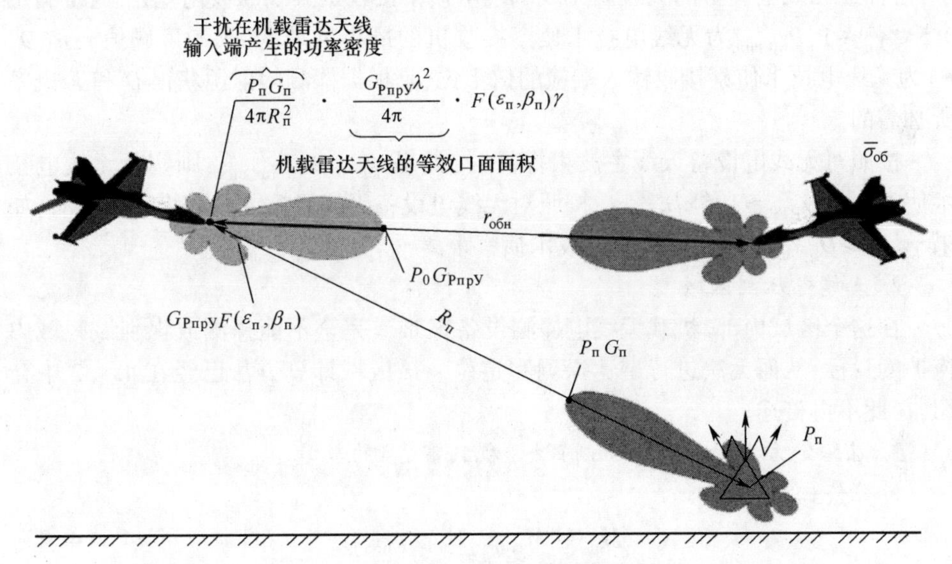

图 4-17　协同歼击机作战时对敌战机进行地面干扰的方法示意图

第一步，确定机载雷达的无线电干扰距离：

$$R_{\text{п}} = 2r_{\text{обн}}^2 \sqrt{\frac{P_{\text{п}} G_{\text{п}} F(\varepsilon_{\text{п}}, \beta_{\text{п}}) \pi \Delta f_{\text{рлс}} \lambda^2 \gamma}{P_0 G_{\text{РпрУ}} \overline{\sigma}_{\text{об}} \Delta f_{\text{сп}} K_{\text{п}} K_{\text{сж}}}} \tag{4-20}$$

式中：$\overline{\sigma}_{\text{об}}$ 为要掩护的歼击机的有效反射面积。

第二步，根据求解得到的 $R_{\text{п}}$，结合考虑己方歼击机进入战斗的作战边界，在 $R_{\text{п}}$ 范围内为干扰站选择阵地。

4.6 独立对空无线电电子对抗团的战斗力评估

4.6.1 个体战斗力指标

1. 无线电技术侦察的距离

无线电技术侦察的距离是指目标与侦察设备之间的最大距离。在此距离内通过探测目标的电磁辐射可确保给定的正确探测概率 D 和给定的虚假警报概率 F。

$$r_{\text{РТР}} = \sqrt{\frac{P_{\text{o}} G_{\text{o}} F(\varepsilon_{\text{p}}, \beta_{\text{p}}) G_{\text{РПру}} \lambda^2 \gamma_{\text{п}}}{(4\pi)^2 P_{\text{пр min}} q(D, F)}} \tag{4-21}$$

式中：$F(\varepsilon_{\text{p}}, \beta_{\text{p}})$ 为无线电设备的天线方向图在无线电技术侦察接收机方向上的衰减(方向)因子；$G_{\text{РПру}}$ 为无线电技术侦察接收机的天线增益系数；$\gamma_{\text{п}}$ 为极化失配因子，是描述无线电设备的天线同无线电技术侦察接收机天线的极化差异，通常满足 $0.5 \leqslant \gamma_{\text{п}} \leqslant 1$；$P_{\text{пр min}}$ 为无线电技术侦察接收机的最小灵敏度(灵敏度阈值)；$q(D, F)$ 为无线电技术侦察接收输入端检的信干比，是根据探测辐射源获得 D 和 F 概率所必需的。

按照对无线电设备天线主波束探测时，如果 $\gamma_{\text{РТР}} \gg D_{\text{пр. вид}}$，则实际无线电技术侦察距离 $\gamma_{\text{РТР}} \approx 1.5 \times D_{\text{пр. вид}}$；按照对无线电设备天线副瓣或本底噪声探测时，如果 $\gamma_{\text{РТР}} \gg D_{\text{пр. вид}}$，则实际无线电技术侦察距离 $\gamma_{\text{РТР}} \approx D_{\text{пр. вид}}$。

2. 无线电压制区域

在这个区域内部，机载无线电探测设备很难或完全不能探测或识别该区域内掩护的目标，从而无法进行雷达探测和定位。该区域计算方法已经在 4.4.2 中介绍，在此不再赘述。

3. 在给定方向上能同时压制目标(机载雷达)的数量

计算公式为

$$M_{\text{ц}\, j} = M_{\text{сп}\, j} A_j C_{\text{под}\, j} p_{\text{под}\, j} \tag{4-22}$$

式中：$M_{\text{сп}\, j}$ 为第 j 型干扰站的数量；A_j 为在给定方向上同时使用第 j 型干扰站的系数，$A_j = 1/(1, \cdots, M_{\text{СП}})$；$C_{\text{под}\, j}$ 为使用第 j 型干扰站可同时压制机载雷达的数量；$p_{\text{под}\, j}$ 为第 j 型干扰站对机载雷达实施无线电电子压制的概率，其计算公式为

$$p_{\text{под}\, j} = p_{\text{БРЛС}} p_{\text{св}\, j} p_{\text{б. рСП}\, j} K_{\text{упр}} p_{\text{СП}\, j} \tag{4-23}$$

式中：$p_{\text{св}\, j}$ 为具备可使用的第 j 型干扰站的概率；$p_{\text{б. рСП}\, j}$ 为第 j 型干扰站无故障运行的概率；$K_{\text{упр}}$ 为对干扰站的指挥系数；$p_{\text{СП}\, j}$ 为在压制机载雷达的各型干扰站中，使用第 j 型干扰站的优先权重。$p_{\text{БРЛС}}$ 为敌使用机载雷达的概率，其计算公式为

$$p_{\text{БРЛС}} = p_{\text{c}} \frac{M_{\text{н. д}}}{M_{\Sigma \text{д}}} + p_{\text{т}} \frac{M_{\text{н. н}}}{M_{\Sigma \text{н}}} \tag{4-24}$$

式中：$p_с$，$p_т$ 为昼夜中，敌飞机在白天和夜间的飞行概率；$M_{н.д и}$，$M_{н.н}$ 为在计算研究周期内，条件不利于飞行的白天和夜晚的数量；$M_{σд}$，$M_{Σн}$ 为在计算研究周期内，总的白天和夜晚的数量。

$p_{свj}$的计算公式为

$$p_{св\,j} = \begin{cases} 1 & L_{СП\,j} \geqslant M_{СВН} \\ \dfrac{L_{СП\,j}}{M_{ц\,j}} & L_{СП\,j} < M_{СВН} \end{cases} \tag{4-25}$$

式中：$L_{СП\,j}$为掩护目标的第 j 型干扰站的数量；$M_{СВН}$为参加对被掩护目标空袭兵器的数量。

对于自动化指挥控制系统，$K_{упр} = 0.95$；对于非自动化指挥控制系统，$K_{упр} = 0.75$；

对于单个目标，$p_{СП\,j} = 0.9$；对于集群目标，$p_{СП\,j} = 0.7$。

4. 为掩护指定目标所需的干扰站数量

计算公式为

$$N_{СП} = \sum_{j=1}^{n} mM_{СП\,j} \tag{4-26}$$

式中：m 为需要掩护的阵地（扇区）数量；$M_{СП\,j}$为掩护当前阵地（扇区）中所需第 j 型干扰站数量，其计算公式为

$$M_{СП\,j} = \frac{J_н}{C_{под\,j} p_{под\,j}} \left(\frac{D_{пmax} - D_{пmin}}{V_ц} + t_{пер\,j} \right) \tag{4-27}$$

式中：$J_н$为预估的空袭兵器的飞行密度；$t_{пер\,j}$为第 j 型干扰站重新定位和瞄准的时间。

4.6.2 总体战斗力指标

独立对空无线电电子对抗团作战效率评估的总体指标包括：掩护目标生存概率的提升度，对被成功保护目标的数量和被常规破坏的目标数量的数学期望，对敌超低空突防成功概率的降低，对摧毁敌目标数量和己方被保护歼击机数量的提升度。

1. 在对敌目标实施打击时实现对掩护目标生存概率的增加量

$$\Delta p = p_{об.п} - p_{об.о} \tag{4-28}$$

式中：$p_{об.п}$，$p_{об.о}$为在对敌机载雷达、无线电导航辅助设备进行干扰和不干扰的两种情况下，被掩护目标的生存概率。$p_{об}$的计算公式为

$$p_{об} = \exp\left[-\frac{(R_{пор} + r_{об})^2}{(2\sigma^2)} \right] \tag{4-29}$$

式中：$R_{\text{пор}}$为给定弹药对目标的杀伤半径；$r_{\text{об}}$为目标半径；σ 为炸弹（导弹）打击时命中率的均方根误差。

2. 被成功保护的目标数量的数学期望值

计算公式为

$$M_{\text{сох}} = \sum_{i=1}^{m} (\Delta p_i)^n \tag{4-30}$$

式中：m 是被掩护目标的数量。

3. 被常规破坏的目标数量的数学期望

计算公式为

$$M_{\text{ц.у}} = \sum_{i=1}^{m} M_i \Delta p_i \tag{4-31}$$

式中：M_i为对己方第 i 个目标实施打击的敌机数量；Δp_i 为在对一个第目标（敌机）实施电子压制时保护己方第 i 个目标生存率的增加概率。

4. 对敌超低空突防成功概率的降低度

计算公式为

$$\Delta p_{\text{пр}} = p_{\text{пр.о}} - p_{\text{пр.п}} \tag{4-32}$$

式中：$p_{\text{пр.п}}$，$p_{\text{пр.о}}$为在对机载雷达实施电子压制和未实施电子压制两种情况下，其突破防空系统的概率。

其中，

$$p_{\text{пр}} = 1 - p_{\text{пор}} \tag{4-33}$$

式中：$P_{\text{пор}}$为摧毁目标的概率。

第 5 章　合成军战役中电子对抗的组织

5.1　合成战役中电子对抗的目的、任务和作战运用

5.1.1　合成战役中电子对抗的目的和任务

为了达到战役目的,将破坏敌方军队和武器的指挥控制、侦察和电子对抗的任务作为一项独立的战役任务。诸兵种合成军(兵团)(以下简称"合成军")在战役中的主要电子对抗的内容包括:搜集敌方电子情报,以便随后分析和评估;破坏敌方部队和武器的指挥控制、侦察和电子对抗;反敌技术侦察;实施电子防护,使己方的电子装(设)备和系统免遭敌方干扰以及相互干扰。

在整个战役中,电子干扰和压制行动予以配合。实现对敌方的指挥所、指挥控制系统以及侦察和电子对抗系统的重要电子目标摧毁、合成军在战役中遂行这一任务的形式有两种,一是实施一系列的行动,以查明敌方的指挥控制、侦察和电子对抗系统,对其进行火力摧毁和电子压制;二是专门组织"电子-火力"突击。在搜集敌方指挥控制、侦察和电子对抗系统的情报时,合成军的所有侦察兵力兵器都应参加,包括各兵种和特种部队的侦察兵力兵器。在战役中,随着对敌方指挥控制、侦察和电子对抗系统的查明,根据军司令员的决心,对其实施系统的摧毁和电子压制。在实施重要战役任务时,如果完全掌握敌方的电子情况,根据战役战略军团司令员的决心,就可以准备和实施"电子-火力"突击。这种突击的目的是破坏敌方一个主要集团军的指挥控制。

因此,在合成战役中准备和使用电子对抗兵力兵器对敌方无线电电子装(设)备进行打击,是合成军密集火力打击的一个重要组成部分。在合成战役中,电子对抗的任务在于压制敌空袭兵器和地面部队进攻集群,降低其武器和无线电电子装(设)备的使用效率,保障己方部队和武器指挥控制系统工作的稳定性,这是通过发现敌方无线电指挥控制系统和无线电电子对抗装备,连续不断地采取行动对己方部队(设备)进行无线电电子防护实现的。

通常,电子对抗主力要保障合成军部队遂行以下作战任务:

(1) 抗击敌方空袭。

(2) 在对前沿防御带和每一道防线上,当敌方集群进行前出、展开和转入进攻

时将其击退。

(3) 守住关键区域、防线、阵地。

(4) 防止敌方突破到防御纵深。

(5) 摧毁敌方的突击、机动支队和突袭集群,摧毁其后备部队。

(6) 恢复最重要战线的局势;进行突袭和特别行动。

(7) 打击敌侦察破坏小组和非法武装团体。

电子对抗兵力兵器的作战运用方式是干扰和破坏敌方无线电电子设施,对己方部队和武器指挥控制系统进行无线电电子防护。这取决于预定任务的规模、完成期限、现有人员配备,以及电子对抗部(分)队的武器与专用技术装备的保障。电子对抗兵力兵器的作战运用根据敌方电子战设备的作用规模和时间可以分为大规模密集性方式和选择性方式:

(1) 大规模密集性方式是使用全部或大部分可用的部(分)队和电子对抗装备,在整个军的责任地带同时地对敌方重要无线电电子设施进行无线电电子压制,在部队遂行作战任务过程中破坏敌方的指挥。大规模密集性方式通常要将足够数量的部(分)队和电子对抗装备结合使用,对敌方重要的无线电电子设施进行综合火力摧毁。

(2) 选择性方式是在选定的区域以及在一定的时间间隔内连续执行无线电电子对抗任务,以支撑己方部队在遂行独立作战任务过程中破坏敌方的指挥。选择性方式旨在消除在敌方部队集群的独立无线电电子设施的使用效能。此方式适合在可用部(分)队和电子对抗装备数量有限,或者有相当数量的电子对抗装备运用与作战意图不符时使用。

5.1.2 合成战役中电子对抗的作战运用

1. 防御战役中电子对抗的作战运用

在战役开始前,电子对抗部(分)队与通信和电子侦察部(分)队一起在阵地展开,以监视敌方的通信系统,查明新的指挥控制单元、新出现的侦察和电子对抗设备。

随着敌方空中突击行动的开始,己方部队开始反击来自空、天的攻击,电子对抗部(分)队的主要兵力用于压制敌方的空中通信。这时,合成军的电子对抗营破坏敌方航空兵的指挥和引导通信,而第1梯队机械化步兵(坦克)旅的电子对抗连负责压制敌方陆军与空军的协同通信。在战役战术军的地带内可能部署有战役战略军团电子对抗旅(团)的一个对空电子对抗营,该营对敌方航空兵的空基雷达侦察和瞄准轰炸实施干扰,以掩护地面目标和部队。

当合成军在实施大规模的火力突击时,对已查明的敌方电子目标实施摧毁,并继续对敌方的指挥控制系统实施电子压制。这时,电子干扰的目标还应包括敌防空指挥控制系统和空情预警系统。战役战术军的电子对抗兵力兵器可用于实施战役战略军团组织的大规模火力突击中的"电子-火力"突击。在大规模火力突击中,可实施两批次"电子-火力"突击。第一批次"电子-火力"突击在大规模火力突击的开始实施,其目的是破坏敌防空系统的指挥控制,保障己方航空兵在突击中的行动。第二批次"电子-火力"突击在大规模火力突击结束时实施,以破坏敌方军队在主要突击方向的指挥控制,并阻止敌方陆军有组织地转入进攻。"电子-火力"突击包括发射1~2波导弹、2~3波火炮急袭射击和大规模使用电子对抗兵器。随后,在反攻战役、粉碎敌地面集团、空降兵的空降和登陆部队的登陆以及反登陆(空降)中,积极实施电子对抗。

2. 进攻战役中电子对抗的实施

当战役战术军位于集结地域、开进路线和进入交战地区时,战役战略军团的电子对抗旅(团)对其进行掩护,使其免遭敌方航空兵的空中雷达侦察和瞄准突击。合成军电子对抗部(分)队预先在进攻地带展开,对敌方的指挥控制系统实施侦察。

随着火力摧毁的开始,电子对抗部(分)队压制敌方陆军的主要指挥控制网,并把主要兵力集中到我军的主要突击方向上。这时,合成军的电子对抗营负责压制敌方战役战术军到第1梯队兵团的指挥控制通信,以及与航空兵的协同通信。第1梯队机械化步兵(坦克)旅的电子对抗连集中对当面敌兵团的通信实施压制。

合成军在实施大规模火力突击时,其电子对抗兵力兵器也可参加"电子-火力"突击;在完全掌握敌方电子情况后,为了遂行进攻战役中的重要任务,合成军根据司令员的决心,独立准备和实施"电子-火力"突击。在进攻战役中,为了夺取火力优势和制空权,以及当地面部队开始进攻、第二梯队进入交战、攻占敌方重要防御区域时,要更加积极地实施电子对抗。

5.1.3 陆军航空兵中电子对抗兵力兵器组成

为了实施无线电电子对抗,在合成军编有电子对抗兵力兵器。通常,机械化步兵旅和坦克旅编有电子对抗连,战役战术军编有独立电子对抗营,在战区或战略战役军团编有独立电子对抗旅。其主要组成、装备和作战运用已在第3、4章中说明,在此不再赘述。

目前,合成军战役具有空地一体的性质。因此,研究航空兵军团和陆军航空兵在合成军战役中的应用问题是非常重要和迫切的。为了对地面和机载雷达以及机载超短波通信实施电子压制,陆军航空兵编有电子对抗部(分)队,通常为电子对抗营。在合成军的航空兵中编有电子对抗直升机大队。此外,在作战飞机上配备有源干扰设备以及无源干扰和红外诱饵弹。

航空兵军团的独立电子对抗营的任务是对敌方航空兵的机载侦察、武器控制和超短波通信实施电子压制,以掩护本军团的重要目标免遭敌方空中雷达侦察和瞄准轰炸。该营通常编有2个对空超短波通信干扰连、1个对空雷达干扰连、1个通信连和1个保障和维护分队。该营装备12个对空雷达干扰站、24个对空超短波通信干扰站。该营能够对正面宽度80~120km地带(通常为俄航空兵作战地带)内敌方96条机载超短波通信线路实施电子压制,并掩护本军团的2个大型目标(类似机场)免遭敌方航空兵的雷达侦察和瞄准轰炸。为了实施通信和电子侦察,该营在作战时展开战斗队形如图5-1所示。营战斗队形包括指挥所、对空超短波通信干扰连战斗队形、对空雷达干扰连战斗队形。对空超短波通信干扰连的阵地距前沿10~15km,对空雷达干扰连的阵地位于被保护目标附近,并考虑干扰机集中控制的要求。

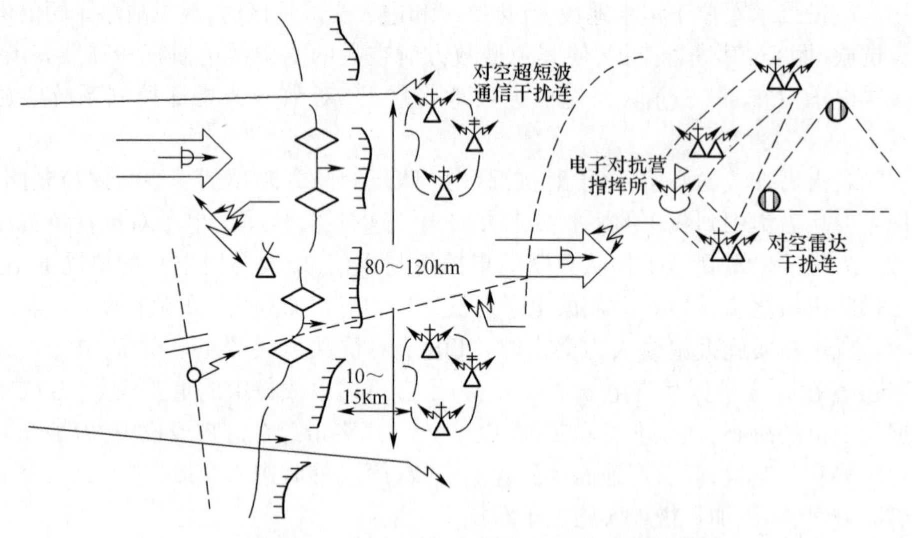

图5-1　航空兵电子对抗营的战斗部署

独立电子对抗直升机大队的任务是对敌方的地面探测雷达、引导雷达、目标指示雷达、空中目标跟踪雷达以及机载雷达和导弹导引头实施电子压制。该大队编有4个直升机中队。该大队装备8个对地面和机载探测雷达、引导雷达和目标指示雷达的干扰站,8个对地面和机载探测雷达、引导雷达和空中目标跟踪雷达以及导弹导引头的干扰站。该大队能够同时压制正面宽度80~120km、纵深80~100km内的敌方所有地面和机载探测雷达、引导雷达、目标指示雷达、空中目标跟踪雷达以及导弹导引头,掩护80~120km(或在两个方向上分别宽40~60km)、纵深80~100km地带内飞行的己方飞机和导弹。

如图5-2所示,在实施作战任务时,该大队可在距前沿10~20km、高500~5500m的4个巡逻区活动,巡逻区正面为20~25km,巡逻区之间的距离为25~

30km。其中,米-8CMB 电子对抗直升机部署于距离前沿 20～30km 的位置,其干扰频段在 3cm 波段,主要干扰制导雷达,尤其是干扰美军和北约普遍使用的“霍克”对空导弹的制导雷达。米-8ΠΠA 电子对抗直升机部署在距离前沿 30～40km 的位置,其干扰频段为米波段和分米波段,主要对导弹发射阵地的目指雷达进行干扰。

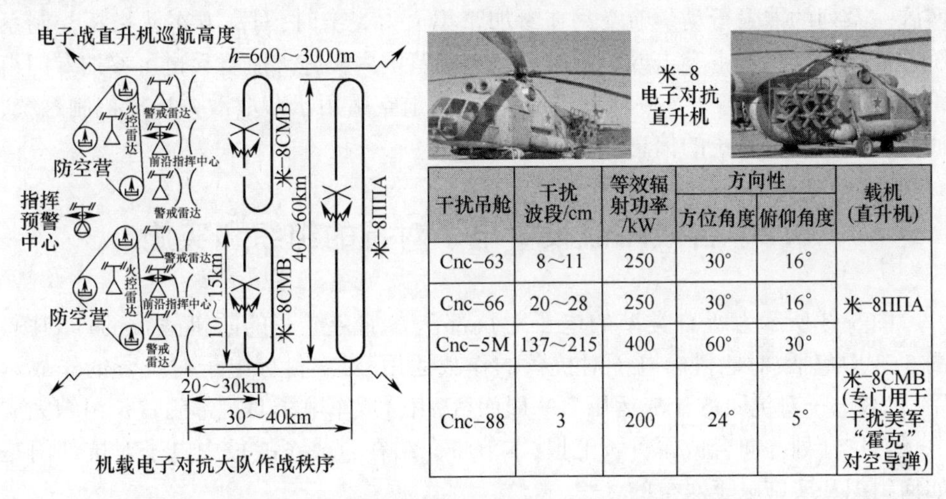

干扰吊舱	干扰波段/cm	等效辐射功率/kW	方向性		载机(直升机)
			方位角度	俯仰角度	
Cnc-63	8～11	250	30°	16°	米-8ΠΠA
Cnc-66	20～28	250	30°	16°	
Cnc-5M	137～215	400	60°	30°	
Cnc-88	3	200	24°	5°	米-8CMB(专门用于干扰美军“霍克”对空导弹)

图 5-2　直升机电子对抗部队的典型装备作战部署

航空兵在合成军战役中遂行任务的效果取决于多种因素,其中包括:压制敌防空兵器的效果,航空兵指挥控制的稳定性和连续性,机场完好程度等。要为航空兵创造良好的作战条件,在很大程度上取决于电子对抗的效果。通常,在航空兵遂行战斗任务时,电子对抗的主要任务是:破坏敌防空系统的指挥控制,掩护主要机场免遭敌方空中雷达侦察和瞄准突击,保护己方的电子系统免遭敌方的干扰及无意干扰。破坏敌防空系统的指挥控制,是为了提高己方航空兵作战的稳定性和突击效果。在遂行这一任务时,通常吸收电子对抗直升机大队和合成军的电子对抗部(分)队参加。电子对抗直升机预先进入巡逻区,在己方航空兵飞抵可能被敌防空雷达发现的空域之前,开始施放有源干扰。合成军的电子对抗部队在己方航空兵升空时就开始压制敌方的空情预警网和防空指挥控制系统。航空兵军团独立电子对抗营所属对空超短波干扰连负责破坏敌方航空兵的指挥控制系统。如果所攻击目标的距离大于 80km,那么,就由突击飞机的机载干扰设备对敌防空雷达实施干扰。在使用有源/无源干扰时,可同时使用反辐射导弹。参加首次突击的飞机应携带反辐射导弹,在大批飞机到来之前,预先发起攻击。掩护重要机场的任务,由航空兵军团独立电子对抗营所属对空干扰连负责。此外,诸兵种合成战役战略军团的对空独立电子对抗旅(团)也应承担这一任务。在任何情况下,电子对抗分队在遂行这一任务时，都应与防空部队协同。在诸兵种合成战役(战役战术)军团防御(进攻)地带实施作战行动的航空兵，既要遂行本军团司令员的任务，也要遂行上一级军团司令员的任务(包括摧毁敌方的军队和武器指挥控制系统)。根据合成军司令员的战役决心，航空兵的任务是破坏敌方的军队和武器指挥控制系统、侦察与电子对抗系统。在遂行这一任务时，航空兵对敌方的军队和武器指挥控制系统实施一系列的摧毁行动。航空兵在参加密集火力突击时，对敌方军队指挥控制系统的摧毁在密集航空突击或集团航空突击的范围内实施。航空兵也可参加专门组织的“电子-火力”打击。在实施空中侦察时，航空兵用于获取敌方指挥控制系统、侦察和电子对抗系统的信息。

5.2 合成军战役中电子对抗的组织和实施

图5-3所示为所有类型的电子对抗部队参加合成军的防御战役的计划图。图5-3中包括：对地目标电子对抗营的作战运用，对空目标电子对抗营的作战运用，机载电子对抗团的作战运用。一般而言，由合成军电子对抗部门首长组织完成电子对抗计划并向合成军首长汇报，本节将介绍在合成军战役中电子对抗部门是如何组织和实施电子对抗的。

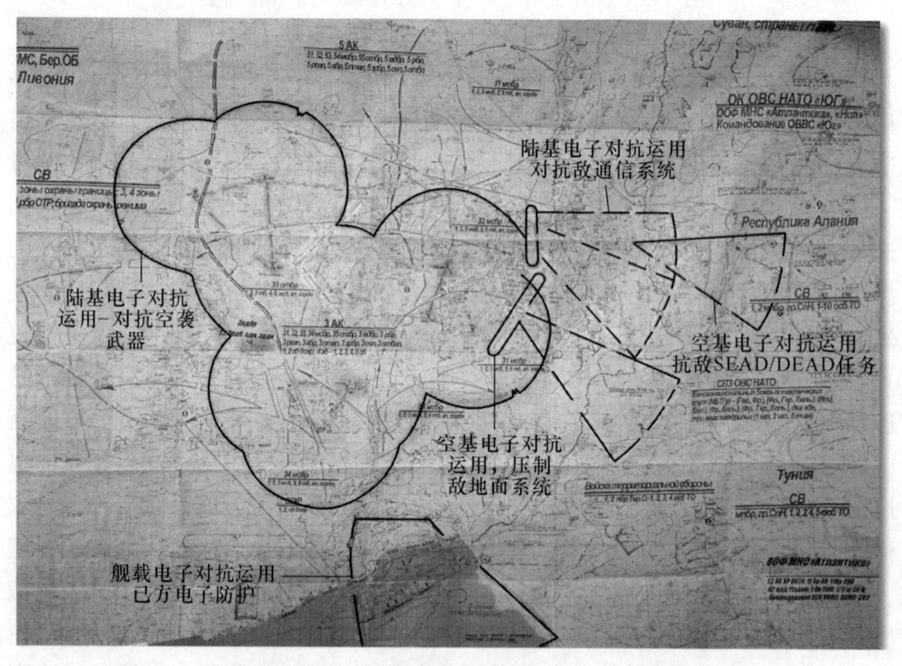

图5-3 电子对抗部队保障合成军防御战役计划图(250km×200km)

5.2.1 合成军电子对抗部门的组成及其主要任务和职责

合成军电子对抗部门组成人员包括:合成军电子对抗部门首长1名,负责电子对抗筹划以及与各兵种部队、特种部队协同的高级参谋2名,负责组织反技术侦察以及与战役战略军团机械化部队和电子对抗部队联络的高级参谋1名,负责协调无线电电子防护以及与机械化旅联络的参谋1名;电子对抗指挥部主任1名。

1. 合成军电子对抗部门主要任务

(1) 保障电子对抗部队常备战斗力并在战役中指挥电子对抗部队。

(2) 对敌部队和武器指挥控制系统及侦察和电子战兵力兵器的情报进行分析和评估。

(3) 确定敌最重要的指挥所、无线电电子设施和薄弱环节,评估敌进行无线电侦察和电子战的能力。

(4) 与导弹部队、陆军部队、合成部队各部门领导共同提出在战役中组织电子对抗的建议。

(5) 制定电子对抗计划。

(6) 参与制定火力毁伤、战役伪装、信息安全保障计划。

(7) 协调司令部和兵种部队、特种部队以及联合指挥部各局、处、业务部门之间的无线电电子防护问题。

(8) 制定电子对抗命令并下述至所属部队。

(9) 保持电子对抗部队与各兵种部队、特种部队之间的协同。

(10) 对电子对抗部队执行电子对抗任务情况实施检查监督。

(11) 组织反敌技术侦察。

(12) 研究有关组织和实施电子对抗的经验并传达至各参谋部和部队。

2. 合成军电子对抗部门首长和参谋人员的职责

(1) 电子对抗部门首长,直接组织电子对抗,为完成既定任务和使用所属兵力定下决心,制定电子对抗计划并组织实施。他应当始终掌握并评估无线电电子态势,确定敌最重要的指挥所和无线电电子设施;将对敌无线电侦察和电子战兵力兵器判断结论通报给导弹部队和陆军部队领导;与导弹部队、陆军部队领导共同研究并提出在战役中组织电子对抗的建议;制定电子对抗计划;协调司令部、导弹部队和陆军部队相关部门之间的无线电电子防护问题;参与制定火力毁伤、战役伪装、信息保障计划和密集火力打击的计划;确保所属电子对抗部队的战备能力,指导其进行作战训练并在战役中对其实施指挥;制定电子对抗命令并传达至各下属部队;组织和保持电子对抗部队同各兵种部队和特种部队之间的协同;指挥电子对抗部队完成既定任务并对完成情况进行检查监督;协调无线电电子防护措施;研究有关组织和实施电子对抗的经验并传达至各参谋部和各部队。

(2) 负责电子对抗筹划以及与各兵种部队和特种部队协同的高级参谋的职责主要有:参与评估无线电电子态势,确定敌无线电电子设施的暴露程度,发现敌最重要的指挥控制系统等信息;监督电子对抗部队的状况、战斗力和战备水平;参与拟定火力打击和占领敌最重要指挥控制系统目标的方案;制定电子对抗部队预先号令和战斗号令;同合成军参谋部作战处处长协调电子对抗部队的行动,协调责任阵地、地域、机动转移路线;参与制定电子对抗工作表;进行为电子对抗部队战斗所需的战役战术侦察行动;根据破坏敌指挥控制体系的任务研究兵力兵器资源分配标准;准备执行电子对抗任务计划的地图、工作表及命令模板。

(3) 负责组织反技术侦察以及与战役战略军团机械化部队和电子对抗部队联络的高级参谋的职责主要有:同通信部门协调同电子对抗部(分)队通信的信道,以及使用无线电和无线电中继设备的章程;同监察机构协调作战指挥和电子对抗部队文件;参与制定电子对抗计划;制定反敌技术侦察和综合技术检查计划;汇报并解释说明战役伪装及信息保障计划;对合成军和其他部队完成无线电电子防护情况进行监督;制定并向电子对抗部队传达号令;制定兵力兵器分配标准;执行对战役伪装、无线电电子防护和综合技术检查监督。

(4) 负责协调无线电电子防护以及与机械化旅联络的参谋的主要职责有:对无线电电子态势变化进行监测并将其反映到作战地图中;参与制定同各兵种部队实施协同措施;参与制定电子对抗工作时间表;对部队遵循电磁兼容性的情况进行检查和监督;参与制定解释说明和备注材料;参与制定以实现破坏敌指挥、侦察和电子战系统的电子对抗兵力兵器资源分配标准;制定部队集群的电磁兼容性标准和进行无线电电子防护的一般性方案。

(5) 电子对抗指挥部主任的主要职责是:制作电子对抗部门首长工作地图;评估无线电电子态势,分配无线电电子压制兵力兵器的使用,布置反敌技术侦察手段,对己方部队指挥装备进行无线电电子防护相关的战役战术考虑和计算;向下属电子对抗部(分)队传达协同信号和指挥信号;制定号令发送日志;制定保障指挥所防御的示意图。

5.2.2 在合成军战役中电子对抗的组织实施

在合成军战役中,电子对抗的组织实施包括:明确电子对抗任务;评估无线电电子态势;准备有关在战役中组织电子对的建议并拟定进行电子对抗的意图;定下决心和给部队下达关于电子对抗任务的命令;制定电子对抗计划;组织电子对抗协同和电子对抗兵力兵器指挥;电子对抗部队做好遂行作战任务准备及展开;全方位保障电子对抗部队行动。

1. 明确电子对抗任务

合成军各级指挥官、参谋长、电子对抗部指挥官应充分了解所受领的电子对抗任务，常规部队、特种部队的指挥官要充分了解涉及自己部队的电子对抗任务。在明确电子战任务时，应理解：上级指挥官实施电子对抗的意图，以及电子对抗在合成军完成当前任务中的地位与作用；在战役中进行电子战的目的；在战役准备和实施过程中，电子对抗兵力主力集结方向；合成军及友邻部队的电子对抗任务；与其他军兵种部队协同组织的流程、方法；完成实施电子战准备的时限。

为明确电子对抗任务，合成军电子对抗部门相关人员的职责如下：

(1) 合成军电子对抗部门首长要研究上级参谋部电子战命令，出席军长召开的战役讨论会，明确各电子对抗单位和指挥员责任。

(2) 负责电子对抗筹划以及与各兵种部队、特种部队协同的高级参谋要明确合线军责任地带内敌部队和武器指挥控制系统的情报，明确敌最重要指挥所以及无线电电子态势的构成及特点；明确其他兵种和特种部队为粉碎敌方指挥所对其进行火力打击并将其摧毁或占领的能力。

(3) 负责组织反敌技术侦察以及与战役战略军团机械化部队和电子对抗部队联络的高级参谋要明确：在己方各机械化旅的行动路线上的敌方指挥控制系统部署情况；以及整个军团责任地带内敌方雷达系统、无线电侦察系统和通信信道的情况；明确军所属电子对抗部队的组成，状况和能力；让军所属电子对抗部队指挥员(电子对抗营长)了解并明确即将发生的对敌战斗行动。

(4) 负责协调无线电电子防护以及与机械化旅联络的参谋要明确：各机械化旅的行动路线上敌指挥控制系统的部署和特点等情况，敌电子战部队的组成、兵力兵器集群及其战斗力，己方军(兵团)最重要指挥控制系统和雷达的电磁兼容性。

在合成战役中，电子对抗的主力部队应始终集中于保障合成军遂行战役任务，为达成实施电子对抗的战役效果，需要做好以下工作：

(1) 电子对抗的目标，所要解决的任务应符合作战意图和敌方行动的特征。

(2) 作战中实施电子对抗任务的兵力兵器应进行全面战备。

(3) 向指挥机构和电子对抗部队提供及时、全面的无线电电子态势数据或信息。

(4) 在各作战方向和作战任务上对电子对抗兵力兵器进行合理部署。

(5) 使用多种方法和手段完成电子对抗任务。

(6) 电子对抗行动和措施应与各兵种部队、特种部队、己方无线电电子防护部队进行协调。

(7) 电子对抗兵力兵器应根据可预测的战役战术情况变化以及无线电电子态势变化进行及时机动(重新部署)。

(8) 电子对抗部队与无线电技术侦察部队进行深入的情报交流。

(9) 对电子对抗部队应能够进行连续指挥和可靠保护，为电子对抗部队提供全面保障，具备及时恢复电子对抗部队作战的能力。

军电子对抗部门首长关于明确受领任务的报告(示例模板)

(军长)同志！以下由电子对抗指挥官________上校汇报情况：

作战时间为11月15日10时整。第3军下辖第31、32、33、34摩步旅，第35坦克旅，第3加农炮兵旅、第3重榴弹炮兵旅、第31工兵旅第4营、第33独立喷火营、战役配属第10和11高射炮兵群，军直属部队，民兵和国土防御部队同敌陆军部队集团在155标记点(1684)、237标记点(6460)、胡德(9256)、沙尔卡(7624)组成的责任地带进行防御作战，作战目的为击退敌军入侵，对敌进行毁伤，阻止敌向我国内部领土纵深前进，使敌入侵失利。

防御作战的主要力量集中在尤利库姆(3204)、阿伯根(2008)和战术防御地区方向：

目标方向1：佐尔帕克市(1268)和图尔基贝市(5264)和379标记地(4012)；

目标方向2：美雅达(3208)、卡拉巴(7244)和库鲁贝(6416)。

当敌方在战术保障地域实施行动时，对敌军前线支队和前卫部队进行打击。通过实施伏击和侦察战斗行动以及实施破坏行动迫使敌方朝不利于进攻的方向行进。当敌方到达军防御前沿时，继续由民兵和国土防卫分队在敌后方进行侦察、作战和游击行动。始终坚守旅责任区域的阵地，结合小型的反冲击行动以击退敌军主力进攻，集中主要兵力来坚守主要防御地带。

主要防御地带包括：155标记点(1684)、卡拉布拉克(4032)、78标记点(5240)；卡拉巴(7244)、托比尔(8844)、扎尔帕克市(1268)；153标记点(2472)、195标记点(3264)、237标记点(6460)、图尔基贝市(5264)。在该地带共有3个阵地。第二防御地带已根据你的决心确定。

军防御地域：布鲁曼(9248)、卡拉库(7844)、150标记点(6436)、莫卡布拉克高地(5632)、萨克拉玛(4440)、阿克莫拉(2840)、萨达拉(1636)、塔什基丘(0436)、库斯穆里克(8816)和基比尔(8496)。沿国境线创建一条纵深在50km内的战术保障地带，并配备3~4个阵地。在居民点埃基佐德(6452)、托博(8844)、阿伯根(2008)、索尔帕克(4840)、扎克西科尔市(6468)和别萨乌尔(7264)构筑环形防御工事。

电子对抗部队已完成充分战斗准备，在常驻地完成作战协调，值班部队已进入战斗值班状态。第129独立电子对抗营的指挥所位于可可戈里地区(0808)，第129电子对抗营1连指挥所位于塔斯克杜克地区(0420)，2连指挥所位于扎曼士力地区(2032)，与进行值班的防空部队兵力兵器进行协作时对敌进行空中侦察，掩护我武装力量指挥所不被敌空中无线电侦察发现并对敌航空兵实施打击进行准备。第3对地目标电子对抗营指挥所位于卡拉萨尔(7644)，其下属第1连派出电子对抗机动小组部署至临时阵地,与电子侦察中心协同,对敌部署在国境线附近的指挥所和电子装(设)备进行电子侦察,并准备随时对其进行电子压制,连指挥所部署在 103 高地(4092)。第 3 对空目标电子对抗营指挥所位于汉莎肯(0452),与防空部队的雷达营进行协同,对空无线电进行侦察,准备对入侵飞机的侦察和火控系统进行电子压制。

我方武装力量电子对抗部队首长告知,舰载电子对抗部队配备了厘米波雷达站以及在 0.3~26MHz 和 100~156MHz 范围的干扰站,记录了美国海军 EA-18G“咆哮者”电子战飞机沿海岸飞行过程,美军使用无人机和 E-8C 联合星预警机,战斧巡航导弹、海军战术导弹系统、远程炮弹。美军航母的电子战中队能够干扰 30~10000MHz 范围的电子装(设)备。美军潜艇短波通信范围频段为 2~30MHz,超短波通信频段 225~400MHz,分别在 300n mile 和 25 n mile 范围内使用。

为了评估电磁环境,值班兵力开始对敌战术航空兵、无线电指挥枢纽、特种作战力量和非法武装的无线电通信进行电子侦察。在以下区域发现了短波无线电电子装(设)备的运行:埃基佐德(6452),第 22 高低地(6844),阿伯根(2008),阿克给日(7616)。根据其无线电通信的特点,无线电设备应属于敌方非法武装团体和侦察破坏小组。在集团军参谋长的指挥下,一个营已对这些无线电通信进行了电磁压制,配合特种部队进行了定点清除。

第 3 集团军战役行动的目的是击退“西方”的空中袭击和第____集团军的攻击,最大程度对其造成损失,保持战术防御区,为战役反击创造条件。

根据第 3 集团军军长的防御战役意图以及分配的电子对抗任务,在防御战役中电子对抗的主要目的是:在战役开始前,实施反敌技术侦察;在防御战役过程中,瘫痪突破到我军防御地带的敌军指挥体系,及在敌对我实施无线电压制和己方无线电设备可能存在相互干扰的情况下,确保对兵力兵器进行稳定指挥。由此,在即将进行的作战中,电子对抗主力将:

(1)随着敌特种作战部队、非法武装行动的开始,用于发现其无线电联络方式并准备进行无线电压制。

(2)在实施防御过程中,用于掩护我主力集结方向、战斗队形各要素和各指挥所的真实位置及防御前沿、防御地带范围。

(3)在参加空中行动过程中,用于破坏敌战术航空兵、导弹兵和炮兵的指挥引导系统。

(4)随着陆上兵力集群行动的开始,用于破坏敌主要攻击集群的指挥控制系统。

为达成预定作战目的,在各行动阶段电子对抗兵力的任务如下:

(1) 在抗击敌空袭期间:

要遵守反敌方技术侦察和电子装(设)备的无线电防护措施,并在考虑到自然掩护和地形防护要素的情况下进行,在无线电静默之前严格遵守合成军无线电电子系统工作使用规定,组织对敌方远程战场传感器(Remote Battlefield Sensor System,RemBaSS)使用的搜索雷达进行侦察和摧毁,对敌无线电和侦察分队进行火力打击和无线电电子对抗;同时,要注意组织隐蔽以应对敌空中和地面无线电电子侦察和光学侦察。

(2) 在防御战役过程期间:

在前沿防御地带打击前进、展开或转入进攻状态的敌军集团以及为争夺每个防御地区而实施作战行动阶段:要打击敌前出支队和前卫部队的火力设施,对敌无线电侦察和通信网以及前卫部队的指挥控制系统实施电子干扰,反敌技术侦察措施主要集中在使集团军主力和主要防线躲避敌雷达侦察。

在保持占领重要地区、地域和阵地阶段:要摧毁配置在敌指挥所、第1梯队的部(分)队指挥所、察打一体化装备和高精度武器系统上的无线电电子设施。反技术侦察应致力于隐蔽我方指挥所和无线电设备,免遭侦察打击装备和制导辐射武器(高精度武器)打击。

在阻断敌方向防御纵深突破阶段:要侦察发现敌第二梯队、预备队,并破坏其指挥控制系统工作。

(3) 在恢复重要方向的战场态势(转入反攻)期间:

在反攻区域对敌方第1梯队部(分)队指挥所、防空、电子战和前线航空兵部队的无线电设备进行电子压制。反敌技术侦察要致力于隐蔽伪装和诱骗手段(依靠虚假无线电网络),以误导敌方作战的方向。使用烟雾、气溶胶、热发烟装置和红外探照灯等设备致盲敌方的光电探测装备。运用吸热材料和常用的热辐射器进行伪装,降低装甲部队受敌方高精度武器打击的风险。

总之,军队在主力集结方向开展自我防卫,通过电子对抗措施破坏敌方指挥控制系统的程度将决定军防御战役的结果,电子对抗行动必须根据防御战役的目标进行规划和执行

2. 评估无线电电子态势

无线电电子态势是指一定时间内指定区域的部队和武器指挥控制系统电子防护、侦察和电子战行动的数据、状况、能力、特性的总称,是战术战役情况的组成部分。

无线电电子态势评估由军长、参谋长、电子对抗部门首长等根据合成军整个防区内的敌方部队的主要行动方向和任务进行评估,目的是弄清执行预定电子对抗

任务的客观条件，揭示这些对部队行动的正面和负面影响，并就电子对抗做出各方面的决定给出充足理由。

1）相关人员的任务

在无线电电子态势评估阶段，军电子对抗部门相关人员的任务如下：

（1）军电子对抗部门首长要评估：合成军责任区内的战役战术态势及无线电电子态势并得出态势评估结论，准备军长决心中有关在战役中组织和使用电子对抗部队的建议，并在预定时间向军长汇报该建议。

（2）负责电子对抗筹划以及与各兵种部队、特种部队协同的高级参谋要评估：合成军责任区内敌指挥控制系统的情报，分析敌最重要指挥所和无线电电子态势的组成及特点，分析己方导弹部队和陆军部队对其进行破坏和战役摧毁的能力，准备有关敌指挥所无线电电子态势以及对其进行摧毁的建议，并同导弹部队和陆军部队的参谋讨论，进行战役中对敌行动有效性的预先计算（准备初始数据）。

（3）负责组织反技术侦察以及与战役战略军团机械化部队和电子对抗部队联络的高级参谋要评估：旅行动地带中敌指挥所情报、合成军责任区内敌雷达系统、无线电侦察系统和通信信道的情报；分析军电子对抗部队的组成、状况和能力；准备军电子对抗部队的作战使用以及机械化旅电子对抗部队完成任务的建议。

（4）负责协调无线电电子防护以及与机械化旅联络的参谋要评估：旅行动地带中敌指挥所情报，评估军责任区内敌雷达系统、无线电侦察系统和通信信道的情报，评估军最重要目标的电磁兼容性情况，参与准备军电子对抗部队的作战使用、机械化旅电子对抗部队完成任务建议，提出摧毁（破坏）敌电子战部队兵力兵器和对其指挥控制系统进行无线电电子压制建议，准备雷达站使用的优先原则（频率分配）建议，提出在战役中导弹部队和陆军部队进行临时性和区域性的用频限制建议。

2）无线电电子态势评估内容

敌方部队和武器指挥控制系统的组成和状态，以及其能力和脆弱环节；己方合成军的电子对抗能力，电子对抗和无线电技术侦察兵力兵器集群的运用特点，以及进行打击、破坏和电磁压制的敌方主要目标；己方部队和武器电子指挥控制系统的状态，免遭敌方反辐射武器打击和抗干扰的能力；在己方部队集群中建立的电子装（设）备不产生相互干扰的工作条件；地形、季节以及影响电子装（设）备使用的电磁传播的气象条件。

3）对敌方评估的内容、目的和主要特征属性

在评估敌方指挥控制系统中的无线电设施和设备时，应深入分析敌方部队和武器指挥控制体系的组成与能力，确定敌方侦察和电子战的指挥控制系统在作战地带上的作用、位置和能力，明确敌最重要的指挥所、电子设施、通信线路、薄弱环节和要素、确定己方合成军使用兵力和设备对其打击和电磁压制的可能性及条件。

对敌方每一个指挥控制系统进行评估的目的在于:确定指挥所的位置、部署流程以及可能的运用特点,明确其对部队指挥、武器装备作战运用以及侦察和电子战的意义,确定系统中最重要的对象,查明其优缺点、薄弱环节和要素,明确对其进行毁伤和电磁干扰的能力和条件。

敌方部队和武器指挥控制系统中的易被攻破的薄弱环节是指只需要耗费最少的兵力兵器就可对其进行压制、破坏和毁伤的指挥中心和电子装(设)备,从而可确保长期稳定地破坏该系统。敌方位于合成军作战地带中属于敌部队和武器指挥控制系统、侦察和电子系统中最重要指挥所、通信链路、无线电电子压制目标等,对其火力打击破坏和电子干扰可以导致敌方部队和武器指挥控制系统瓦解,降低其进行侦察和电子战的能力,从而将己方遂行战斗任务的损失降至最低。这些指挥所和无线电电子压制目标是根据部队的具体任务、主力集结方向、敌方打击方向、敌方防空突破区、反击的方向和路线确定的,因此要评估这些属于敌方最重要的指挥控制系统的指挥所、无线电电子压制目标、通信线路以及它们在敌指挥控制系统的作用和地位。

需要确定的敌方容易遭受攻击的指挥所和无线电电子压制目标的主要特征属性有:在一定时间内发现其设备及要素,可确保用所需的精度的坐标对其进行打击的可能性;目标在地面上的位置、尺寸、占地面积、距前沿的距离等属性;防空和电子压制兵力的掩护设备;阵地上的各种工程设备。需要确定的敌方易受电子对抗兵力攻击的电子装(设)备和通信线路的主要特征属性有:敌电子装(设)备侦察和通信的能力;敌具有抗干扰性能的电子装(设)备的数量和类型;其采用的信息传输的方式。

4) 合成战役中对敌方的评估示例

在合成战役中,需要评估的敌方指挥控制体系有:地面部队指挥控制系统,空军及战术航空兵指挥控制系统,防空兵指挥控制系统导弹与炮兵部队指挥控制系统及其无线电枢纽部,侦察和电子战部队指挥控制系统。

(1) 地面部队指挥控制系统评估。

表 5-1 所示为在美军集团军一级指挥控制系统中应予以火力打击和电子压制的目标。

表 5-1 美军集团军的指挥控制系统中应予以火力打击和电子压制的目标

指挥所中无线电电子装(设)备的名称	数量	距前沿距离/km	占地面积/km^2	指挥所的通信链路数量(每个指挥所)		
				短波通信	超短波通信	无线电中继通信
集团军联合指挥所(军事行动指挥中心)	1	20~40	0.25~0.5			

续表

指挥所中无线电电子装(设)备的名称	数量	距前沿距离/km	占地面积/km^2	指挥所的通信链路数量(每个指挥所)		
				短波通信	超短波通信	无线电中继通信
集团军基本指挥所通信枢纽	1			8~10	6	10~12
集团军预备指挥所通信枢纽	1	20~40	0.25~0.5	4	3	3
师联合指挥所(军事行动指挥中心)	2~3	8~20	0.12~0.25			
机械化师基本指挥所通信枢纽	2~3	8~20	0.12~0.25	10~18 (5~6)	8~18 (4~6)	12~18 (6)
机械化师前沿指挥所通信枢纽	2~3	6~10	0.12~0.25	4~6 (2)	4~6 (2)	4~6 (2)
第1梯队的旅指挥所	4~6	5~7	0.08~0.1	8~12	16~24	
独立装甲骑兵团指挥所	1	5~10	0.05~0.1	3	2~3	3
总计	14~19			37~53	39~60	32~42

师基本指挥所用于指挥下属兵力兵器以完成预定任务,图5-4所示为美国陆军中师级基本指挥所的主要打击要素。其基本编成包括:军事行动指挥中心、通信枢纽、勤务部门和参谋部门。军事行动指挥中心包括作战侦察小组、炮兵指挥小组、战术航空兵指挥小组、空域管制小组等。1个军事行动指挥中心的人数大概为33~36人,使用10~15台车辆。其他部门和机构距离军事行动指挥中心占地约150m×200m,使用2~4台车辆。师基本指挥所的人员总数为250~300人,使用80~90台车辆。基本指挥所通常位于火炮打击范围之外,距离前沿的距离:在进攻时为8~12km;在防御时为15~20km。师基本指挥所每昼夜将转移2~3次。在满足探测精度的情况下,对师指挥所的有效侦察距离:无线电技术侦察距离为2000~3000m,照相侦察距离为50~150m,目视侦察距离为300~500m,武装侦察距离为200~300m。

(2)战术航空兵指挥控制系统评估。战术航空兵前沿指挥所旨在进行战术航空兵兵力兵器的指挥,并监视空中态势,通常是导弹和炮兵部队打击的独立目标。如图5-5所示,通常在师的作战地域部署1~2个前沿指挥所,阵地部署1个带有识别设备的雷达站,2~3个无线电站和1个发电站,人员总数为60人。前沿指挥

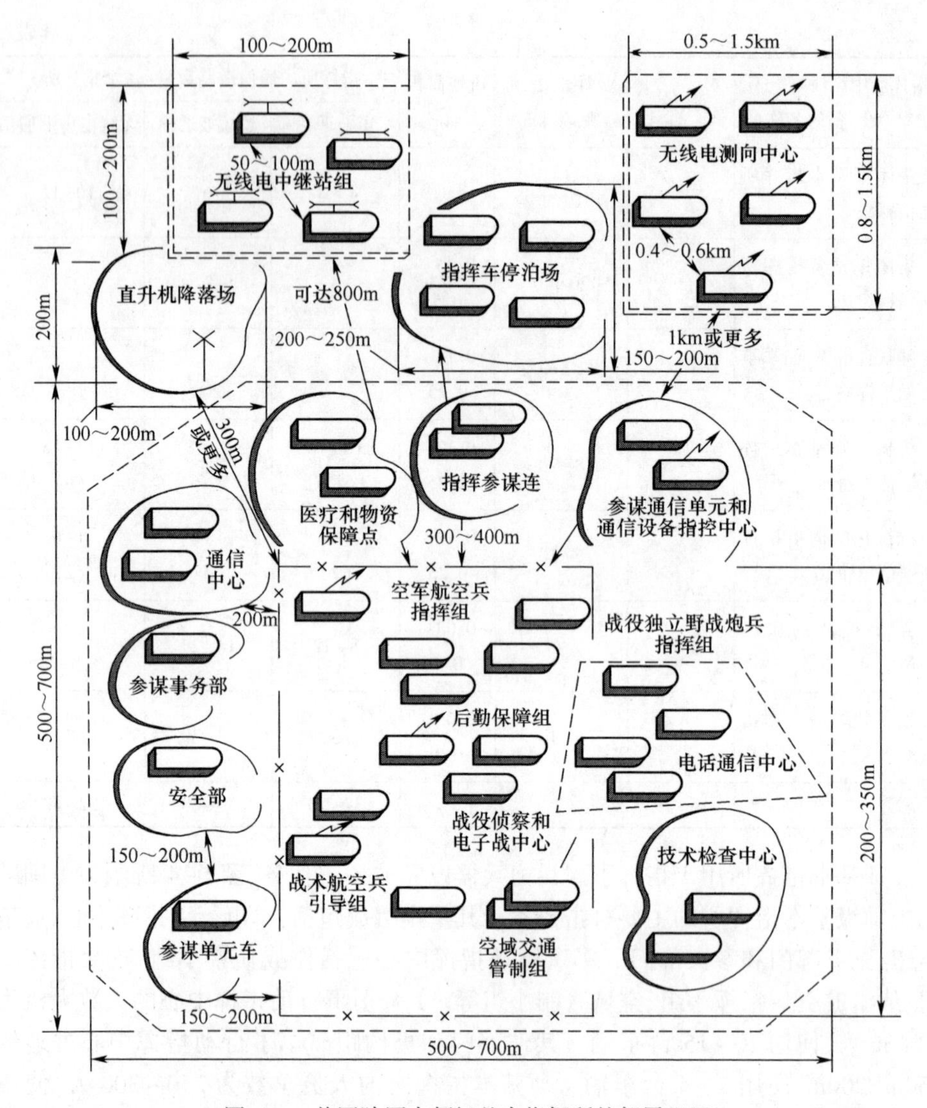

图 5-4　美国陆军中师级基本指挥所的部署配置

所距离前沿通常为 15~30km，部署展开时间为 30~45min，6~12h 进行一次值班交接。在满足探测精度的情况下，对战术航空兵前沿指挥所的有效侦察距离：无线电技术侦察距离为 300~500m，无线电主动侦察距离为 1000~1500m，空中照相侦察距离为 50~150m，使用电视设备的目视侦察距离为 200~300m，武装侦察距离为 200~300m。表 5-2 所示为战术航空兵前沿指挥所中应进行火力打击和电子压制的目标。

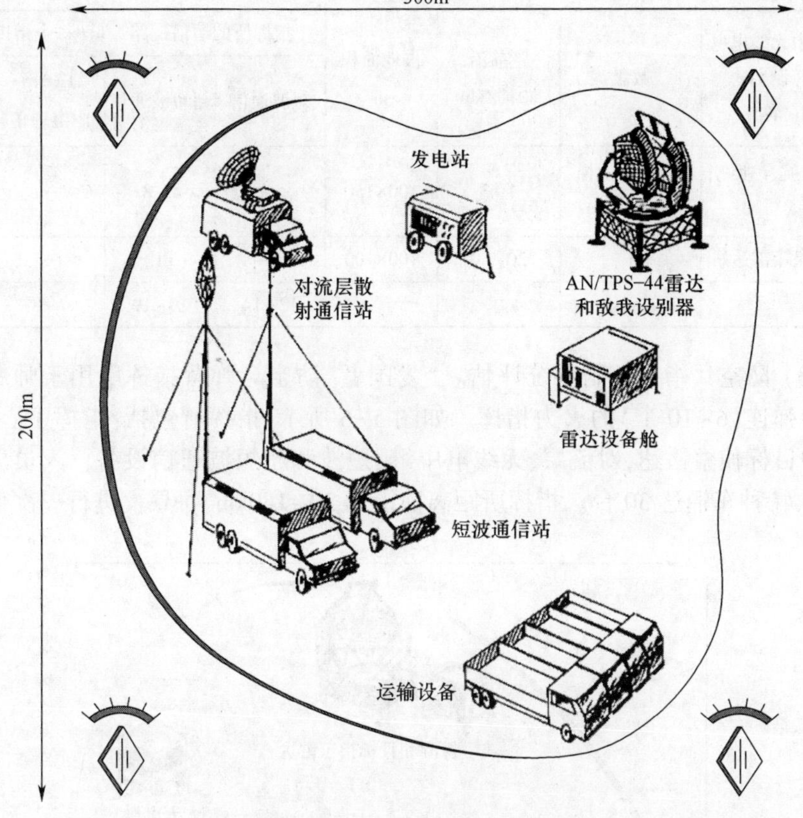

图 5-5　战术航空兵前沿指挥所的重要无线电电子装(设)备

表 5-2　战术航空兵指挥控制系统中应予以火力打击和电子压制的目标

指挥所中无线电电子装(设)备的名称	数量	距前沿距离/km	占地面积/m^2	指挥所的通信链路数量(每个指挥所)			
				短波通信	超短波通信	无线电中继通信	雷达站
战术航空兵指挥中心	1	80~150	300×500	8~10	1~2	5~6	—
指挥和预警中心	1	80~150	300×300	2	2	1	2~3
指挥和预警点	2	30~80	300×300	2	2	1	2~3
前沿指挥所	4	15~30	200×200	—	1~2	—	1
战术航空兵指挥组	根据第1梯队机械化师的数量	10~15	200×200	—	1~2	—	—

续表

指挥所中无线电电子装(设)备的名称	数量	距前沿距离/km	占地面积/m²	指挥所的通信链路数量(每个指挥所)			
				短波通信	超短波通信	无线电中继通信	雷达站
前线航空兵引导员	7~8(第1梯队每个师)	1~3	100×150	—	2~8	—	—
作战保障雷达站	1	20~30	100×100	—	1	—	1
总计	18~19			12~14	10~19	7~8	6~8

(3) 防空兵指挥控制系统评估。“爱国者”防空导弹营指挥所用于师属所有防空导弹连(6~10个)的火力指挥。如图5-6所示,指挥所包括:指挥中心,相控阵空中目标侦察雷达,对流层、无线电中继、短波和超短波通信设备。人员总数达200人,特种车辆达30台。指挥所距离前沿为30~140km,每昼夜进行一次值班更

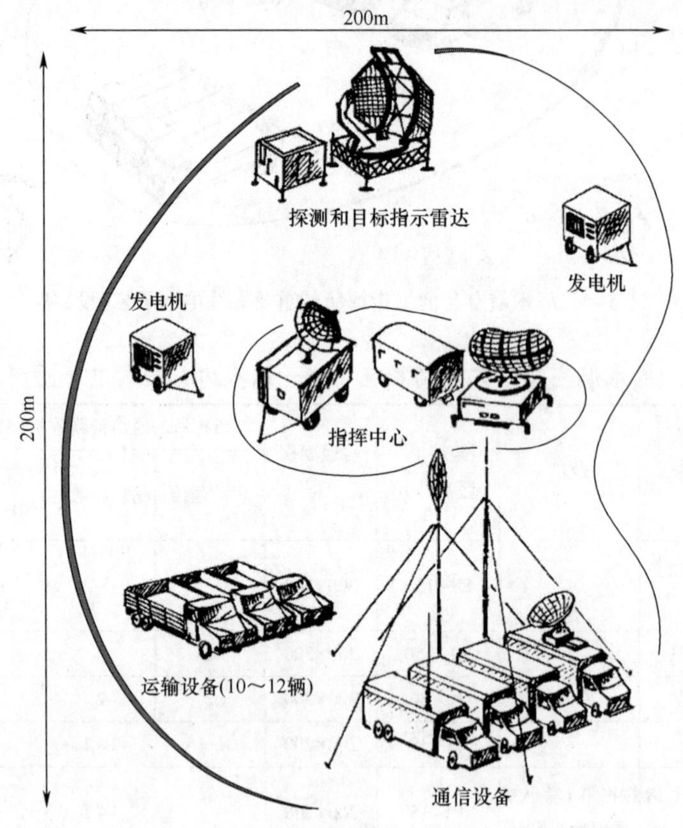

图5-6 “爱国者”防空导弹营指挥所的重要无线电电子装(设)备

替。在满足探测精度的情况下,对防空兵指挥所的有效侦察距离:无线电技术侦察距离为300~500m,无线电主动侦察距离为1800~2500m,空中照相侦察距离为50~150m,使用电视设备的目视侦察距离为200~300m,特种侦察距离为50~150m。表5-3所示为防空兵指挥控制系统中应进行火力打击和电子压制的目标。

表5-3 防空兵指挥控制系统中应予以火力打击和电子压制的目标

指挥所中无线电电子装(设)备的名称	数量	距前沿距离/km	占地面积/m²	指挥所的通信链路数量(每个指挥所)			
				短波通信	超短波通信	无线电中继通信	雷达站
防空兵指挥预警中心	1	100~120	300×500	6	1	5	—
防空导弹群指挥所	1	40~50	300×300	4	—	4	1
防空兵指挥预警点	2	50~100	300×300	—	1	—	5
防空兵观通站	1~2	8~10	200×200	—	1	—	4
反空降防御	1~2	10~15	200×200	—	1	—	4
“霍克”导弹营指挥所	4	15~30	100×150	1	4	—	1
“Д-Ч”导弹营指挥所	4~5	8~12	100×100	—	1	1	1
总计	14~17			11	9	10	16

(4) 导弹与炮兵部队指挥控制系统评估。美军M-109A6 155mm自行榴弹炮连指挥所包括指挥部、通信部门、2个火力排、2个弹药部门,如图5-7所示。美国和英国的炮兵连中通常配属有8个自行榴弹炮,德国和意大利有6个。火力阵地距前沿的距离,在进攻时为2~4 km,在防御时为4~6 km。其时间特征有:火力阵地准备作业和开火时间约为5min,非计划呼叫所需时间约为30s,撤离火力阵地时间约为2min,在火力阵地最短停留时间为7~8min。美军M-109A6 155mm自行榴弹炮的射击距离,当使用杀伤爆破弹时为22. 5km,使用动力火箭弹时为30km。对其火力打击的目标通常有2个火力排和1个炮兵连的指挥预警点。满足探测精度的情况下,对155mm自行榴弹炮连指挥所的有效侦察距离:无线电技术侦察距离为20~80m,声音侦察距离为4~120m,空中照相侦察距离为50~150m,使用电视设备的目视侦察距离为15~300m,光学侦察距离为20~50m。表5-4所示为美军导弹与炮兵部队指挥控制系统中应进行火力打击和电子压制的目标。

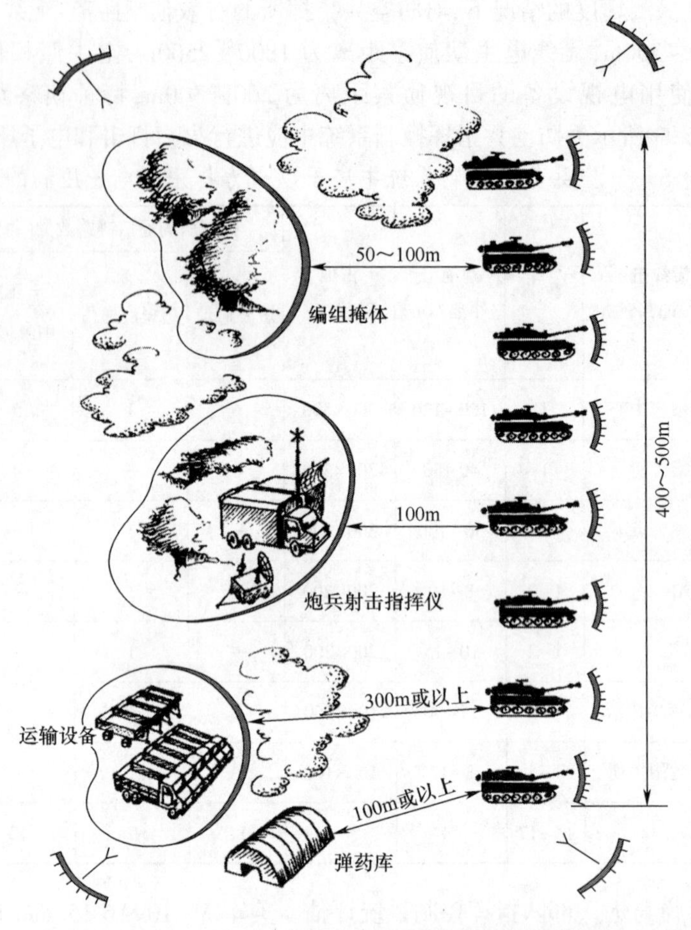

图 5-7　美军 M-109A6 155mm 自行榴弹炮连指挥所的重要无线电电子装(设)备

表 5-4　美军导弹与炮兵部队指挥控制
系统中应予以火力打击和电子压制的目标

指挥所中无线电电子装(设)备的名称	数量	距前沿距离/km	占地面积/km^2	指挥所的通信链路数量(每个指挥所)			
				短波通信	超短波通信	无线电中继通信	雷达站
陆军战术导弹系统(ATACMS)营指挥所	2~3	30~40	0.05	2~3 (1)	2~3 (1~2)	2~3 (1)	1
ATACMS 连指挥所	6~9	25~30	0.01	—	12~18 (2)	—	—

续表

指挥所中无线电电子装(设)备的名称	数量	距前沿距离/km	占地面积/km^2	指挥所的通信链路数量(每个指挥所)			
				短波通信	超短波通信	无线电中继通信	雷达站
203mm 自行榴弹炮营射击指挥中心	2~3			2~3	6~9 (3)	—	2~3
155mm 自行榴弹炮营射击指挥中心	5~6			5~6	15~18 (3)	—	5~6
MLRS 炮兵营射击指挥中心	1			1	2~3	—	1
总计	16~22			10~13	37~51	2~3	9~11

(5) 侦察和电子战部队指挥控制系统评估。自 1976 年起,美国陆军在战术作战部队中组建了具有军事情报、电子战双重能力的“战斗电子战与情报部队”(Combat Electronic Warfare and Intelligence,CEWI),每个军编有 1 个 CEWI 军事情报旅,每 1 个师(区分为轻、重装)编有 1 个 CEWI 军事情报营,独立旅及装甲骑兵团中编有军事情报连。除军、师所属战术电子战部队外,美国陆军情报与保密司令部(The United States Army Intelligence and Security Command,INSCOM)下设若干军事情报旅,能够向陆军提供国家及战区级军事情报支援。俄方将该部队称为侦察和电子战部队(разведкии радиоэлектронной борьбы,Р и РЭБ),下面都将使用该称谓。海湾战争为侦察和电子战部队提供了真正意义上的实战检验平台。基本参战力量为:美国陆军第 7 军、第 18 空降军 2 个军及 8 个师、3 个装甲骑兵团(独立旅)建制内的侦察和电子战部队,共计 2 个侦察和电子战旅、14 个侦察和电子战营以及 3 个侦察和电子战连。除战术侦察和电子战情报部队外,美国陆军还派出“情报与保密司令部”所属的 513 侦察和电子战旅,负责向中东地区作战的中央战区陆军提供侦察和电子战支援。参战侦察和电子战部队使用的侦察测向装备主要包括:军属以 RC-21 与 RC-12 飞机为载体的“护栏 V”信号情报系统及其改进型,以 OV-1“莫霍克”飞机为载体的“快视 2”(ALQ-133)电子情报收集系统;师属车载“开路先锋”(TSQ-138)信号情报与电子战系统、车载“队友”(TRQ-32(V))通信侦察及测向系统。干扰装备主要包括陆基“交通堵塞”(TLQ-17)及其变种“沙蟹”(TLQ-17(V)4)地面通信测向及干扰设备、MLQ-34 战术通信干扰系统。“师”还拥有 EH-60A 直升机载 TLQ-17,又称为“快定系统”(ALQ-151(V)2)。此外,配有雷达对抗装备,如军属 TSQ-109 雷达侦察系统、师属“队组”MSQ-103B/C 炮位雷达侦察系统等。战机(担负作战任务的直升机为主)自卫电子战装备主要包括更新版 APR-39A(V)1 雷达告警系统、ALQ-144A(V)红外告警系统等。

① 美国集团军直属侦察和电子战营的能力如下：

侦察方面：地面短波无线电侦察平均距离达120km；地面超短波无线电侦察距离为平均距离为30~60km；空中超短波无线电侦察平均距离达300km；地面无线电技术侦察距离为30~80km；空中无线电技术侦察距离达240km。

电子对抗方面：地面短波无线电电子对抗距离为40~60km；地面超短波无线电电子对抗距离为25~40km。

该营能够在1h内确定400~420台短波、200~240台超短波无线电台、25~28个雷达的位置，并能够同时干扰3条短波、9条超短波无线电通信以及4个雷达站。

② 在美军机械化师中配属的侦察和电子战营的能力如下：

侦察方面：地面短波无线电侦察平均距离达80km；地面超短波无线电侦察平均距离为30~60km；空中超短波无线电侦察平均距离达70km；地面无线电技术侦察距离为30~80km；空中无线电技术侦察距离达240km。

电子对抗方面：地面短波无线电电子对抗距离为40~60km；地面超短波无线电电子对抗距离为25~40km；空中超短波无线电电子对抗距离可达60km；无线电雷达站可达80km。

该营能够在1h内确定420~440台短波和超短波无线电台、24~30个雷达站的位置，并同时干扰2条短波、13条超短波无线电通信、16条超短波航空兵无线电通信以及12~18个雷达站。

表5-5所示为合成战役中作战双方集团军中电子对抗兵力兵器的战斗力对比，表5-6所示为美军侦察和电子对抗部队指挥控制系统中应予以火力打击和电子压制的目标。

表5-7所示为关于对敌无线电电子压制目标和破坏其指挥控制系统有效性的评估结论。

5）对己方的评估

在评估己方部队电子对抗能力时要分析：集团军打击并摧毁敌方重要的指挥所和电子装（设）备的能力，集团军电子对抗部队的编成、位置和能力；集团军兵力兵器指挥控制系统和设备的状态，以及防御自制导武器的能力；部队电子系统的电磁兼容的能力以及反敌技术侦察的能力。

6）评估结论

在无线电电子态势评估的结论中，要汇报如下要点：敌方兵力兵器指挥控制系统的状态、优劣势和作战运用的可能特点；敌方进行侦察和电子战的能力和可能意图；敌方重要的指挥所和无线电电子目标；敌集团军侦察和电子战部队的能力；己方集团军重要的电子装（设）备以及为其提供电子防护的措施；己方集团军组织反敌技术侦察的能力。

表 5-5 合成战役中作战双方集团军中电子对抗兵力兵器的战斗力对比

侦察和电子战部队	数量	侦察能力				压制能力			
		短波通信	超短波通信	航空超短波通信	无线电中继通信	短波通信	超短波通信	航空超短波通信	无线电中继通信
《西方》(敌方)									
第 14 电子战团	1	20（300km）	32(50km)		12	4（60~80km）	32（40km）		8（地面动目标侦察雷达）
直升机支队（达 120km）	1	3			6	3			6（地面动目标侦察雷达）
电子战飞机（达 250km）	2		5			5			15（空军防空部队）
总计		23	32		18	12	32		29
《东方》(己方)									
第 3 独立对地无线电电子对抗营	1	12	12	3~6		48	36	6	
第 3 独立对空无线电电子对抗营	1				24				6~9
总计		12	12	3~6	24	48	36	6	6~9

表 5-6　美军侦察和电子对抗部队指挥控制系统中应予以火力打击和电子压制的目标

指挥所中无线电电子装（设）备的名称	数量	距前沿距离/km	占地面积/m^2	指挥所的通信链路数量（每个指挥所）			
				短波通信	超短波通信	无线电中继通信	雷达站
侦察和电子战旅（集群）指挥所	1	20~50	200×200	6	4	4	—
侦察和电子战营指挥所	1	10~30	100×150	2	3	1	—
独立装甲骑兵团侦察和电子战连指挥预警所	1	10~30	100×100	1~2	—	—	—
Агтелиз 无线电技术侦察系控制中心	3	10~20	100×150	2~3	—	2~3	—
总计	6	10~15	200×200	11~13	7	7~8	—
第 14 侦察和电子战团指挥所	1	20~50	150×200	1~2	2~3	—	—
ФРГ 无线电技术营指挥所	1	20~50	100×150	2~3	2	—	—

表 5-7　关于对敌无线电电子压制目标和破坏其指挥控制系统有效性的评估结论

指挥控制系统种类	无线电电子压制目标和指挥所数量	在战役责任地带					
		短波通信	超短波通信	航空兵超短波通信	无线电中继站、对流层散射通信	特种通信	雷达站
诸兵种合成兵团和部队指挥控制系统	32	45	60		104	13	
导弹和炮兵部队指挥控制系统和指挥员无线电枢纽	36	51	40	1	19		14
战术/陆军航空兵指挥控制系统	35	49	59	88	36		12
防空兵指挥控制系统	37	50	39	5	3		8
侦察和电子战指挥控制系统	11	21	12		3		
总计	151	216	210	94	165	13	34

关于无线电电子态势评估结论的汇报(示例模板)

为了对部队和武器进行指挥控制,敌方在作战行动开始之前就使用了固定的指挥控制系统。当其在我军防御地带的作战行动开始后,将在作战行动中部署展开野战自动化指挥控制系统。

在军防御地带,敌方最多可以部署 52 个联合兵团和部队的指挥所,23 个炮兵指挥所;9 个战术航空兵指挥所;4 个侦察和电子战指挥所;7 个防空兵指挥所,总计 90 个指挥所和无线电电子压制目标,其中可使用短波通信链路___ 条,超短波通信链路___ 条,其中最重要的是陆军指挥所、炮兵指挥所以及指挥员无线电枢纽、侦察和电子战指挥所。

敌方指挥控制系统的优势在于:兵力兵器指挥控制过程的高度自动化,拥有多信道的自动化通信系统,军事人员具有丰富的在局部冲突中的作战经验,以及无线电中继和卫星通信系统的运用。

敌方指挥控制系统的薄弱环节在于:可以根据电磁能量的辐射特征确定其指挥所和无线电电子目标的部署位置和用途;指挥控制系统中各要素,如短波和超短波侦察或通信设备、导弹和炮兵指挥控制系统中的电子装(设)备、炮兵各种无线电引信炸弹等,对己方电子压制系统的易敏感性。

为进行无线电侦察和电子对抗战,敌方最多可动用 4 个侦察和电子对抗战部队,其中包括第 1 集团军的 1 个侦察和电子战旅,第 1、2 机械化师中 3 个侦察和电子战营,以及多达 16 架电子战飞机和直升机。

敌集群的电子战兵力兵器表明,可以部署 ___个短波/超短波侦察站,其中___个部署在主要突击方向。

通过这些设备,敌方可以在作战行动开始之前沿着杰米尔(ТЕМИР)、让拉(ЖАНЛА)、塔伊崀(ТАЙЛАН)边界进行超短波频带的无线电侦察和电子压制,沿着卡内尔(КОНЫР)、撒雷杰普森(САРЫТЕПСЕН)、乌基巴以(УТИБАЙ)、伊尔格日(ИРГИЗ)边界进行短波频带的无线电侦察和电子压制。而在作战时,将沿着边界布朗德(БУЛАНТЫ)、木日萨特(МУЗШАТ)、阿拉什(АЛАШЕН)对己方战术防御地带进行短波频带的无线电侦察和电子压制;沿着边界阿克杜马萨伊(АКТУМАСАЙ)、乌拉克巴以(УЛАКПАЙ)、鲁日巴以(РУЗБАЙ) 对己方战术防御地带进行超短波频带的无线电侦察和电子压制。

敌方的侦察能力在指挥员无线电枢纽的侦察系统(Джисак)的帮助下,可以沿着曼曼(МАНМАН)、塔特的(ТАТТЫ)、什一雷卡尔(ШИЙЛЫКАР)边界线长达 300km,大大提高敌方的侦察能力。

敌方通过使用电子战设备,可最多同时压制____条通信链路,这占我军主要通信链路的___%。

对重要的指挥所和无线电电子目标进行火力打击和电子压制,将对敌方兵力兵器的指挥造成困难。这些位于军防御地带的敌重要指挥所和无线电电子目标是:第1集团军指挥所,担任主要进攻方向第1梯队的第1、2机械化师的指挥所,炮兵指挥所及指挥员无线电枢纽部、侦察和电子战指挥所。

此外,敌方可能使用一次性干扰发射器,以及侦察和干扰无人机。

遂行作战期间,在战术防御地带,敌军拥有的电子战兵力兵器可以达到:

入侵行动开始时,敌方最可能进行电子战的方法是对我军无线电电子装(设)备、防空系统以及军—旅通信链路采取大规模密集压制。随后会采用选择集中压制的方法压制雷达设备,并将电子战力量转移至压制旅—营通信链路。不排除在旅和营(大队)指挥官的无线电通信网络中传递误导性消息、信号和命令。

在军团主要集结方向,己方独立对地面目标电子对抗营可同时压制敌第1梯队上的师和旅使用的多达48个短波和36个超短波侦察和通信链路,占己方压制能力的___%,相应的防御区域为那乌噶依(НАУГАЙ)、奥努伊塔斯(ОНУЙТАС)、伊尔格(ИРГЕ);嘎得儿(КАТЫР),苏萨嘎(ШУШАГА);阿尔德阿巴依(АЛТЫАПАЙ),以及掩护3个目标免遭无线电引信炸弹的毁伤。

在对海方向上,可对多达16个短波通信链路、18个超短波通信链路、3个岸(海岸登陆部队)空超短波无线电通信链路压制,这占己方压制能力___%,掩护2个目标免遭无线电引信弹药的毁伤。

这使得:

(1) 在军主力集结方向阻碍第1、2机械化师对兵力兵器的指挥,破坏登陆部队在登陆过程中的指挥。

(2) 在军主力方向和沿海方向上,破坏敌无线电导航和地面战术航空兵引导目标打击区域。

(3) 保护军指挥所、导弹和炮兵集群、后勤和技术保障部队免遭空中雷达侦察和有针对性的航空兵打击。

(4) 保护多达5个目标免遭无线电引信炸弹的打击。

独立对空无线电电子对抗营与防空部队协同,使用区域-目标掩护方法,保护军的基本指挥所和预备指挥所、第32和31独立机械化旅、军导弹和炮兵群免遭敌空基雷达侦察和航空兵有针对性的打击。在集团军整个作战范围内压制敌低空飞行以保障雷达和“塔康”无线电导航系统,以及6个“飞机—飞机”超短波航空通信链路。

根据在编的和配属的电子对抗部(分)队人员组成和主要设备类型的完备性、物资储备和保障水平,随时可以执行预定的电子对抗任务。

在对无线电电子态势进行客观、充分评估的基础上,采取以下措施对己方指挥控制系统实施无线电电子防护:

(1) 及时组织向部队报告过顶人造地球卫星侦察、无线电主被动技术侦察以及光电侦察的相关数据。

(2) 禁止在作战行动前使用电子装(设)备,但用于防空设备的值班设备和指挥设备除外。

(3) 电子装(设)备要根据频域分割原则,确定为部署军电子装(设)备而禁用其他设备的区域。

(4) 禁止在距离军(兵团)指挥所通信节点 5km 和兵团指挥所通信节点 3km 的半径范围内部署各兵种的电子装(设)备。

(5) 部署备份无线电网络和无线电使用方向。

(6) 使用短信号和口令来传递信息和命令。

(7) 确定各兵种电子装(设)备的工作优先级。

(8) 制定防空兵器对敌空基和陆基干扰站、导弹和炮兵部队指挥所、侦察和电子战指挥所的打击规划,以及对侦察和电子战部队指挥控制系统的无线电压制。

(9) 定期改变电子装(设)备以及防空系统的阵地位置。

(10) 在兵团和部队的指挥所通信节点建立高射机枪团,打击一次性抛投干扰机。

(11) 对电子装(设)备的维护和使用进行监督。

组织反敌技术侦察行动:

(1) 沿部队前进路线的空旷地区要进行视—光学伪装和雷达伪装。

(2) 在军开始作战行动之前,禁止使用通信及其他电子装(设)备,防空部队的值班设备和指挥控制系统除外。

(3) 在夜间将部队转移至防御地带,选择路线时要考虑地形的伪装,并建立虚假的行进路线、集结地域、防空兵器阵地和指挥所。

(4) 组织侦察识别并击退敌方对导弹和炮兵部队、航空兵、防空指挥所以及侦察部队、侦察机的打击。

(5) 第 3 独立对敌目标电子对抗营通过使用无线电干扰设备对敌侦察机、侦察部队的无线电通信和指挥信息的传输通道进行压制。

(6) 在防御地带进行机动时,对反敌技术侦察以及航空测绘活动进行系统监控。

(7) 第 3 独立对敌目标电子对抗营压制设备要使用的破坏频点,武器指挥控制系统的工作模式不能违规使用,并在这些频点上保持进行无线电静默。

3. 确定电子对抗意图,向军长报告组织电子对抗的提案

1) 电子对抗意图

电子对抗的意图包括:电子对抗的目的和任务,电子对抗兵力主力集结方向,在战役中破坏敌兵力兵器的顺序与方式,电子对抗兵力兵器编成与部署,对己方部队重要的无线电设施进行无线电防护的主要措施。在该阶段,相关人员的任务如下:

(1) 军电子对抗部门首长要参加军长宣布进行战役行动意图的会议;向电子对抗部队指挥官传达军长进行战役的决心;为下属电子对抗部门和部(分)队分配有关准备在战役中进行电子对抗任务的数据的;起草向电子对抗部队下达的战斗号令、向兵种和特种部队传达的战斗号令;明确在军战役行动中电子对抗行动意图并在预定时间内向军参谋长报告战役中进行电子对抗的意图。

(2) 电子对抗筹划以及与兵种部队、特种部队协同的高级参谋,参与制定共同战役计划、信息对抗计划和火力打击计划。

(3) 组织反技术侦察以及与战役战略军团机械化部队和电子对抗部队联络的高级参谋,要研究拟定向军电子对抗部队和机械化旅电子对抗部队下达的战斗号令;确定电子对抗部队反敌技术侦察的任务;在军电子对抗部队的战斗号令和机械化旅电子对抗部队的战斗号令中加入反敌技术侦察的号令。

(4) 负责协调无线电电子防护以及与机械化旅联络的参谋,根据防空部队和陆军部队的建议制定在联合部队集群中保障雷达电磁兼容性的行动;制定军所属部队频率使用表格,列出禁止使用的频率;在军电子对抗部队的战斗号令和机械化旅电子对抗部队的战斗号令中加入无线电电子侦察的号令。

防御战役中电子对抗的意图(示例模板)

根据军长的防御作战意图,电子对抗部队主力集中在乌列库姆(3204)(УЛЫКУМ)、阿克贝尔根(2008)(АКБЕРГЕН)方向,目的在于:

(1) 在部队平战转换期间,集团军电子对抗的作战部署在于使敌方技术侦察设备的效能下降,打击非法武装组织,掩护部队隐蔽。

(2) 在军(兵团)参与反敌空袭的作战行动时,集团军电子对抗的作战部署在于阻碍敌预警机工作,在我航空飞行区域进行防空管制,对敌战术航空兵的无线电通信进行压制。

(3) 在战术保障地带实施战斗行动和支援主力进行电子压制时,集团军电子对抗的作战部署在于破坏敌先遣支队/前卫部队与第1梯队第1、2机械化师的指挥控制。

己方集团军配属的电子对抗部队:

在主要方向:第3独立对地无线电电子对抗营,第3独立对空无线电电子对抗营。

在滨海方向:配属一个对地目标电子对抗连。

建议根据以下作战任务组织实施电子对抗:

(1) 在部队平战转换期间,电子对抗的主要任务是确保战役转移的秘密性和部队指挥控制系统的稳定性。要查明敌方最重要的无线电电子目标,包括第1集团军所属第1、2机械化师、导弹和炮兵部队、侦察电子战部队以及非法武装组织和敌特种部队的无线电通信。

(2) 在部队的作战部署过程中,电子对抗的主要任务是降低敌方使用技术侦察设备的有效性,扰乱敌特种部队电子装(设)备的正常工作。

(3) 在反击敌方空袭时,电子对抗的主要任务是破坏我航空飞行区域内敌方的战术航空兵、防空、侦察和电子战部队指挥控制。

(4) 在军(兵团)参与密集火力突击时,电子对抗主要任务是使破坏第1集团军所属第1、2机械化师、航空兵、炮兵指挥控制系统和炮兵指挥员枢纽节点。

(5) 在作战保障地带实施战斗行动时,电子对抗主要任务是破坏敌先遣分队,第1机械化师第11、12旅,第2机械化师第21、22旅及其支援航空兵和炮兵的指挥控制。

(6) 在支援主要防御地带的作战行动中,电子对抗主要任务是破坏敌1集团军第1、2机械化师和第3装甲师主力指挥控制,破坏主要阵地上的敌地面引导员对飞机的通信引导。

2) 报告电子对抗的提案

为了集团军首长便于决策,向军长报告组织电子对抗的提案内容包括:

(1) 无线电电子态势判断结论。

(2) 实施电子对抗的目的和意图;电子对抗部(分)队担负的破坏敌军指挥体系、对己方指挥体系进行无线电电子防护和反敌技术侦察等可能的任务。

(3) 对电子对抗预期效果的判断。

向军长报告电子对抗的提案(示例模板)

(军长)同志!

电子对抗指挥官________上校汇报关于在军防御战役中组织电子对抗的提案

第10集团军的作战行动目的是击退“西方”的空中进攻,并对敌____集团军进行进攻,对其造成最大的损失,夺取战役防御区,为战役反击创造条件。基于对军作战任务的理解,对战役中电子对抗的目标是:在敌方部队前进和展开期间组织电子侦察,在战役开始之前组织电子防护和反敌技术侦察行动,破坏其在防御战役中指挥控制系统的工作。

在作战地带,根据上级首长的意图,使用兵力兵器压制敌陆军集群"军—师"以及空中部分"指挥预警中心—战术空军指挥中心"之间的短波通信,破坏敌部队及武器的指挥控制系统(系统名称)。

在我方军团和各部队实施机动及展开作战期间,第__独立对空无线电电子对抗营将在以下区域掩护军团和各部队免遭空基雷达侦察和航空兵瞄准打击:

№1(1号区域):(地名1,坐标1),(地名2,坐标2),(地名3,坐标3)。第____独立对空无线电电子对抗连指挥所位于(地名,坐标),在战役过程中掩护(指挥所或重要目标名称);

№2(2号区域):(地名4,坐标4),(地名5,坐标5),(地名6,坐标6)。第____独立对空无线电电子对抗连指挥所位于(地名,坐标),在战役过程中掩护(指挥所或重要目标名称);

№3(3号区域):(地名7,坐标7),(地名8,坐标8),(地名9,坐标9)。第____独立对空无线电电子对抗连指挥所位于(地名,坐标),在战役过程中掩护(指挥所或重要目标名称);

从(时间)起,敌方开始部署用于部队和武器的野战指挥控制系统,其基础是移动野战通信中心。在军作战行动区域中,它最多可以部署到________个指挥所,在主要兵力集结方向可部署达________个,其中最重要的有:

位于(地名,坐标)、(地名,坐标)区域的敌集团军指挥所;

第____装甲坦克师指挥所(地名,坐标);

第____机械化师指挥所(地名,坐标);

战术航空兵指挥预警中心(地名,坐标);

战役指挥预警点(通常是2个)(地名,坐标)、(地名,坐标);

前沿指挥所(通常是3个)(地名,坐标)、(地名,坐标)、(地名,坐标);

前线航空兵引导员(通常为4~6个)(地名,坐标)、(地名,坐标)……;

炮兵营射击指挥中心(通常为3个)(地名,坐标)、(地名,坐标)、(地名,坐标);

敌在进行侦察和电子战时要使用:

地面集群配属第__侦察电子战营,营指挥所位于(地名,坐标),下属连指挥所位于(地名,坐标)、(地名,坐标);

空中集群使用来自以下区域(与上述的区域不相同)的干扰飞机和直升机:

№1(1号区域)______________________________;

№2(2号区域)______________________________。

敌方凭借现有的兵力兵器能够：

在作战开始之前能够查明我方部队部署至全纵深区域的军(兵团)的指挥所和电子设施；

空中作战过程中，沿着(地名，坐标)、(地名，坐标)边界进行大规模密集超短波无线电通信压制；沿着(地名，坐标)、(地名，坐标)边界进行短波无线电通信压制。

地面作战过程中，在主要打击方向对(战术指挥环节名称)链路有选择地进行短波、超短波无线电通信压制。

为了己方部队组成能够进行电子压制，第____军配属了第____独立对地无线电电子对抗营。根据您的决定，该营已经处于作战准备状态，并部署在临时阵地(地名，坐标)、(地名，坐标)、(地名，坐标)区域。该营与特种部队进行电子侦察协同，对敌陆军集群、战术航空兵和特种部队的无线电通信进行无线电技术侦察，并监控军(兵团)各部队在机动和展开过程中发生的违反保持静默的情况并进行阻止。营指挥所在(地名，坐标)区域。

基于对电子对抗任务的理解、无线电电子态势评估的结论和防御战役意图，我建议：

电子对抗营部署在军(兵团)主力集结方向，即乌列库姆(УЛЫКУМ)—阿克贝尔根(АКБЕРГЕН)方向；

在当前战役中，电子对抗的目的是：破坏敌方部队及武器的指挥控制系统，降低敌方技术侦察的效能；保护我方指挥控制系统免遭敌方干扰，确保军(兵)团各部队电子装(设)备的电磁兼容性，确保部队在备战和进行防御战役期间指挥的稳定性。

在电子对抗兵力兵器参与集团军空中密集火力打击期间，应在军(兵)团主力集结方向运用选择性的方式进行“电子—火力”突击，然后实施一系列的系统性电子对抗行动。在敌方陆军集群转入进攻期间，电子对抗兵力兵器根据上级首长的计划，使用大规模的有选择性的无线电压制的方式参与对敌进行密集火力打击。

在战役部署展开、战备及进行防御战役期间，实施无线电电子侦察应当与特遣队第3独立无线电技术团、第5集团军第5独立对地无线电电子对抗部队共同协作；实施对敌空中侦察时，应当与防空部队第3独立无线电技术营共同协作。

4. 制定电子对抗计划

制定电子对抗计划是组织电子对抗的最重要阶段之一。在该阶段，相关人员的任务是：

(1) 军电子对抗部门首长要拟定军战役中的电子对抗计划,并在规定时间内向军参谋长报告战役中的电子对抗计划。

(2) 负责电子对抗筹划以及与各兵种部队、特种部队协同的高级参谋,参加总体作战计划组的工作,拟定电子对抗方案,参与拟定火力打击方案。

(3) 负责协调无线电电子防护以及与机械化旅联络的参谋,根据部队任务制定电子对抗的时间表,研究在战役中电子对抗计划关于反敌技术侦察的部分,参与制定战役伪装计划。

(4) 负责组织反技术侦察以及与战役战略军(兵)团机械化部队和电子对抗部队联络的高级参谋,要制定战役中保障军电磁兼容性的计划,对各部队担负任务完成情况进行监督,将电子对抗部门首长的命令下达到电子对抗部队并实施监督,为完成战斗任务提供帮助。

如图 5-3 所示,电子对抗计划在作战图上应标绘出:防御地带的敌方主力集结和可能的行动方向,己方重要的目标,敌方侦察区域、电子压制、火力毁伤的边界范围,敌我接触线,各部队之间的作战分界线,导弹和炮兵部队、空军执行对敌火力毁伤时的目标(敌指挥所和无线电电子设施),侦察小组、侦察—破坏小组的行动目标,电子对抗部分队初始阵地,以及在战役过程中的任务、机动路线和投入作战的时间,对敌方无线电侦察和无线电电子压制的区域边界,掩护己方设施免受敌方空中雷达侦察、航空兵和侦察—打击系统攻击的区域边界,存在相互干扰和禁止部署无线电电子装(设)备的区域,反敌技术侦察的措施,无线电技术侦察部队的指挥所,等等。

在电子对抗计划的解释说明文件中需要指出:无线电电子态势的评估结论;战役中进行无线电电子对抗的意图;破坏敌方指挥控制的任务,在战役中进行无线电电子对抗的预期效果;在对敌指挥控制系统执行侦察和无线电电子压制任务时,己方集团军无线电电子对抗部队的作战能力;关于破坏敌方部队指挥和武器控制的战术计算;对己方指挥控制系统和设备进行无线电电子防护的措施;反敌方技术侦察措施;无线电电子对抗部(分)队的组织、指挥和协同以及信号(呼号/代号)使用。

在向军参谋长汇报无线电电子对抗计划时,汇报的要点包括:无线电电子态势的评估结论,遂行无线电电子对抗的意图,无线电电子对抗部队的任务,炮兵部队的任务,主力集结方向的第 1 梯队部队的任务,相互协同的主要问题,全方位保障和指挥组织的主要问题,无线电电子防护和反敌技术侦察的措施。

电子对抗计划(示例模板)

1. 在部队战役部署和展开过程中以及在敌军主动行动前电子对抗的主要任务

在军(兵团)作战地带实施无线电侦察,以查明敌军主要部署,确定非法武装组织和敌特种部队的行动区域,随时准备对其短波通信进行压制。

使用集结区域的第 3 独立对地无线电电子对抗营的值班兵力兵器与电子侦察部(分)队进行协同,在军的责任地带内监测敌司令部、部署在国家边界的侦察和电子战部队、非法武装组织和破坏侦察组的无线电通信网络和无线电通信方向,根据其辐射信号随时准备进行压制。

为完成破坏非法武装团体和敌破坏侦察小组在其他方向使用的无线电网络,应在电子对抗营主力之外建立和保持一定的电子对抗力量(与主力之间最多____的距离,两组机动的无线电干扰站,每组干扰站包括:1 台套 P-378A,2 台套 P-330Б,1 台套 P-142 H)。

在 11 月 24 日到 11 月 25 日的夜间,沿着路线:别斯萨依(БЕССАЙ)、别萨乌尔(БЕСАУЛ)、达乌列基亚尔(ДАУЛЕТИЯР)、马伊纳克(МОЙНАК)、撒巴克(САПАК)、227 高地点进行行军,到 11 月 25 日的 5 时在撒巴克(САПАК)地区集结并于 11 月 25 日早晨占领阵地区域。机动组在保障地带展开。第 3 独立对地无线电电子对抗营指挥所位于 127 高地。在集结区域,组织值班力量对敌方无线电线路和无线电方向进行侦察。主力纵队需在 11 月 24 日的 22 时通过行军初始线"卡拉古尔(КАРАКУЛ)-卡拉萨尔(КАРАСАЛ)"。

部署在阵地区域的第 3 独立对空无线电电子对抗营的任务是掩护部队集群部署展开时免遭敌方空中雷达侦察,以及使部队不受敌机载雷达瞄准性空中打击。

在敌方主动行动开始之前,电子对抗部队应与隶属第 2 电子侦察作战中心的第 3 独立无线电技术团进行协同,对敌战术航空兵、第 1 集团军集群、特种部队和特勤小组使用的无线电通信进行侦察,并在己方部队行进、部署展开期间,监督部队电磁隐蔽指挥原则的遵守情况,对违反情况立即进行处理。

2. 在反敌方空袭行动中电子对抗主要任务

(1) 在航空飞行地带破坏敌方战术航空兵、防空部队、侦察和电子战部队的指挥控制系统。

(2) 导弹和炮兵部队的火力打击实现对敌空袭武器的指挥控制装备和无线电导航设备的火力毁伤。

(3) 第 3 独立对地无线电电子对抗营派出的机动小组,在临时阵地压制在敌战术航空兵飞行方向上的无线电通信、引导与控制。

(4) 在敌方每次进行密集空中导弹打击之后,机动小组及其无线电压制设备在阵地内进行机动。

(5) 对空目标电子战营掩护指挥所和主要集群免遭雷达侦察以及航空兵瞄准打击。

3. 在参加军进行密集火力打击期间电子对抗的主要任务

(1) 破坏第1集团军第1、2机械化师,以及航空兵、炮兵指挥员枢纽和炮兵的指挥控制系统。

(2) 使用导弹和炮兵部队、航空兵对敌第1梯队的第1、2机械化师及下属旅的指挥所和通信枢纽进行打击。

(3) 第3独立对地无线电电子对抗营通过值班力量在主力集结方向上对敌方第1梯队的航空兵和炮兵部队实施超短波及短波通信压制。СПР-1掩护集团军指挥所免受无线电近炸引信弹的打击。

4. 在战术保障地带实施作战行动时电子对抗的主要任务

(1) 破坏敌第1机械化师第11、12旅,第2机械化师第21、22旅先遣分队及其支援航空兵和炮兵的指挥控制。

(2) 通过空袭和炮兵火力打击第1梯队第1、2机械化师(旅)指挥所。

(3) 第3独立对地无线电电子对抗部队主体机动群从临时阵地压制。

(4) 第3独立对地无线电电子对抗营派出的机动小组,在临时阵地对敌先遣支队和前卫部队的短波和超短波无线电通信进行压制。

5. 在主要防御地带实施阻敌作战行动时电子对抗的主要任务

(1) 破坏敌主力部队第1集团军所属第1、2机械化师和第3装甲师的指挥控制。

(2) 通过空袭和炮火打击第1、2机械化师和炮兵部队指挥所、炮兵指挥员无线电枢纽及其支援航空兵。

(3) 第3独立对地无线电电子对抗营在主要阵地,对敌第1梯队及导弹和炮兵的指挥所使用的"师—旅—营"战术指挥环节中的短波和超短波通信实施密集压制,同时对敌打击群的"前沿指挥所—前线航空引导员—飞机"航空超短波无线电通信进行密集压制。

(4) 第3独立对空无线电电子对抗营,在主要阵地掩护己方第1梯队的军(兵团)、导弹部队和炮兵群的指挥所及重要军事目标。

(5) 无线电近炸引信弹干扰排完成既定任务。

6. 在敌方突破主要防御地带的情况下电子对抗的主要任务

(1) 破坏敌方楔入的集群和敌为完成当前任务投入的预备队的指挥控制。

(2) 使用火炮或航空兵打击敌方楔入的集群所属旅和营的指挥所,敌为完成当前任务投入的预备队指挥所、作战指挥中心,以及对敌控制区域内的防空兵指挥所、前线航空兵引导员、侦察和电子战部队指挥所实施火力打击。

(3) 第3独立对地无线电电子对抗营转移至位于塔尔苏阿特(ТАЛСУАТ)、卡梅尔图日(КАМЕРТУЗ)、沙尔嘎(ШОРГА)区域的预备阵地。营指挥所位于萨伊汗(САЙХАН)。第3独立对地无线电电子对抗营在预备阵地同第5集团军(友邻集团军)的第5独立对地无线电电子对抗营进行协同,对位于突破地段作战的楔入之敌的指挥所“师—旅—营”战术指挥环节、炮兵营的射击指挥中心、防空兵指挥所使用的短波/超短波无线电通信进行压制,同时对敌打击群的“前沿指挥所—前线航空引导员—飞机”航空超短波无线电通信进行压制。

5. 集团军防御战役中对敌方火力打击时无线电电子压制的计划

战役中对敌火力打击的目标是根据战役(作战行动)任务、行动方向、责任区域和时间,优化火力打击的兵力兵器的配置,在预定时间内以及我方部队可接受的损失限度内,达到火力打击敌方集群和目标所需的标准。战役中对敌火力打击的计划是拟制火力装备执行火力任务的内容和顺序,根据战役方向、边界、区域,时间以及目标分配火力打击兵力兵器,并确定火力兵器相互协同、保障和指挥的顺序。

在战役行动准备期间,进行火力打击计划的主要活动包括:收集、归纳和分析当前数据和情报,为战役行动期间进行火力打击计划进行必要的作战计算;结合进行战役的方式拟制对敌火力杀伤的方案,对方案进行建模和战术计算并进行结果分析;就作战意图中计划火力打击、完成行动计划等问题准备好向指挥官汇报的提案;在作战计划的文件中列出对敌火力打击的结果。

在火力打击计划中要列出电子对抗的因素。火力打击计划中需要指出:敌方野战炮兵、陆军和战术航空兵、防空兵、侦察和电子对抗部队的指挥所和自动化指挥系统以及支援航空兵,都是己方导弹和炮兵部队火力打击的对象,也是己方电子对抗兵力兵器实施压制的对象;确定上述目标中需要优先进行火力打击的最重要目标,对这些优先目标进行密集打击;商定在对敌方进行综合火力打击期间,电子对抗部(分)队完成对敌侦察兵、野战炮兵、航空兵的无线电电子装(设)备和指挥控制系统进行压制等任务的期限;确定对己方导弹和炮兵部队的阵地区域及其指挥所的掩护任务,使其免遭敌战术航空兵、陆军航空兵、侦察打击系统以及无线电近炸引信弹的打击。

导弹和炮兵部队指挥官要明确的关于电子对抗的问题包括:位于战术保障地带中的敌方的哪些指挥所和无线电电子目标是由上级兵力兵器进行打击;导弹和炮兵部队引导合成军对敌野战炮兵、陆军航空兵、战术航空兵、防空兵、侦察和电子战部队的主要指挥所进行火力打击的任务。

1) 制定电子对抗计划

在制定战役中关于电子对抗计划时,电子对抗部队指挥官要与导弹和炮兵部队指挥官商定和明确:应该进行火力打击的敌集团军、野战炮兵、航空兵、防空兵、侦察和电子战部队的重要指挥所等和无线电电子压制目标;确定使用电子对抗部(分)队掩护己方导弹和炮兵部队免遭敌空中雷达侦察、航空兵打击、侦察打击一体化兵器打击和无线电近炸引信弹打击的方法和秩序；确定在己方各部队对首要目标实施打击期间，使用电子对抗兵力兵器协同防空部队战术导弹克敌的方法和秩序。同时，电子对抗部队指挥官要向航空兵作战指挥首长明确：应受到航空兵火力打击的敌方侦察和电子战部队的指挥控制系统和设备；在敌方航空兵飞机飞行地带进行无线电电子防护的措施，包括航空兵部队无线电电子装(设)备的电磁兼容性保障和反敌技术侦察手段。

2）制定火力打击计划的小组作业工作

(1) 计算、分析和分配使用常规武器打击的敌方设施和目标。

(2) 研究初始数据并拟制关于组织火力打击的提案。

(3) 制定和完善对火力打击的计划、地图和时间表，准备和实施对首要(最重要的)目标进行密集火力打击。

(4) 向任务执行者传达(直接或通过相应兵种参谋部)对敌火力打击的任务。

(5) 预测和评估对敌方部队和主要目标实施火力打击的结果。

(6) 制定战役期间对敌火力打击总体计划的过程中，要制定对敌火力打击计划，并附上准备和对优先目标(最重要的目标)实施打击的时间表，执行主要战役任务期间对敌实施火力打击的时间表，以及必要的应对预案，这是战役计划的组成部分。

(7) 在地图上标绘火力打击计划和时间表。

3）火力打击计划中要明确的事项

(1) 需要打击的敌方目标和集群。

(2) 由上级兵力兵器打击的目标。

(3) 军团之间的作战分界线。

(4) 导弹部队(直至导弹营)和炮兵部队(直至炮兵群)集群要标注主要、临时和预备阵地区域，火力阵地和打击(火力)范围。

(5) 航空兵编组及其基地位置和可到达的范围。

(6) 在对当面首要目标进行密集火力打击时，主要目标和备选目标。

(7) 进行反击时所建立的火力兵力兵器集群。

(8) 根据作战任务分配的火力打击兵力兵器。

(9) 电子战兵力兵器的组成、任务以及进行作战的顺序。

对敌火力打击计划由军参谋长、导弹和炮兵部队指挥官、火力打击计划组领导共同签署，并提交集团军司令部。

6. 合成军电子对抗部门关于战役伪装计划和组织

战役伪装是根据统一的意图和计划，对集团军指挥部和重要军事设施等军事目标有组织地采取一系列相互联系的技术措施和实际行动，以提高部队的生存能力，并达成行动的突然性。战役伪装的目的，在于保障部队、指挥所和军事设施的行动隐蔽性,迷惑敌方的侦察,使其无论在平时还是在战役准备和遂行期间,都无法了解我方兵力的编制、状态和行动。

军电子对抗部门在战役伪装方面的具体任务是:

(1) 参与制定战役伪装计划,分配所需的兵力兵器用于保障相关行动。

(2) 参与分析和查明武器装备、特种装备以及部队设施的暴露特征,提出消除或减弱这些暴露特征的解决方案。

(3) 分析敌方技术侦察装备的构成,评估其作战能力。

(4) 在保护武器装备、特种设备和军事设施的参数免受敌技术侦察方面,以及避免信息通过技术渠道泄露方面进行相关协调工作。

(5) 在反敌技术侦察方面组织协同。

(6) 组织和实施相关措施,在无线电电子设施的使用方面实施区域、时间、空间和频率方面的管控工作,并检查遵守情况。

(7) 参与研究掩护部队行动和军事目标的方案,以及强化相关方案可靠性的措施。

(8) 派出综合性技术检查部队(分)队,针对战役伪装所采取措施的执行情况组织综合性技术检查,分析检查的结果,并及时将结果通报相应的人员和部队。

军电子对抗部门应对敌方部队和武器指挥控制系统中无线电电子压制目标的预计数量,敌方侦察和电子战兵力兵器的作战能力,己方的电子对抗部队兵力兵器就遂行无线电侦察、无线电压制以及对己方部队和武器指挥控制系统的无线电电子防护能力进行评估计算。协调在虚假阵地实施诱导的无线电电子装(设)备干扰所需的兵力兵器,生成虚假的雷达辐射,使用欺骗干扰的方式模拟虚假集结区,虚假部队转移和穿越水障行动等工作。在战役伪装计划中,应标注出:

(1) 敌方主力集群及其行动的可能特征。

(2) 敌方主要的侦察兵力兵器的部署区域及侦察作用范围。

(3) 敌方特种部队和非法武装组织可能的活动区域。

(4) 敌方侦察部队用于传递虚假信息的兵力兵器。

(5) 需要对敌特种部队和非法武装组织进行清除的区域。

(6) 需要进行掩护的己方部队行动路线、部署展开区域和设施。

(7) 虚假的主力集结方向,部队佯装的活动区域和模拟区域。

(8) 参与执行战役伪装行动的兵力兵器的部署地点。

(9) 执行战役伪装行动的部队的任务。

(10) 执行检查的地区,检查的种类,进行检查的时间,所需使用的兵力兵器。

(11) 综合性技术检查分队指挥所和通信安全检查的部署地点。

对战役伪装计划的解释说明文件中应该包含:①基于对敌方侦察兵力兵器的作战能力的评估结论;②战役伪装的目的、意图和主要任务,以及在准备和遂行战役(作战行动)阶段执行战役伪装的方法;③为保障部队行动隐秘性和迷惑敌方所采取的措施;④分派了兵力兵器的任务执行者执行任务的流程和时限;⑤执行战役伪装任务时在部队组织协同和指挥方面的问题;检查监督的组织。

进行战役伪装的提案(示例模板)

(1) 敌方技术侦察设备获取我方部队情报信息的能力。

敌方在我集团军防御地带的战役战术侦察是通过卫星实施的,其中包括:3套星载无线电技术侦察,每6h一次;4套星载雷达侦察,每2h一次;8套星载光电侦察,每40min一次。主要敌技术侦察集中在查明我集团军的主力集结方向,导弹和炮兵部队集群集结区域。敌空中侦察由侦察机(如E-3A,RC-135或U-2)进行,可以截获战役战术级别的40个无线电通信信道的信号;探测并确定地面防空集群主要要素的位置和特征,可达己方纵深约500km。

为了在集团军地带进行地面的无线电主/被动侦察,敌方可能运用的侦察和电子战部队是由第___侦察和电子战营组成,由其第一梯队向主要突击方向行动。敌方在第一梯队部署的兵力兵器能够探测200条无线电通信和导航链路、部署地或部署方向,其中主要突击方向达86条链路,这占部署在第一梯队的各军(兵团)总兵力的42%。

此外,为了运用技术设备实施侦察,敌方将广泛使用观察哨、侦察群(组)、摩步和坦克分队以及特种侦察部(分)队。

总之,敌方能够在5~6h内查明我集团军部队战役集群配置和指挥控制系统。

(2) 根据战役伪装的要求、上级指挥部的指示以及对敌方技术侦察手段能力的评估,我(军电子对抗部门首长)建议:

隐藏主要方向上的防御部队集群,在其他方向上模拟部队佯装行动,并通过误导信息掩盖有关防御战役意图的真实情报。

为此,在____方向上建立虚假的第二梯队集结区域地名(坐标),地名(坐标),地名(坐标),虚假炮兵集群集结区域地名(坐标),地名(坐标),地名(坐标),虚假的防空导弹营阵地地名(坐标),地名(坐标),地名(坐标),虚假的集团军指挥所地名(坐标)。

通过模拟所列地区的部队活动,误导敌方集团军的主力集结在错误的方向,并使敌方朝着我方诱导的方向发起主要进攻。

反敌技术侦察的主力要集中在________方向。对敌方最重要的指挥所和技术侦察装备进行火力打击,同时对其备用的无线电通信进行电子压制,破坏敌方对技术侦察兵力兵器的指挥控制系统(系统名称)。接下来进行侦察以发现敌方部署侦察技术装备的区域,并立即引导航空兵、导弹和炮兵部队实施火力打击,同时辅以对敌方无线电通信的电子压制。对己方部队集结区域以及部队前进路线上的开阔区域进行光学和雷达伪装。在战役行动开始之前,除防空值班设备和部队指挥官外,禁止使用通信和其他电子装(设)备。在夜间组织部队行军,在选择行进路线时要考虑到地形的掩蔽性。压制敌方用于从侦察机传输情报信息的频道以及用于指挥侦察部队的无线电通信。通过综合技术检查监督部队对反敌技术侦察措施的执行情况,甚至可以通过空中拍摄进行检查。在集团军各部队中要采取措施保护武器装备的技术参数,特别是配置信息传输和处理技术设备的专用防护装备。第__独立对(地面/空中)目标电子对抗营要划分出来一部分力量以完成战役伪装任务。为更好地监督战役伪装措施,将对以下区域:№1 ________ № 2 ________ №3 ________ 进行综合技术检查。采取反敌技术侦察措施将大大降低敌方的技术侦察获取己方情报信息的能力,并同时保障集团军各部队的隐秘性,并实现对敌方的误导。

为了完成这些任务,建议编制配属部队,包括工兵、三防、电子对抗、侦察、通信分队,以及信息对抗小组。为了执行战役伪装的工程措施,战役司令部配属:第__定编工程旅;直属第__阵地伪装和模拟连,直属第__工程和技术营,配属第__工程旅,在准备防御战役的指定时间内,能够完成阵地和区域防御伪装工事的__%,主要有构建 1 个虚假的机械化旅集结地域,构建 2~3 个虚假的炮兵营火力阵地,构建 1~2 个虚假的高炮营阵地区域,准备 1 个虚假的集团军指挥所。除了工程措施外,战役伪装还应执行各种组织和技术措施,以便隐藏集团军部队及其行动,使敌方无法判定己方意图,这些措施包括:最大限度地利用各种自然和人工地形的防御特性;保障军团的部队和设施的防御和防护;限制工作人员对战役计划文件的发送和传递;将辐射装备部署在指挥所主要区域之外;尽可能限制无线电电子装(设)备的信号传输,在工作中使用所需的最小功率;在军团部队部署地带分散安置指挥控制系统,分开部署各单元,采用非线性方法部署;为欺骗敌方构建虚假的部署地和部署方向;最大限度地利用简易材料,以及损坏的装备和民用装备构建一系列虚假地域。

第6章 美国和北约军队侦察和电子战装备及其防护方法

6.1 美国和北约军队技术侦察设备

美国和北约的军事专家认为,技术侦察手段是武装力量不可或缺的重要组成部分。美国从未隐藏其欲夺取太空优势的企图,每年投入巨资推动相关项目研究。目前,美军已经列装了太空、空中和地面的侦察、气象、导航、水文、通信和指挥、预警和核爆探测等军用系统。这些系统可在全球范围内执行各种作战保障和部队指挥任务。同时,随着不断对现有军用航天系统进行改进,美国还在紧锣密鼓地推进新型作战系统的研发,拓展航天器的应用领域和执行任务范围。为进一步发展太空军事活动,美国军事政治领导层制定了一系列基础性文件。当前,美军重点关注以下方面:

(1) 发展对地面、空中和太空目标进行攻击的天基武器。

(2) 打造信息系统并拓展其应用。其中,包括加速升级太空侦察设备,继续研制"全球军用广播系统",给"导航星"无线电导航系统赋予能为高精度武器提供制导的新任务。对侦察系统来说,其任务基础变得更加广泛,扩展到从太空观察地面(以前只是对潜在敌人的战略性军事和经济目标及其活动情况进行侦察)。气象观测系统的任务也拓展至环境监控。

(3) 整合军用和民用(商用)信息设备。

(4) 全面整合航天系统和武装力量各军兵种的信息与作战手段。军事专家认为,在现代条件下,无论敌方目标具备何种防护力和机动性,也无论其部署在怎样的战役布势纵深,都可能将其摧毁,问题仅在于能否及时获取有关目标位置及状态的准确和可靠信息。因此,美国和北约的军事政治领导层特别重视发展技术侦察设备,将其视为获取可靠侦察情报的主要来源之一。

目前,美国正在实施复杂的综合技术侦察系统布局,其中包括各种太空、空中、地面和舰载手段,并给它们配备了基于不同物理原理的侦察设备。

技术侦察是指通过发现、分析侦察对象形成或反射出的物理场特性获取隐藏信息的侦察方式。

总体上,技术侦察可按照执行任务的规模、侦察设备载体种类及配置位置、获取侦察信息的方法(侦察设备类型)进行分类。根据执行任务的规模,技术侦察分为战略性、战役性和战术性三种。战略侦察,旨在为最高军事政治领导层进行战争准备、定下开战决心、筹划战略性行动提供情报。战役侦察,旨在为司令部提供准备与实施战役、作战行动所必需的情报。无论是平时还是战时,都要进行战略和战役侦察。战术侦察,主要在战时进行,旨在为司令部提供有关敌情及准备与实施战斗所必需的情报。

根据侦察设备载体种类及配置位置,技术侦察分为太空侦察、空中侦察、地面侦察和海上侦察。太空侦察,是重要的技术侦察方式,能确保及时获取有关敌方武器、技术装备和军事设施的信息,主要用于执行战略任务。战时,通过太空侦察获取的信息可用于执行战役战术任务。太空侦察的构成包括人造地球卫星、载人/无人航天器和空间站、地面指挥测量系统、火箭发射场设施等。空中侦察,主要用于执行战略和战役战术任务。空中侦察的构成包括空军战略、战术侦察机和海军航空兵侦察机。某些外国航空公司的民用飞机和部分有人、无人飞行器也可进行空中侦察。地面侦察,主要用于执行战略和战役战术任务,运用边境地区的固定/半固定和移动设施、哨所实施。在本国境内,对外国代表机构的建筑物及人员在特定区域活动时也可实施地面侦察。海上侦察,主要用于执行战略和战役战术侦察任务。可运用海军特种侦察舰、战舰、潜艇、空天目标跟踪舰和其他辅助舰船实施。当各种类型的民用船只(客轮、货船、渔船等)沿领水边界航行或在开放港停泊时,也可进行海上侦察。

根据获取侦察信息的方法,技术侦察分为光学侦察、无线电电子侦察、声学侦察、水声学侦察、地震波侦察、雷达侦察、化学侦察和磁场侦察。

光学侦察是视觉—光学、照相、光学—电子侦察的总称。视觉—光学侦察主要借助可放大或强化图片亮度的可见光波段光电设备(望远镜、立体镜、潜望镜等)实施。照相侦察是借助单景、全景照相机和摄影机进行。照相侦察在任何季节和时间,只要没有云和雾均可进行。昼间,在正常阳光条件下可以拍摄地平线上10°~15°,夜间需要有人工照明保障。光学—电子侦察,包括电视、电视传真、激光和红外侦察。电视侦察包括多帧和单帧电视系统侦察,以及低照度条件下高敏感度电视系统侦察。电视传真侦察是照相侦察的发展,利用电视传真侦察设备可在载体上冲洗胶片,读出获取的图像并借助电视设备通过无线电信道将其传输到采集站。激光侦察借助红外、紫外和可见光谱段的激光束对目标和地形的辐照,接收并分析反射信号。红外侦察借助光谱测量设备、红外辐射、红外伸缩装置、多谱扫描摄像机、红外测向设备、夜视仪器等进行。

无线电电子侦察是无线电侦察、无线电技术侦察、雷达侦察、无线电热辐射侦察和寄生电磁辐射侦察的总称。无线电侦察,借助可接收和分析来自于无线电通信、无线电遥测和数据传输设备产生的信号和寄生辐射的设备进行。为进行无线电侦察,可使用侦察接收机、无线电测向仪、译码和分析装置、记录设备和专门的计算机。无线电技术侦察,借助可接收和分析来自无线电电子装(设)备和其他技术装备产生的无线电辐射的仪器进行。为进行无线电技术侦察,可使用侦察站和侦察接收机、测向仪、分析和记录设备。寄生电磁辐射侦察,是无线电和无线电技术侦察的一个分支,借助可接收来自于特殊无线电电子装(设)备、信息传输与处理技术设备和其他技术设备产生的寄生辐射的设备进行。为进行寄生电磁辐射侦察,可使用小型超短波接收机、自动化电子装(设)备、带传导耦合的装置设备等。雷达侦察,借助可根据雷达图像特征发现、识别和确定目标位置的雷达站进行。无线电热辐射侦察,通过接收目标和地形在无线电波段的自然热辐射进行。为进行热辐射侦察,可使用厘米和毫米波段的接收机和能确定目标和地形热辐射特征的分析设备。

每一种侦察方式都具备一定执行上述任务的能力。可根据一系列指标(对各种侦察方式、手段、设备和不同侦察目标具有一定的共性和可比性),对各种侦察方式的能力进行评估。

6.2 军事航天侦察

当前,世界各国军队积极开展军事航天侦察活动,旨在提升航天侦察能力,探索航天侦察手段新的使用方式方法。根据一系列指导文件的要求,相关负责人员在进行情况判断时,应对敌方侦察能力(包括航天侦察能力)进行评估。例如,军电子对抗部门首长,在对无线电电子态势进行评估的过程中,应分析敌方航天侦察兵力兵器获取有关军(兵团)部队和设施侦察信息的能力。各军兵种部队和业务部门首长要分析敌方侦察和电子战指挥控制系统的能力,提升所属兵力兵器的运用效能以及更好地组织对己方电子设施进行无线电电子防护。

6.2.1 航天侦察器的分类与性能

航天侦察在技术侦察中占有重要地位,在武装力量诸军兵种遂行各种规模的作战行动中,发挥着重要作用。

1. 空对地的侦察分类

根据航天侦察设备的相关原理,对陆军部队集群来说,最具威胁的侦察包括:

(1) 光学侦察:可见光光电侦察、照相侦察、光电侦察(电视、摄像、激光、红外)。

(2) 无线电电子侦察:无线电侦察、无线电技术侦察、雷达侦察、寄生电磁辐射侦察。

(3) 声学侦察:声侦察、地震波侦察、水声侦察。

(4) 磁场侦察。

(5) 计算机网络侦察。

2. 侦察卫星的分类及侦察精度

军事航天侦察系统与卫星通信、卫星导航、卫星大地测量、卫星计量等系统都是军事航天兵力兵器的重要组成部分。航天侦察系统的构成包括在轨侦察卫星(以下简称“卫星”),以及地面或海上跟踪、指挥、信息接收、传输和处理设备。

如表 6-1 所示,侦察卫星根据用途和技战术性能分为景物侦察卫星和参数侦察卫星。景物侦察由雷达侦察卫星和光电侦察卫星实施,主要是对地表和地面设施进行观测和拍照。参数侦察由无线电与无线电技术侦察卫星实施。

表 6-1　卫星侦察的精度

指标	景物侦察				参数侦察
	光电侦察		雷达侦察		无线电与无线电技术侦察
	普察	精察	普察	精察	
分辨率	≥5m	<5m	≥5m	<5m	10~100km

根据星载地面遥感设备的分辨率,景物侦察卫星可分为普察卫星和精察卫星。景物侦察卫星的分辨能力,是指卫星能对两个及两个以上相邻目标进行分别观测并能测算出它们之间的最小距离的能力。该分辨能力取决于侦察设备的性能及实施侦察的条件,其首要条件是侦察卫星的轨道高度。

不同分辨率的相片对应侦察的目标也不同,一般来说:10~25cm 分辨率可以侦察交通运输工具的类型;50cm 分辨率勉强能够侦察交通运输工具的数量及类型;100cm 分辨率勉强能够侦察交通运输工具的数量;数十至数百米分辨率勉强能够侦察地形特征。

3. 卫星轨道的分类

如表 6-2 所示,根据国际分类标准,现有 26 种卫星轨道。

表 6-2　卫星轨道的类型

轨道名称	标识	轨道周期	赤道倾角度/(°)	偏心率/(°)	近地点/km	远地点/km
大气轨道	ATM	N/A	0~180	0.0~1.0	<80	0~80
跨大气轨道	TAO	N/A	0~180	0.0~1.0	0~80	>80
亚轨道	SO	N/A	0~180	0.0~1.0	<0	>80
赤道轨道	LEO/E	1h26min~2h00	0~20	0.0~0.21	80~1682	80~3284
中间轨道	LEO/I	1h26min~2h05min	8~20	0.0~0.21	80~1682	80~3284

续表

轨道名称	标识	轨道周期	赤道倾角度/(°)	偏心率/(°)	近地点/km	远地点/km
极地轨道	LEO/P	1h26min~2h	85~95	0.0~0.21	80~1682	80~3284
太阳同步轨道	LEO/S	1h26min~2h	95~104	0.0~0.21	80~1682	80~3284
退行轨道	LEO/R	1h26min~2h	104~180	0.0~0.21	80~1682	80~3284
中圆地球轨道	MEO	2h~23h	0~180	0.0~0.50	80~34680	1682~55209
高椭圆轨道	HEO	4h03min~23h	0~180	0.50~0.92	80~14331	13000~69280
“闪电”型轨道	HEO/M	11h30min~12h30min	62~64	0.50~0.77	80~7294	19489~41854
地球同步转移轨道	GTO	10h00min~12h30min	0~85	0.50~0.77		
地球静止轨道	GEO/S	23h55min5s~23h56min5s	0~2	0.00~0.01	35353~35795	35775~36217
地球倾斜轨道	GEO/I	23h55min5s~23h56min5s	0~20	0.00~0.05	33667~35795	35775~37903
地球同步轨道	GEO/T	23h55min5s~23h56min5s	0~180	0.00~0.85	80~35795	35775~71510
地球漂移轨道	GEO/D	23~25h	0~2	0.00~0.05	32628~37028	34681~39198
地球倾斜漂移轨道	GEO/ID	23~25h	0~20	0.00~0.05	32628~37028	34681~39198
地球准同步轨道	GEO/NS	23~25h	0~180	0.0~0.85	80~37028	34681~73976
深空轨道	DSO	>25h	0~180	0.0~0.50	>15325	>37028
深偏心轨道	DHEO	>25h	0~180	0.50~1.00	>80	>58731
近月轨道	CLO	—	0~180	0.0~1.00	—	>318200
地外轨道	EEO	—	—	—	—	—
日心轨道	HCO	—	—	—	—	—
行星中心轨道	PCO	—	—	—	—	—
行星脱离轨道	PEO	—	—	—	—	—
太阳系脱离轨道	SSE	—	—	—	—	—

根据用途，侦察卫星被送入以下不同类型的轨道：

无线电与无线电技术侦察卫星：地球准同步轨道(GEO/NS)、地球静止轨道(GEO/S)、“闪电”型轨道(HEO/M)、中间轨道(LEO/I)和地球同步转移轨道(GTO)，轨道高度为31000~41000km；

雷达侦察和光电侦察卫星：太阳同步轨道(LEO/S)和中间轨道(LEO/I)，轨道高度为202~1050km。

为简单起见，可按照表6-3所示，根据高度、形态和轨道周期对侦察航天器的轨道进行分类。

表 6-3　卫星轨道的分类

形态	高度	轨道周期
圆形	低(1000km 以内)	(准)对地静止轨道≈1440min(24h)
椭圆形	高(高于 1000km)	太阳同步轨道≈90~102min

地球静止轨道和准地球静止轨道,通常是高轨道,用于对地球表面某一区域进行持续侦察。地方时同步轨道或太阳时同步轨道,主要由光电侦察和雷达侦察卫星使用,通常用于在某个地区按照一定周期进行侦察。圆形轨道,用于以距侦察对象同样的距离实施侦察,大多数侦察卫星位于该轨道上。椭圆轨道,利用 TRUMPET"号角"无线电电子侦察卫星(轨道周期≈715min≈12h,远地点位置高度≈38700km,近地点高度≈1200~1500km,倾角≈64°)可增加对位于轨道远地点以下区域的侦察时间。低轨道,主要利用光电侦察和雷达侦察卫星对地表进行详细测量或对侦察对象进行高频度侦察(因为轨道越低,航天器轨道周期就越短)。高轨道,主要利用无线电与无线电技术侦察卫星对面积较大的区域同时进行侦察。此外,高轨道卫星不受高层大气的影响,损耗较小,有助于延长服役时间。

4. 侦察卫星的主要性能

1) 无线电与无线电技术侦察卫星

无线电与无线电技术侦察卫星的侦察原理是接收穿越大气层的无线电电子装(设)备辐射无线电信号,而后在一定的无线电频带内将收到的信号转发到侦察信息处理中心。大多数无线电与无线电技术侦察卫星具备如下能力:

(1) 确定被侦察的无线电电子装(设)备的电磁辐射信号的技术参数(工作频率、调制方式和功率)。

(2) 确定无线电电子装(设)备的个体特点(如能将两辆 P-161 指挥车识别区分开来)。

(3) 截获无线电信号的信息(除自动加密通信外)。

(4) 确定无线电电子装(设)备的位置,精度在 10km 内。

(5) 持续(或接近持续)对一定数量的无线电电子装(设)备进行观察。

2) 光电侦察卫星

光电侦察卫星的侦察原理是获取有价值地区地表照片(带有一定分辨率)并将获得的数字照片传输给地面接收中心,经处理后转发给服务订购者。例如:

(1) LANDSAT-7 卫星,属于美国航空航天局和多家商务公司,在全色模式下(对可见光范围内 0.5~0.9μm 所有波长的光都能感光)拍照分辨率为 15m;在多光谱模式下(6 个频率)拍照分辨率为 30~60m,在该分辨率下侦察地幅为 185km。

(2) SPOT-5 卫星,属于法国 SpotImage 公司,在全色模式(0.48~0.71μm)下拍照分辨率为 5m,在多光谱模式下(4 个频率)分辨率为 30~60m,在该分辨率下侦察地幅为60km。

（3）WORLDVIEW-1卫星，属于美国Digital Globe公司，只能在全色模式下（0.5~0.9μm）在17.6km地幅内对地面进行拍照，分辨率为50cm。

（4）美军现役KeyHole-12卫星（编号2、3、4、5）能对2.5~3km地幅内的目标进行高分辨率（10~15cm）侦察。

为进行夜间侦察，可在光电侦察卫星上安装红外侦察设备，但在这种情况下分辨率会下降。

在大多数精确光电侦察卫星上安装了反射镜系统，或多个望远镜，或一个望远镜（安装在活动平台上）。光学系统相对天底点（Nadir Point）的平均最大观测角度为40°~45°。在490~650km的轨道高度，侦察目标到星下点（地球中心与卫星的连线在地球表面上的交点）的最大可能距离为400~900km。但只有在光学系统观测角度较小时，才能获得更好的定位精度和分辨率，也就是说，侦察目标到星下点的最大距离为280~350km。当平均轨道周期≈95min时，光电侦察卫星和雷达侦察卫星星下点在地面的位移速度达390~430km/min，相应地，光电侦察卫星在一次飞行中对单个目标的观测时间约为2~4min。

3）雷达侦察卫星

雷达侦察卫星的侦察原理是使用雷达信号对有价值地区的地面进行探测，接收反射信号，记录获取的信息并将其传输给地面中心，经处理后再发送给服务订购者。例如：

（1）RADARSAT-2雷达侦察卫星，属于加拿大航天局和私营公司MDA，该卫星在拜科努尔航天发射场发射，可以在10种模式下对地面拍照，分辨率为3~100m，侦察地幅为20~500km。

（2）美军Lacrosse雷达侦察卫星（编号3、4、5），可在多种模式下对地面拍照，分辨率为0.6~3m，侦察地幅为2~200km。

5. 侦察卫星群的编成影响因素及应用特点

从1957年人类开始开发太空起，迄今已经发射了约32000颗卫星。每颗通信、导航和侦察卫星的在轨平均使用周期为5~15年，但也有部分卫星的使用周期会更长一些。但并不是所有在轨侦察卫星都能对部队和军事设施进行侦察，因为侦察卫星群的编成取决于以下因素：侦察卫星的用途和星载设备的技战术性能，侦察卫星轨道的参数，每个卫星系统的国别和所有权形式等。例如，美军导弹袭击预警系统的第一高度层次，可发现弹道导弹的发射并根据红外辐射确定其在所谓“黑宇宙”的轨迹参数。以色列的OFEQ-5/-7、TECSAR精准侦察光电卫星无法对某些战术保障地带进行侦察，因为OFEQ-5/-7卫星的星下点最大纬度为38°，而TECSAR卫星为41°，这些卫星的侦察对象显然都位于中东地区。TRMMPET-2/-3无线电侦察卫星，根据轨道特点，可以确定其侦察的主要目标位于北冰洋上，但整个欧亚大陆和北美都处于其侦察区域内。

综上,可以得出以下结论:

(1) 在战役中,外军侦察卫星群能够对战术保障地带进行定期侦察:其中,无线电与无线电技术侦察是全天时的;精察光电侦察每昼夜进行 20~28 次(约一半侦察在白天,另一半在夜间);精察雷达侦察每昼夜进行 12 次。

(2) 卫星都很难借助变轨发动机来改变轨道交角,部分卫星可小幅调整轨道高度,从而改变运行周期(轨道越低,运转周期越短,飞经同一地段的频率越高),以扩大侦察范围或者提高侦察精确程度。但卫星只携带有限的燃料储备,其燃料储备决定了卫星在轨运行的时间,其调整轨道的次数牺牲了卫星在轨运行的时长。美军的 KeyHole-11 光电侦察卫星,发射前质量为 12~14t,其中约一半是燃料质量。多数光电侦察卫星和雷达侦察卫星的燃料储备为数十千克到 2t 不等。

(3) 位于较高地球静止轨道和准地球静止轨道(高度约 40000km)的无线电与无线电技术侦察卫星可以进行长时间甚至全昼夜的侦察监视,但无法进行精准侦察;位于低轨道上的光电侦察卫星和雷达侦察卫星能够进行精准侦察,可对同一地段进行周期性扫描。

(4) 在准备和遂行军事行动的过程中,综合使用非军事、商用卫星来获取情报不易实现,除资金问题外,还存在组织和技术方面的问题。

6.2.2 反航天侦察的措施

反航天侦察的措施取决于航天侦察手段的工作特点及其优缺点。

1. 反无线电与无线电技术侦察卫星系统的措施

对无线电与无线电技术侦察卫星系统来说,其优点在于能够不间断地进行无线电与无线电技术侦察,能够获取无线电电子装(设)备的技术特性,能够截获通过无线电、无线电中继和对流层通信线路传输的信息;其缺点是对无线电电子装(设)备的定位精度较低,无线电与无线电技术侦察卫星的效能取决于被侦察的无线电电子装(设)备信号的参数,对通过加密通信传输的信息的截获能力较低,无线电与无线电技术侦察卫星的位置位于(准)地球静止轨道上,容易遭受攻击。

因此,反无线电与无线电技术侦察系统的措施如下:

(1) 尽可能使其难以获取侦察信息。

(2) 建立和使用预备的无线电电子装(设)备。

(3) 根据在不使用无线电、无线电中继和对流层通信手段的情况下态势的可能发展,预先周密、明确规划好部队行动。

(4) 优先使用有线通信(在无法使用有线通信的情况下,在较短距离内,使用移动通信或机要邮政通信;在较长距离内,使用无线电中继通信)。

(5) 在使用无线电、无线电中继和对流层通信设备工作时,使用定向天线。

(6) 无线电设备以能确保稳定接收信息所需的最小功率运行。

(7) 通过使用短指令、信号表等形式减少无线电电子装(设)备的使用时间,定期更换部队指挥控制的文件。

(8) 按照预先确定的非规则的时间安排表,组织更换无线电、无线电中继和对流层通信设备的工作频率。

(9) 定期更换辐射无线电电子装(设)备的阵地(特别是防空导弹无线电电子设备的阵地,每次导弹发射后都要更换)。

(10) 根据敌方无线电技术侦察卫星的飞临时间表,临时限制无线电电子装(设)备的辐射。

(11) 将平时使用过的无线电电子装(设)备列入备用,因为它们的特性很可能已经被掌握。

(12) 对于最重要的无线电电子装(设)备,要定期更换某些调制和放大组件(即便在它们完好的情况下),以改变其独有的辐射侦测特征。

(13) 定期对使用无线电、无线电中继和对流层通信设备的接线员和报务员进行岗位互换(因为某个具体报务员的操作"手法"也是侦测特征)。

(14) 使用无线电电子装(设)备定向发射天线时,应考虑到已知的无线电与无线电技术侦察卫星的方向。

(15) 不断筹划、创新和实施反无线电与无线电技术侦察卫星的措施。

2. 反光电侦察卫星系统的措施

对光电侦察卫星系统来说,其优点是具有很高的分辨率,但也有较多缺点,例如,只在较窄的侦察地幅,才能保障高分辨率;在指定地域进行侦察的时间取决于卫星的轨道参数;侦察性能发挥受侦察地区天气条件和照明情况影响较大。反光电侦察卫星的措施如下:

(1) 及时向部队通报有关光电侦察卫星活动的信息。

(2) 进行伪装,并配合环境示假。

(3) 定期更换部队部署地域。

(4) 最大限度利用能见度有限的环境。

(5) 使用制式伪装设备和辅助材料。

(6) 利用地形进行伪装。

(7) 构建和展示虚假的目标、防线、区域和路线。

在密云层条件下,由于湿度较大或云量较多,光电侦察卫星系统的措施可能无法实施。在温带气候区,秋冬季节85%的时间有云层(主要是低密云)遮挡,春夏季节40%~60%的时间有云层遮挡,晴天最多的也是春夏季节。为便于考虑天气条件的影响,应向部队进行相应的气象通报。

3. 反雷达侦察卫星系统的措施

对雷达侦察卫星系统来说，其优点是具有很高的分辨率，受气象条件、季节和天时的影响较小。其缺点是在指定地域进行侦察的时间取决于卫星轨道的现时参数；对下垫面（包围在地球外部的一层气体总称为大气或大气圈，大气圈以地球的水陆表面为其下界，称为大气层的下垫面）以及存在干扰和虚假目标的侦察对象的识别难度较大。

反雷达卫星侦察的措施如下：

(1) 及时向部队通报有关雷达侦察卫星活动的信息。

(2) 对部队和设施进行雷达伪装，并展示虚假环境。

(3) 定期更换部队部署地域。

(4) 使用制式伪装设备和辅助材料。

(5) 最大限度利用地形进行伪装。

(6) 在敌雷达侦察卫星飞临的时间周期内严格组织各项伪装措施落实。

(7) 筹划和组织使用角反射器干扰的方式掩护部队调动和部署。

(8) 模拟部队在虚假线路上转移和在虚假区域部署（使用虚假目标模拟器、角反射器、故障或未经维修的武器装备等）。

为全面对抗光电侦察卫星和雷达侦察卫星，每个排和每个连都应配备 1~2 个预备集结区域。若光电侦察卫星和雷达侦察卫星飞临时间周期为 1.5~2h，则各区域之间的相互距离保持在 5km 左右，乘坐交通工具转移时间不超过 15min，徒步转移时间不超过 1h。变换集结区域或按照制定的计划进行，或是在被敌人发现当前集结区域后进行。不过，在航天侦察系统高度发展的今天，整旅、整团、整营进行隐蔽转移几乎是不可能的。

总的来说，航天侦察系统的优点是进行侦察的效率高、范围广，能够综合利用各种侦察卫星获取的信息，对火力杀伤手段具有强抗毁能力。摧毁通信卫星则会使残留的碎片散落在此前卫星所在的整个轨道上，会对其他航天飞行器造成严重影响，即对任何在轨卫星的毁伤都是一种极端措施。航天侦察系统的缺点是由于轨道参数已知，对确定区域地表侦察的时间可预测，敌方可以掌握有关侦察卫星飞临的信息并提前通报部队做好反侦察措施。

反航天侦察系统的方法主要是采取综合性方法组织对抗航天侦察系统与手段，构建和利用虚假的目标、区域，使侦察信息处理系统过载（尽管侦察系统的自动化程度很高，但处理侦获信息并做出决策的大量工作仍需接收和处理中心的工作人员来执行），采取某些禁止和限制措施，保障无线电电子装（设）备工作的隐蔽性，并及时向部队通报有关侦察卫星飞临的情况。

总之，无论是平时还是战时，如果不重视、不预先筹划对抗敌方（潜在敌方）技术侦察手段的措施，可能会导致己方在战斗打响前就遭受失败。对敌方（潜在敌方)侦察和电子战兵力兵器的评估,旨在确定其强点和弱点,最大限度地削弱其强点和最大限度地利用其弱点。

6.3 高精度武器

近几十年来,局部战争、武装冲突的经验表明,及时和充分地查明敌方行动意图,随后密集使用以高精度武器为代表的高效杀伤兵器,是世界主要国家武装力量落实现代军事理论和规划的基础。美国和其他北约国家军方几乎一致认为,在现代战争中,特别是空地一体战的初始阶段,高精度空袭兵器发挥着主要作用。

高精度武器是指在其射程范围内的任意距离单次发射并击中目标的概率不低于50%的武器。也有文献认为,高精度武器是集成了侦察、控制、投送、制导、毁伤等组件,能实时发挥作用并保障引导杀伤兵器攻击目标且误差不超过战斗部杀伤半径的常规武器系统。

从定义可知,高精度武器的杀伤效应有赖于通过各种手段将弹药高精度投送至攻击目标,这必须以准确的侦察数据为基础,并在从准确发现具体目标到将其摧毁很短的时间间隔内完成。高精度武器毁伤目标的巨大能量的实现,必须对"战场"进行实时、高效、不间断的侦察,以便根据目标的重要性评估高精度武器使用的适当性和分配的合理性,要高度协调侦察、火力毁伤和指挥手段在时间和空间上的行动。

使用高精度武器时,部队配备要确保编成内指挥、侦察、毁伤和保障等所有要素的平衡。必须及时、准确获取侦察信息,原因在于:使用高精度武器对多种类型目标进行打击,必须及时获取可靠和精准的目标信息,在实施打击前对目标进行补充侦察,并对打击效果进行评估,以判断是否进行二次打击;高精度武器的发展对有关敌方目标侦察信息的完整性提出了更严格的要求,也就是不仅要知道目标的坐标,还要了解有关目标的类型、防护性、隐蔽性及地表和地物特性等方面的信息。

由此,组织有效的反敌技术侦察,保护己方部(分)队免受敌方高精度武器毁伤就成为特别迫切的问题。

6.3.1 高精度武器的分类及其发展

如图6-1所示,将所用兵力兵器的控制、侦察、毁伤和保障等组件集成为一体,是组织高精度武器作战运用的基础。美国及其盟友在两次伊拉克战争、空袭南联盟行动、阿富汗战争中都使用了这种空天侦察打击一体化系统。并且,在行动中所用兵器的数量和种类不断增加。在第一次海湾战争中,美国使用的空基、海基高精度武器占比只有7%,在第二次海湾战争中,高精度武器使用的比例已经达到90%,某些种类的弹药已达到100%。

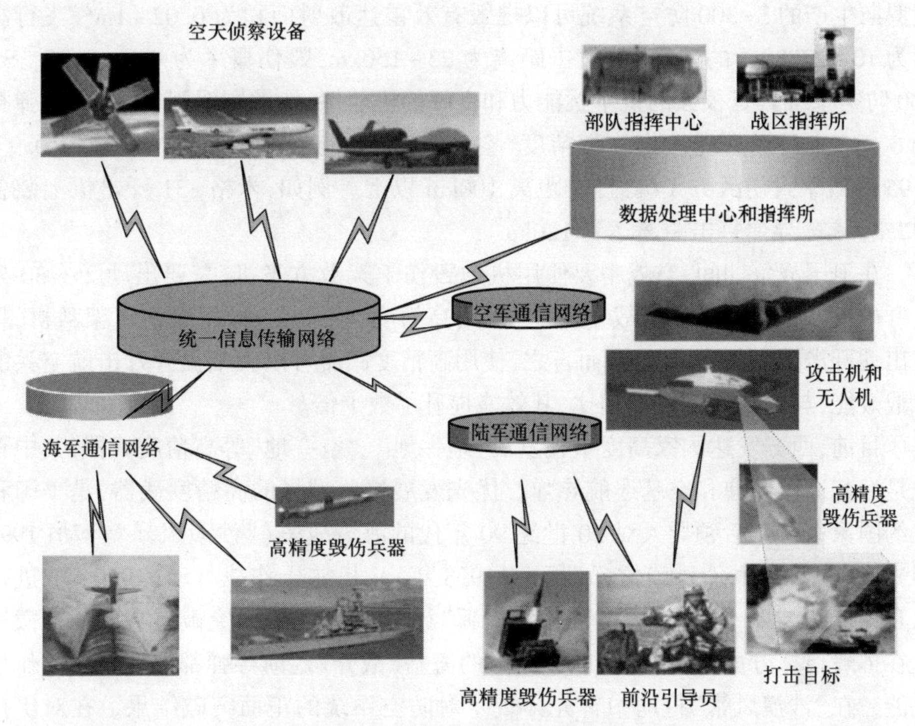

图 6-1　空天侦察打击系统

高精度武器是武装斗争中最有效的打击手段,目前仍在持续发展,并不断在局部和区域性的常规战争中证明自己的优势。目前,高精度武器可以分为:"空—空""空—地""地—地"。在武装冲突中,各种型号的高精度武器都对任务目标具有很高的毁伤效能,同时在飞行中也不易受到现代化防空系统的毁伤。各类不同的飞行器搭载的"空—空""地—空"型高精度武器在武装斗争中占据了主导地位。

1. 高精度武器使用战例

据不完全统计,在第一次世界大战期间,要毁伤 1 架飞机平均需要 8230 枚口径 20~105mm 的高射弹药,而在第二次世界大战期间,要毁伤 1 架飞机平均只需要 6830 枚中小口径的高射弹药。根据越南战争的经验,在不对防空导弹系统进行无线电干扰的情况下,要毁伤 1 架飞机仅需要 2~3 枚防空导弹,而在实施无线电干扰的情况下,需要 5~7 枚。1973 年在中东阿以战争期间,在防空系统有、无遭受电磁干扰的情况下,毁伤 1 架飞机所需弹药为 10~11 枚和 4~7 枚导弹。由此可见,在无线电干扰的情况下,防空导弹的效能降低了 36%~60%。

在 1991 年海湾战争期间,高精度武器毁伤"飞毛腿"弹道导弹首次投入实战。据统计,"爱国者"防空导弹系统对"飞毛腿"导弹战斗部的毁伤概率为 0.25~0.3。

俄罗斯生产的S-300防空系统可以摧毁有效雷达散射面积为0.02~1m^2、飞行高度为10~27000m的飞行器,打击距离为23~150km,毁伤概率为0.8~0.95。S-300防空系统具有很强的抗干扰能力和良好的机动性,能够同时引导12枚导弹打击6个空中目标。现代化的高精度"空—空"导弹能够在无干扰情况下以0.9~0.95的概率毁伤敌方飞机,打击距离100km以上。例如,米格-31歼击机上装备的"空—空"导弹打击距离达到120km。

在卫国战争期间,空战中要使用机炮毁伤1架敌方飞机,需要出动25~30架次歼击机。根据中东地区战争经验,使用高精度"空—空"导弹毁伤1架敌机,只需出动歼击机1~2架次。换而言之,使用高精度武器可以大幅提升歼击航空兵的作战效能,与非制导的机炮相比,其效能提升了数十倍。

目前,西方发达国家高度重视发展"地—地"、"空—地"等高精度武器,其中首先是海基巡航导弹和空基巡航导弹。优先发展这些型号的高精度武器,是美国和北约国家军事政治领导人对20世纪90年代的海湾战争("沙漠风暴"行动(1991年))、伊拉克战争("沙漠之狐"行动(1998年))、巴尔干作战行动(1999年)进行认真评估的结果。"沙漠风暴""沙漠之狐"行动表明,无论是突破防空系统拦截还是在摧毁目标方面,使用各型战舰发射的海基"战斧"巡航导弹都具有很高的作战效能。在"沙漠风暴"行动中首先体现了对防空系统的正面突破结果。在对伊拉克目标进行密集航空导弹打击时,首次大规模使用了电子战装备压制防空系统。海基"战斧"巡航导弹(雷达截面积0.05m^2,与B-52和B-1战略轰炸机的雷达截面积相比几乎可以忽略不计)有能力突破防空系统。此外,从伊拉克一方来看,防空导弹和歼击机的作战使用大幅减少。美军发射"战斧"巡航导弹主要是在夜间,"战斧"的最低飞行高度在100m以下。在"沙漠风暴"行动中,40个昼夜的空中行动中使用了282枚高精度导弹,其中在空中进攻战役的第一波导弹打击中使用了100枚海基巡航导弹。在"沙漠之狐"行动中,在4天的战斗中共使用了425枚巡航导弹,其中包括335枚海基导弹和90枚空基导弹。高精度巡航导弹的平均单日作战使用量提升了15倍。为确保摧毁伊拉克的主要目标,针对每个目标平均使用2~3枚海基巡航导弹(空基巡航导弹)。

在1999年美国和北约入侵南联盟的行动中,参与密集航空导弹打击的高精度巡航导弹的比重急剧上升。据不完全统计,在"沙漠风暴"行动中每使用1枚巡航导弹的同时就要出动6架战机(总计出动632架战机,使用了100枚海基巡航导弹)。而在针对南联盟的密集航空导弹打击行动中,每使用1枚巡航导弹的同时仅需出动2架战机(为实施打击共动用了200~220架飞机和100枚"战斧"巡航导弹)。时任美国国防部长威廉·科恩于2000年致函美国总统和国会称:"高精度武器的价值正在体现,美国空军目前可以精确摧毁在任何地点发现的目标。"其在该文件中指出，使用高精度武器可以在作战行动的初始阶段就对防护严密的目标实施打击。在对战役进行分析的基础上，美国军方领导层得出结论，必须高度重视远程“地/海—地”和“空—地”高精度武器的发展。为实现这一目的，美国海军计划于2003年拥有198艘海基巡航导弹载舰，其中107艘为潜艇。所有舰载的海基巡航导弹总数约为4000枚。假设可靠性为0.9、命中率为0.8，根据军事需要，美国海军使用这些巡航导弹（昼夜间、全天候）大约可以摧毁900~1200个敌方重要目标。

该文件还指出，当前美国共有208架战略轰炸机，其中B-52型机76架、B-1B型机93架、B-2型机21架。有44架B-52和52架B-1B处于战备状态，并可随时准备出动。如果每架B-52型机携带12枚空基巡航导弹（射程为2400km），而每架B-1B型机携带8枚巡航导弹，则这96架处于完全准备状态的战略轰炸机能够携带844枚远程空基巡航导弹升空，（每个设施使用2枚空基巡航导弹（类似ALCM））则可有效打击敌方的300个设施，。计算表明，美国空军和海军能够在大规模常规战争中短时间内投放数千枚高精度巡航导弹（考虑其技术可靠性，为4000~4200枚），携带常规弹头毁伤敌方重要设施、高级军事指挥机关、基础能源设施、军用机场、海军基地、弹道导弹地面发射装置、防空系统等。

因此，在拥有常备的战略核力量（首先指的是洲际导弹的）的同时，只需常规的高精度武器就可以完成战略遏制任务。

要保障军事安全需要军事领导层注重建造、试验和装备现代化高精度武器。这里首先指的是配备常规弹头的中远程海基和空基巡航导弹，它们也是强大和可靠的战略遏制手段，以慑止大规模战争。

2. 空天打击体系的特点及打击阶段划分

空天侦察打击体系具有航天航空梯队的战术灵活性，每个作战单元都可以根据具体态势自主运行，各个梯队配备的光电、无线电技术、雷达侦察设备能遂行全天时、全天候、不间断的侦察，使整个体系总体上具有很高的作战稳定性。同时，每个梯队均可用于执行独立的任务。体系能对指定区域进行高频监测并通过快速传递侦察信息的航天侦察设备（无线电技术、雷达和光电）可以实时发现目标的位置。获取的关于目标的信息被传递至部队指挥所和（或）直接传递至航空杀伤武器，由其同时实施补充侦察和火力打击。这样就成功地实现“发现即摧毁”的作战理念。

通过对美国及其盟友军方观点的分析表明，为摧毁敌方的国家和军事基础设施目标，需分四个阶段：

（1）预先侦察阶段。在该阶段，北约司令部要查明敌方集群的编成、作战队形、火力配系，明确敌方雷达、无线电技术和通信设备的主要参数和运行机制，并且要在作战行动区域范围内不间断实施侦察。航天侦察设备要发挥重大作用,需要使用军用人造地球卫星进行光电、雷达、无线电和无线电技术侦察,在能见度较差的情况下也能以足够高的精度对目标实施侦察。同时,还应注意连续信息监控,由空中侦察系统(侦察机、无人侦察机)实施,可以确保及时获取、处理并向用户传输信息。

(2) 准备和筹划作战行动。在该阶段进行作战行动筹划,在统一的自动化系统中为高精度毁伤武器准备飞行任务和飞行数据输入。自动化系统是带有先进显示系统和统一数据库的软件和计算设备的综合体。

现代化的"空—地"武器系统的运用与专门的导航系统与数字地形图的使用密切相关,而准备数字地形图恰恰是制定飞行任务时工作量最大的环节。将作战行动区域地表大部分地区的地图信息(三维形式)保存到机载计算机的存储器中,能为导弹在作战行动区域提供精确导航,毁伤目标的坐标在飞行前或飞行过程中装定。

对于战术系统而言,特别是在局部冲突中,战场态势变化迅速,这决定了指挥控制系统需要具有高效性,其中包括在高精度毁伤武器飞行过程中要及时传输目标指示与变换指令(特别是在缺少精确的初始目标指示数据或打击移动目标等情况下)。为达成目标,要考虑使用包括无人侦察机或战术侦察机等拍摄的光电图片进行匹配制导,还应考虑使用合成孔径雷达和热成像系统图片进行匹配制导可能性。高精度毁伤武器的飞行轨迹应予以持续跟踪,直至其命中目标,以便必要时可决定是否对指定目标实施二次打击。

(3) 空袭兵器对打击目标实施火力压制阶段。在该阶段,利用卫星导航系统实施精确打击是决定性因素。综合使用航天导航系统和机载导航系统(飞机、潜艇、导弹和炮兵弹药)可在任何干扰环境下、任何气象条件下和任何时间段内确保导航的高精度和自主性。"空—地"武器指挥控制系统同卫星导航全球定位系统(GPS)搭配,可在高精度毁伤武器发射前确定目标坐标并确保对其实施打击。但也不排除其他在诸多有利条件下利用激光制导、电视制导等系统发射高精度毁伤武器的可能。

(4) 对使用高精度武器的效能进行评估的阶段。在该阶段通常使用航天和航空侦察设备进行。

3. 高精度武器的特点及使用条件

现代化高精度毁伤武器最重要的功能特性包括:按照"发现—摧毁"的原则执行作战任务的高效性,很高的"性价比"指标,目标摧毁的选择性和高精确性。

现代化的高精度武器系统足够精准,可以实施选择性打击,并在进行此类打击时达到从前必须通过密集火力打击才能实现的效果。在以往的作战行动中,要通过持续时间长、花费巨大的火力准备与火力支援这两个阶段为遂行后续行动创造条件,而使用高精度武器则无须进行火力准备与火力支援。因此,在地面兵力集群遂行战役的过程中,美国及其盟国武装力量司令部规定在以下情况下使用高精度武器:

(1) 部队在前沿地带机降时,由空军和海军兵力使用高精度毁伤武器实施精确火力支援打击。

(2) 与人数少但机动性强的敌方兵团或部队遂行作战时,使用高精度武器同时对敌方若干重要目标实施打击,给敌军造成强大心理压力。

(3) 为夺取和掌握主动权而发起持续对敌进行猛攻和扩大战果时,突然使用高精度武器,能使敌陷入混乱状态,达成出其不意的效果。

(4) 在第一梯队部队完成当前任务时,对敌方战斗队形纵深目标实施高精度打击,可确保己方部队进行轮换或将预备队投入战斗。

(5) 在战役和战术层面准备进行机动时,视情使用高精度武器。

此外,还可以对敌方部队和后勤指挥体系各要素进行高精度打击。

4. 高精度武器的发展方向及主要完善措施

当前,构建以最新的信息侦察、导航定位和通信手段为支撑,与高精度武器融合的全球侦察打击一体化武器系统,是美国和北约其他主要国家武器装备发展的优先方向。根据美国及其北约盟友军事领导层的观点和制定的武装力量作战运用观念,高精度武器的发展方向如下:

(1) 进一步完善侦察和指挥控制系统,在构建国家反导防御体系框架内,秘密对全球空天侦察信息系统进行升级改造。该系统由 1800 个新一代小型和微型人造地球卫星(纳米卫星和微卫星)组成,其分辨率可达 0.25m。在实施该项目过程中,对 AWACS、JSTARS 等系统进行改造,研制基于实时信息处理与制导系统的新型察打一体(多功能)无人机。

(2) 进一步完善先进的航空机载雷达侦察设备,确保为指挥机构直观和准实时地提供有关敌方活动、地形等真实准确和全面的信息,为火力打击和功能毁伤兵力兵器提供目标指示。

(3) 大力研发综合侦察系统,其中包括飞机和无人机等侦察设备搭载平台,以及现代化的雷达、数据传输和处理设备。例如,E-10 型侦察机、空中通用传感器系统(ACS)、北约联盟机载地面监视系统(AGS)、防区外监视和目标截获雷达(SOSTAR)等。

截至 2015 年,世界主要大国都已列装空基雷达系统,使其能够对战场进行详细勘察。此外,他们还致力于拓展电子计算技术和高精度武器自动化指挥手段的使用范围。例如,美国通过采取以下措施,完善高精度杀伤兵器的运载平台:

① 对 B-2、B-1 系列战略轰炸机进行升级改造,并研发新型战略轰炸机。

② 研发使用隐身技术的洲际和常规无人机。

③ 建造可携带数百枚"战斧"巡航导弹和 HyStrike 高超声速导弹及其发射装置的自动化巡航导弹运载船。

④ "俄亥俄"级核潜艇换装"战斧"巡航导弹发射装置(未来换装 HyStrike 高超声速导弹发射装置),其射程达 2700km。

⑤ 建造多功能的 F-22 和 F-35 歼击机。

当前,世界主要大国高度关注研发新型高精度武器——高超声速巡航导弹,这将极大促进各军种力量的发展。美国利用全球导航定位系统资源对现有航空杀伤武器进行升级改造。因此,在不远的未来,高精度武器系统将具备如下性能:更大的火力毁伤距离;弹头抵达目标的速度更快、精度更高;自动化引导系统,可实现"发射后自寻的";武器在军兵种层面实现综合化和通用化;在携带常规弹头(其中包括分裂式弹头)的洲际弹道导弹上装备高精度毁伤武器;基于爆炸物质量的增大而提升的威力;集成基于新物理原理的杀伤兵器(射束、电磁、声学、热学武器)等。

6.3.2 高精度武器的技战术性能及其战斗力

1. 高精度武器系统的分类

为定性分析敌方使用高精度武器对部队集群和设施实施打击的能力,须对高精度武器系统进行分类。主要的分类特征包括:高精度武器的用途、部署地点、使用的探测与导航系统。

根据用途,高精度武器可以分为反导和反卫、高射、防空、反舰、反辐射、反坦克、多用途等。为对部队集群和各种军事设施实施打击,一般使用反辐射、反坦克和多用途高精度武器系统。根据部署地点,高精度武器可以分为地面、空中、舰载、天基或混合部署型。高精度导弹系统常按部署位置和目标位置分为"地—地""地—空""空—地""空—舰""空—雷达"等。

根据探测、目标指示或制导系统运行的物理原理,高精度武器系统分为惯性、无线电导航、热视、红外、电视、激光、光学、雷达、无线电技术或混合型制导武器。既有配备自制导系统的自主弹药,也有装配依赖外部制导或飞行轨迹修正的弹药。这些高精度武器大致可归纳为惯性—无线电导航、光电和雷达制导三类。此外,还有装配混合系统的高精度武器,即在执行系统飞行的不同阶段使用多种制导系统,如在飞行初段使用惯性或无线电导航制导系统,在飞行中段,使用匹配制导系统或无线电指令制导系统,在飞行末段使用光电制导系统。当然,各种制导系统还有其他组合或综合方式。在多传感器系统中,可同时使用从雷达、无线电导航、热视、电视、激光和其他设备获取的信息导引指向目标。

2. 带光电制导系统的高精度武器

带光电制导系统的高精度武器广泛用于摧毁小型(点状)目标(包括装甲目标)。带光电制导系统的高精度武器系统可装配在空中、地面和水面运载平台上。所有高精度武器的光电制导系统,除激光制导系统外,都属于被动式的,即都是利用设施(目标)自身的辐射信息进行制导。根据光电制导导引头构建与运行的物理机理,可分为热视、电视、光对比、红外、激光制导;根据制导操控方式,可分为自动制导和遥控制导。为跟踪目标,可使用边缘、中心或相关等方法。目标跟踪方式的选择取决于目标的对比度、目标图像和跟踪门限尺寸的对比、其他对比目标图像落入跟踪波门限、图像结构等。被动式自动制导头可以使用对比式或相关式匹配方法。

激光(主动式)自动制导头可以采用自主制导或指令制导。在第一种情况下,使用激光波束照射目标,高精度武器执行系统拥有半主动式激光导引头,其通常使用单脉冲定位。对目标的照射可以从武器载具(飞机、直升机、无人机、坦克、装甲车)的侧方或由外挂点实施。对某些集束弹药而言,可以使用能有效感知目标的热辐射的红外或热辐射传感器自动导引头。

3. 带无线电导航制导系统的高精度武器

近年来,无线电导航制导技术取得了长足发展。带无线电导航制导系统的高精度武器主要用于摧毁点状目标(包括有防护的目标),且不受目标和高精度武器使用位置之间距离的限制。无线电导航制导系统还广泛应用于研制新一代巡航导弹。

无线电导航制导系统技术也用于对炮弹的精确制导,主要通过测定炮弹在飞行过程中的位置,并向火炮系统计算机传输数据,确定其与预定弹道之间的偏差,以便做出必要修正,进而降低后续射击脱靶概率。此外,美国和其他一些北约国家还研制了带无线电导航制导系统的高精度制导炮弹,如配备空气动力阻片能够修正飞行距离的自修正炮弹,以及可在距离和方向上修正飞行轨迹的自制导炮弹。

为提高巡航导弹控制系统的抗干扰性和可靠性,GPS 系统接收机由升级版的地形轮廓匹配系统(作为飞行中段的备用制导设备)替代,这使其可以在夜间和复杂气象条件下,对远距离超视距的敌方目标实施精确打击。

4. 带被动式雷达制导系统的高精度武器

被动式雷达制导系统主要用于打击各种雷达设备和其他无线电辐射源的精确制导反辐射导弹上。精确制导反辐射导弹多列装于战术航空兵和海军航空兵。

被动式雷达自动导引头是反辐射导弹的最重要组件,它用于自主寻找和定位无线电辐射强的目标,在雷达信号消失时进行重复搜索和截获,在其他信号干扰下选择目标信号,向反辐射导弹控制系统发送目标雷达站的角坐标并在雷达信号短时消失时对角坐标进行外推。

某些型号的反辐射导弹使用复合制导法:在其飞行轨迹的初段,通过程序进行制导,在末段,进行自制导。反辐射导弹研制复合式自动导引头是被动式雷达导引头和被动式红外导引头的复合,当雷达信号消失时,后者可在飞行轨迹末段为反辐射导弹进行制导。

多数反辐射导弹具有宽频雷达自动导引头,能够对所有雷达设备(频率预存在弹载电子计算机的存储器中)的辐射做出反应,快速识别并定位雷达信号。导引头上还装有惯性系统,可在目标雷达设备辐射信号中断的情况下,确保导弹制导的精度。

反辐射导弹有三种使用模式:

(1) 自卫模式。借助机载雷达辐射识别系统对所有接收到的雷达信号进行分析和分类,按照威胁程度确定最重要的目标。雷达信号参数同时传输至导弹和飞行员,飞行员从导弹系统接收准备发射的信号,并在反辐射导弹发射后调整飞机姿态准备执行其他任务。

(2) 对计划外的、突然发现的目标的行动模式。借助机载无线电技术侦察设备,发现雷达信号,对其进行分类并确定威胁等级。被发现的雷达设备的数据会在驾驶舱显示器或飞行员头盔显示系统上显示,由飞行员选择目标而后发射反辐射导弹。

(3) 针对指定区域内预先选定的目标的行动模式。向导弹的无线电技术侦察设备输入目标雷达的预定数据,并设定对其进行搜索和消灭的任务。导弹飞行到目标区域,在飞行过程中进行自主搜索并识别所有接收到的雷达信号,根据预定数据获取目标雷达信号。如果未发现所需的信号,则按照目标的重要性优先获取其他目标。

5. 带复合制导系统的高精度武器

现代化中、远程高精度武器通常使用两级或三级复合制导系统。在导弹飞行初段,通常使用惯性导航系统或者无线电导航系统。惯性导航系统的优点在于其使用的自主性、隐蔽性及很强的抗干扰性,但在长时间飞行时无法确保较高的制导精度。因此,在执行系统飞行的不同阶段使用多种制导系统。例如,在飞行初段使用惯性或无线电导航系统,在中段使用匹配性或无线电指令制导系统,在末段使用光电制导系统。又如,Tercom 匹配制导系统将存储在高精度弹药计算机内的标准数字地图与飞经地区地形进行比对,可确定导弹的实际位置。但在导弹制导的末段,Tercom 系统的精度不够,通常需配合使用数字场景匹配区域相关系统(DSMAC)匹配制导系统,DSMAC 匹配制导系统属于光电制导系统,在该系统中地形的光学图像转换成数字模式,并与计算机中的标准数据进行比对。

为摧毁小型目标,需要更高的制导精度。光电和雷达自动导引头可确保在飞行轨迹末段仍保持较高的制导精度,这些自动导引头可与激光+热视制导系统、雷达+红外制导系统及其他制导系统组合搭配使用,不仅能提高制导效能,还能确保高精度武器的全天时和全天候使用。

高精度武器的趋势是向多功能性、集成性、智能性发展。为此,不同的制导系统之间,包括与载具上的无线电电子装(设)备之间,要进行软、硬件集成。高精度武器的智能化制导系统可在信息有限、无外部指挥机关修正及无法预测电磁干扰等情况下运行,制导系统需要能够在对以往和当前所有信息综合分析的基础上处理数据,尤其是能够在电磁干扰环境中发现及跟踪集群目标。

6. 空基高精度毁伤兵器

如图 6-2 所示,空基高精度武器的主要形式是各种型号的导弹、巡航导弹和航空制导炸弹。在现代条件下,空基高精度武器的作战使用主要在侦察打击一体化系统框架下进行,高精度武器的各种载体(战略和战术航空兵飞机、直升机、作战无人机),陆基、空基和天基侦察设备,通信和信息传输设备,航天无线电导航设备(全球定位系统),以及高精度武器本身可实时进行有效信息融合和运行。

反辐射导弹HARM AGM-88

反辐射导弹Martel AS-37

反辐射导弹Tacit Rainbow(AGM-136)

图 6-2 典型的空基高精度武器

空基高精度武器系统包括“空—空”“空—地”“空—舰”“空—雷达”等巡航导弹。巡航导弹通常是指在低大气层利用气动升力打击 50km 以外目标的“空—地”“舰—地”“地—地”型导弹。巡航导弹和弹道导弹的主要区别在于巡航导弹的飞行高度不超过 30km,在制导过程中飞行高度和轨迹可以根据飞行任务进行改变。巡航导弹可从地面、飞机和无人机、战舰和潜艇上发射,并且巡航导弹的发射时刻难以被发现。

由于采用了特殊的外形、吸收性敷层等,所有的巡航导弹只有很小的有效散射面(先进的巡航导弹,其有效散射面积在 0.01~0.02m^2 之间)。这使得雷达和其他探测设备都难以发现它。巡航导弹能够在超低空飞行(在陆地上空低于 100m,在海面上空低于 30m)。在多数情况下,对于受攻击一方而言,巡航导弹的发射点、飞行轨迹和打击目标都是难以预测的。此外,巡航导弹还具有较大射程,其载体往往位于受攻击方主动防空兵器或打击系统射程之外。

目前,世界上并没有严格的巡航导弹射程分级标准。通常将射程为 500~

3500km 或者 1000~3000km 的巡航导弹称为中程导弹。北约国家根据飞行距离、弹药抵达目标的时间对巡航导弹进行分类如表 6-4 所示。

表 6-4　根据弹药抵达目标的时间对巡航导弹进行分类

巡航导弹飞行距离/km	以马赫数 0.85 的平均速度和在 200m 的高度进行飞行的时间/min	以马赫数 2.0 的平均速度和在 10000m 的高度进行飞行的时间/min
300	17.25	8.3
600	34.5	16.7
1000	57.5	27.8
1500	86	41.7
2000	115	55.5

巡航导弹可携带常规、核、放射性、化学和生物武器战斗部。巡航导弹可携带一个弹药,也可携带若干集束弹药(除核弹外)。巡航导弹上还可装配各种非致命武器或动力弹头(用于摧毁装甲目标或者有工程防护的目标)。

在导向目标的过程中,战斗部与巡航导弹不分离,虽然某些弹药在特定区域执行飞行任务时可能被抛射或弹射。战斗部通常采用模块化设计并可以互换,因此,同样的巡航导弹根据执行的任务可携带不同的战斗部。

现代化的巡航导弹使用各种不同的制导系统:惯性、无线电导航、匹配(根据数字地形图)、雷达或者光电自动制导。选择哪种制导系统取决于巡航导弹的飞行阶段。在海面上空飞行时,只需使用惯性和(或)卫星导航系统,而经过沿岸地带时需补充使用电视制导和匹配制导系统(根据数字地形图)。由于 GPS 的投入使用,无线电导航和复合(惯性+无线电导航)制导系统将巡航导弹引导至攻击目标区域的准确性得到了极大提高,配备多通道卫星接收装置和抗干扰设备进一步提升了现代巡航导弹的精确打击能力。为提高导弹飞行轨迹末段的制导精度,可使用激光、红外、雷达(毫米波段)自动导引头或者以上述设备为基础的复合式导引头。现代化巡航导弹具备在制导最后时刻具备重新瞄准目标的能力。巡航导弹的圆概率误差可小于米级,因此,其属于高精度武器。

为对抗敌方防空兵器,巡航导弹在利用与其弹体规格和其他参数相似的虚假目标的同时,还可利用能使敌方防空信息系统过载和加大导弹拦截难度的其他方式。为降低在雷达和红外波段的暴露特征,在制造巡航导弹时广泛使用"隐身"技术。为减少动力装置的热气排放,也采取了特殊措施。此外,未来的巡航导弹还将配备干扰施放装置(有源和无源)和类似飞机上使用的雷达和红外欺骗等。

7. 航空制导炸弹

航空制导炸弹是一种重要的高精度武器,因其具有较高的命中精度和很大的威力,主要用于打击各型的地面目标。航空制导炸弹是装备能确保最小瞄准误差控制系统的航空炸弹，这里控制系统的概念比较宽泛，其中包括制导系统、自动驾驶仪和操纵装置等。

如图 6-3 所示，现代化的航空制导炸弹可以通过对普通自由落体航空制导炸弹进行改装而成，主要是加装自动导引头，必要时也可加装操控面，以及为增加飞行距离的发动机。

航空制导炸弹既具有普通航空炸弹战斗部较强的杀伤力，也具有“空—地”导弹的较高制导精度。由于没有发动机和燃料，在和导弹具有同样的发射质量的情况下，航空制导炸弹可以向目标投放威力更强的战斗部。

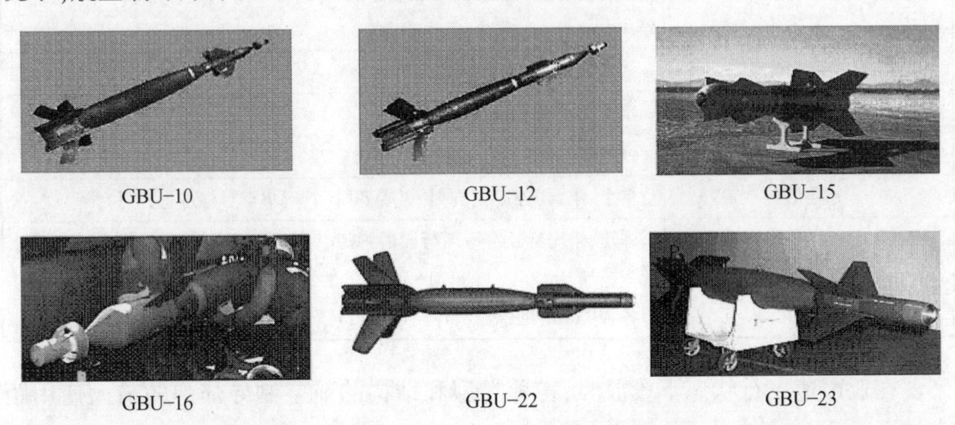

图 6-3　典型的航空制导炸弹

为了使载机不进入敌方要点防空区内就能使用航空制导炸弹，可采用高空投弹滑翔模式。滑翔炸弹的发射距离实际上超过“空—地”导弹。由于制造和使用相对简单，航空制导炸弹的成本要比导弹低。

航空炸弹可分为常规（非制导）和制导两种类型。目前，航空制导炸弹分为校正航弹和制导航弹。航空制导炸弹分为不同等级。根据口径，有 500 磅（225kg）、1000 磅（450kg）和 2000 磅（900kg）类型。还有配备 AGM 发动机的航空制导炸弹，配备 GBU 的滑翔炸弹等威力更大的弹药。航空制导炸弹的分类如表 6-5 所示。

表 6-5　航空制导炸弹的分类

特　征	航空制导炸弹及其部分系统的性能
射程/km	短程（小于 5），近程（5~15），中程（20~30），远程（大于 70）
规格（质量）/kg	125~9761
结构类型	特殊结构、标准弹头、模块结构
承载结构类型	弹头，用于安放弹头的舱室

续表

特　征	航空制导炸弹及其部分系统的性能
制导系统类型	自制导:激光、电视、热视、雷达(主动式或被动式)、辐射探测; 无线电导航(使用无线电导航系统信号); 电视制导(使用无线电波束,使用电视—指令通信线路); 使用光纤通信线路; 自主(软件、惯性、惯性修正)
弹头类型	爆破、碎片杀伤、穿透、多功能、爆破穿透、爆破燃烧、混凝土穿透、双向作用或者复合型(聚能爆破、聚能穿透、穿透爆破等),立体爆破、带有聚能或碎片杀伤单元的集束式,电磁能
爆炸装置类型	触发型、遥控型、选择型
投放方式(投掷)	水平飞行时,俯冲时,拉起时
投放算法	弹道,从可能的使用(投放)区域
使用类型	单个、集群(连串),齐射、可控齐射(针对集群目标进行齐射)
轨迹	弹道、采用延长水平飞行段的弹道、"跃升"、滑翔、拉起(在云层下缘水平段滑翔)
发动机	各种类型的助推器

在亚声速飞行状态下投放时,各种类型和结构的航空制导炸弹的最大使用距离如下:

(1) 从900m高度投放时,作用距离5~16km(航空制导炸弹配备固体燃料助推器)。

(2) 从2000~4000m高度投放时,作用距离10~12km(配备红外、反雷达自动导引头和弹翼)。

(3) 从4000~6000m高度投放时,作用距离10~12km(航空制导炸弹配备风标式和陀螺稳定式自动导引头)。

(4) 从8000~10000m高度投放时,作用距离24~75km(配备综合型惯性—卫星自动导引头)。

(5) 从9000~13000m高度投放时,作用距离40~80km(航空制导炸弹配备电视/热视—指令自动导引头)。

(6) 从10000~15000m高度投放时,作用距离15~20km(航空制导炸弹配备电视制导系统)。

现代化的航空制导炸弹已经发展成为独立的一类高精度航空武器,在作战行动中发挥着重要作用。带激光、电视、热视制导系统的航空制导炸弹是实施选择性打击时的首选武器,特别适用于对重要设施、小型和有防护目标实施打击。

8. 空—地"航空导弹

现代和未来的"空—地"航空导弹是高精度武器的主要类型之一,主要功能是使用单式和集束式弹头对重要的、高防护小型目标实施打击。世界上许多国家的战略、战术和舰载航空兵以及攻击型无人机均装备有"空—地"航空导弹。根据用途,"空—地"导弹分为常规导弹和反辐射导弹。

常规导弹主要用于摧毁装甲车辆、指挥所、防空导弹阵地、机场设施及场内飞机、舰船等。美国海军舰载航空兵装备的AGM-84E(ER)SLAM"空—地"巡航导弹是最常见的远程导弹(发射距离超过100km)。AGM-65Maverick导弹是典型的多种用途战术导弹,既能有效打击小型高防护的地面目标(混凝土掩体式)、坦克、装甲车辆、野战工事、发射装置等,又能攻击水面目标。该系列导弹不同型号之间控制系统和弹头各不相同。为摧毁特别重要的移动目标,如机动防空设备、弹道导弹发射装置,美国根据ARRMD计划研制了高超声速导弹。其主要作用在于,在少于目标更换阵地所需的时间内将小型高精度自主弹药LOCCAS投送至目标所在的区域。导弹的射程约为360km,飞行速度达马赫数6。

反辐射导弹是打击防空系统雷达及各型有源雷达的重要武器之一。不少国家的战术航空兵和海军航空兵飞机均装备了反辐射导弹。其特点是使用被动式自动导引头,在为打击雷达设施选定的波长范围内工作。为了应对反辐射导弹在飞向目标过程中制导误差逐步积累,可采取专门的应对措施,以确保摧毁发出无线电辐射的目标。很多现代化的"空—地"反辐射导弹配备宽波段自动导引头,可以对各种连续辐射和脉冲辐射雷达进行攻击。

9. 陆基高精度杀伤兵器

1) 高精度火炮弹药

高精度火炮弹药可大幅提升野战炮兵对距火力阵地较远的敌方目标实施精确打击的能力,既有自主弹药(配备自动制导系统的炮弹或导弹),也有带外部制导的弹药(无线电制导或激光制导)。

使用半主动式激光自制导的导弹是非常重要的通用火器之一,能有效摧毁多种地面目标(装甲车辆、筑城工事、基础设施等)。但它的使用需要前沿观察操作员用激光测距仪照射目标并进行指示。因此,必须要有能对未被发现的敌方目标进行自主攻击的制导弹药。

近年来,国外研制了下列高精度火炮弹药:在飞行末段进行自制导的导弹,末制导开始阶段需要对目标进行照射,随后则不再需要;具有自制导和自瞄准战斗单元的155mm火炮炮弹和齐射火箭炮战斗部;配有单体和串联聚能碎片战斗部的自制导地雷;各种可修正飞行轨迹的弹药。

通用的模块化集束式自制导和自瞄准战斗单元组件是此类弹药的主要特点。自瞄准战斗单元主要用于打击非移动目标,自制导战斗单元主要用于打击移动目标。前者配备攻击目标制导系统。后者在搜索、发现和瞄准目标后,抛射杀伤组件进行攻击。自制导战斗单元同自瞄准战斗单元(扫视距半径不超过60~70m)的根本区别在于前者能在更广阔的区域内搜索目标并弥补弹药载体的误差。例如,美国陆军M777型155mm榴弹炮配备了利用GPS卫星导航定位系统信号引导目标打击的高精度炮弹,这使其在圆概率误差小于4m的情况下,杀伤距离可增至20km。

2)"地—地"导弹

就性能而言,许多"地—地"导弹都属于高精度武器。它们能够遂行各种作战任务,既能对小型目标,也能对面状目标(敌方火力兵器、指挥所、通信枢纽、防空反导系统设施、机场上的飞机和其他设施)实施有效的攻击。

美国研发的ATACMS战役战术导弹系统和多管火箭发射系统MLRS是"地—地"导弹的典型代表,在很多国家的军队都有列装。ATACMS战役战术导弹系统配备了MGM-140 Block 1(M39)型短程固体燃料弹道导弹,其研发始于20世纪80年代初。目前,已研制出5种主要型号。其主要特点是良好的通用性和建造的模块化原则,尽管弹头构型发生改变,但导弹的全重和尺寸特征没有明显变化。MGM-140D Block 2A型导弹,其头部装有6个长度0.914m、弹身直径0.14m、质量20kg的自制导弹头,用于摧毁装甲车辆。并且,每个子弹药都可以配备半主动式激光或者复合(热视制导和双波段主动式毫米波雷达制导)自动导引头。此外,导弹头部还可以额外安装声学传感器,用以提升其摧毁移动装甲车辆的能力。TACMS-P型导弹使用质量120kg、具有很强穿透能力的动能战斗部。主要用于摧毁地下和加固的目标,如地下指挥所、地堡等。摧毁目标不仅要靠撞击产生的巨大动能,还要靠弹头装药的延迟爆炸(待弹头进入目标内部时)。

3)具备定位功能的多管火箭炮系统

外军专家认为,多管火箭炮系统是提升陆军部队战斗力的有效手段。它能实施密集火力打击和突然发动急袭射击,具有较高的机动性,一辆发射车只需一个由2~3人组成的战勤班即可。作为部分(队)重要的火力支援兵器,多管火箭炮系统的巨大威力在现代军事冲突的作战运用中得到多次证实。

美国研制的M270 MLRS系统是一种使用较广泛的多管火箭炮系统,目前列装了10多个国家的军队。该系统于20世纪80年代初装备美军,而后成为北约军队的制式武器,欧洲各国的研究人员和军事专家已对其进行了多次升级改造。

在此基础上,2003年美国研制出新型多管火箭炮系统M270A1,目前已装备美国陆军部队。该火箭炮系统的结构有了一些变化:安装了配备卫星无线电定位系统数据接收装置的新型数字火控系统,升级了弹药发射系统,减轻了系统的质量。这使得火炮系统的射击准备时间缩短至原来的1/7,而再装弹时间也缩短至原来的1/4。

该火箭炮系统还有一个重要优势，就是在使用 Guided-MLRS(M30)制式导弹 M26 和 ATACMS 战役战术导弹进行射击时，可利用卫星无线电定位系统的数据修正飞行轨迹。ATACMS 战役战术导弹与 M26 型制式火箭弹具有相同的质量和尺寸特征。其可对 70km 以内的单个目标和装甲车辆集群实施精确打击，射击精度(圆概率误差)不超过 10m。

G-MLRS 型火箭炮长度 3.94m，直径 0.227m，总质量 296kg，可携带新型集束战斗部(包含破片—聚能战斗单元)，穿甲或者穿透型战斗部。其战斗部还可以配备 SADARM 型自瞄准战斗单元，用于摧毁装甲车辆。穿透战斗部可摧毁位于 2m 厚混凝土掩体下的目标。

4) 反坦克导弹

反坦克导弹与发射装置、专门的目标探测和导引设备共同构成了反坦克导弹综合系统。根据自身特性和能力，大多数反坦克导弹综合系统都属于高精度武器。反坦克导弹分为便携式、车载式和车载—便携式。便携式反坦克导弹系统用于步兵分队遂行直接反坦克防御任务。车载式反坦克导弹系统安装在载具上，并只能在载具上使用，如自行反坦克导弹、直升机机载反坦克导弹等。此外，还有车载—便携式反坦克导弹系统，其既可以在载具上使用，也能作为便携式使用。很多国家军队列装的是第二代反坦克导弹系统。其拥有半自动式制导系统，借助该系统，瞄准手通过光学瞄准镜对目标进行跟踪，而跟踪导弹和发出控制指令则由地面设备自动实施。第二代反坦克导弹系统的特点是导弹部署在运输发射筒中，这使得无须将导弹从发射筒中取出就可以检查其技术状态。使用发射筒可简化导弹在各种载具上的部署，提升导弹的战备水平及保存的安全性。

目前，少数大国军队已开始列装第三代反坦克导弹系统。这种反坦克导弹系统利用安装的自动导引头可实现“发射后不管”。发射导弹时，操作员瞄准目标，确认自制导头已锁定目标后实施发射。随后，反坦克导弹无须再与发射装置联系，按自动导引头下达的指令自主飞向目标。使用这种方式可以减少操作员等战勤班人员处于敌方火力打击之下的时间，从而可以提升导弹本身及战勤班人员的安全性，特别适合以直升机作为导弹平台。

由于高精度反坦克武器的广泛使用，各国开始积极研制反坦克导弹制导系统对抗手段。例如，在坦克上安装能干扰和破坏反坦克导弹和其他高精度武器制导系统正常运行的设备。目前，针对每种制导系统都研制出了相应的干扰设备和方法。

外军高度重视便携式反坦克导弹。美国陆军和海军陆战队装备了“标枪”便携式反坦克导弹，其是由存放于一次性运输发射筒中并配备热辐射(红外)自动导引头的导弹和瞄准发射装置构成的一套完整的武器系统。导弹有 2 种攻击模式：以 45°俯角俯冲攻击和水平直接攻击。导弹采用推力矢量控制，具备很高的机动性，能对65~2500m距离内的目标实施打击。在射击时，操作员通过可见光谱段和红外光学瞄准镜观察战场，截获目标，随后启动具有狭窄视野的导弹自动导引头。在导引头锁定目标后，操作员发射导弹，随后导弹自主导向目标。该系统在烟、雾和其他气象条件下均可使用。为增强反坦克导弹的机动性并提升其战备能力，自行反坦克导弹系统问世，可以在短时间内、在坦克威胁方向上部署密集反坦克兵器。现代化自行反坦克导弹系统的性能得到极大拓展，除能摧毁装甲目标外，还可以毁伤工程工事、永久火力点、低空低速飞行的飞机和直升机，以及处于掩体内和开阔地带的有生力量。此外，反坦克导弹配备聚能串联和温压弹头，温压弹头是装填立体爆炸混合物的弹药。由于对受障碍物或地形遮蔽的目标，破片杀伤的效果不明显，在反坦克导弹系统中配备温压弹头可以提升该型武器作战使用的多功能性。

美国研制的AGM-114系列导弹是典型的便携式、自行式和直升机载高精度反坦克制导武器，于1985年首次列装部队。“地狱火”高技术反坦克导弹持续得到改进，从第二代导弹（AGM-114A型，使用半主动式激光自动导引头）发展到第三代（AGM-114L型，使用主动式雷达自动导引头，工作频率为94GHz）。各型AGM-114导弹的主要性能和特点如表6-6所示。

AH-64D“长弓阿帕奇”直升机携带反坦克导弹系统，极大缩短了直升机处在敌方火力瞄准射击下的时间，并可以对敌方装甲车辆集群实施导弹齐射。“长弓阿帕奇”机载无线电电子装（设）备在直升机达到最佳齐射高度前，已按重要性确定了毁伤目标并使导弹瞄准目标。由于具备区分防空系统、轮式车辆和其他毁伤目标的能力，“长弓阿帕奇”的机载设备不仅极大提升了直升机在作战中的生存能力，还能确保在最大射距上自动探测固定和移动目标；按照五级划分，识别并确定每个目标的重要性等级（分类并确定优先目标）；如果目标位于反坦克导弹自动导引头截获区之外，跟踪目标并将目标的坐标传输给导弹；将被发现目标的精确坐标传输给其他直升机、攻击机或者地面指挥所。

“地狱火”导弹的串联式战斗部穿甲厚度高达1000mm以上，其对装甲目标具有很高的毁伤概率。试验表明，由于某些俄式坦克的动态防护设计不完善，该型导弹将其摧毁的概率达80%~90%。后续研发的新型反坦克导弹“地狱火-3”，配备双频（半主动式激光和热视自动导引头）或被动式雷达自动导引头和新型动能战斗部，战斗使用距离增至12km。

表6-6　AGM-114导弹的性能和特点

导弹性能	AGM-114A/B/C	AGM-114F	AGM-114K/M “地狱火-2”	AGM-114L “长弓地狱火-2”
作战距离/km	1.5~8	1.5~8	0.5~9	0.5~9

续表

导弹性能	AGM-114A/B/C	AGM-114F	AGM-114K/M “地狱火-2”	AGM-114L “长弓地狱火-2”
长度/m	1.63	1.8	1.63	1.78
弹体直径/mm	178	178	178	178
翼展/m	0.33	0.33	0.33	0.33
发射质量/kg	45.7	48.6	45.7(K) 47.9(M)	50
战斗部类型	聚能,质量 8kg	串联反坦克	聚能,质量 2.5kg; 爆破杀伤(M)	串联反坦克
引信类型	触发	触发	触发	触发
制导系统	半主动式激光	半主动式激光	半主动式激光	惯性和半主动式雷达(94GHz)
发动机类型	固体燃料发动机	固体燃料发动机	固体燃料发动机	固体燃料发动机
其他	AGM-114 B 为舰载型	双级串联式战斗部,可突破装甲主动防护系统	AGM-114K 可在灰尘、烟雾等各种气象条件下使用,可突破装甲主动防护系统。AGM - 114M 为舰载型	利用直升机机载的 AN/APG-78 雷达系统、目标指示系统(TADS)光电系统或无线电干涉仪的数据来截获目标

美国生产的管射、光学跟踪和线控导引的“陶”式反坦克导弹系统属于重型反坦克导弹,包括便携式、自行式和直升机载式。它们配备射程为 60~3750m 的 BGM-71 系列导弹,包括 BGM-71A 型(basic TOW)、BGM-71C(ITOW)、BGM-71D(TOW-2)、BGM-71E(TOW-2A)、BGM-71F(TOW-2B)。

5）制导反坦克迫击炮弹

迫击炮是野战炮兵的一种重要武器类型,同时也是步兵部(分)队重要的支援火力兵器之一。在其发展过程中,通过研发制导迫击炮弹,迫击炮获得了打击装甲战斗车辆的能力。在此情况下,利用曲射弹道使炮弹击中坦克炮塔和车体的防护薄弱位置来有效摧毁装甲目标。

雷达和红外自动导引头的研发成功,促进了反坦克制导迫击炮弹的发展。上述制导系统的研发者使制导迫击炮弹具备了良好的“发现”“识别”和准确命中打击目标的能力。目前,外军已研制成功并列装 81mm 和 120mm 制导迫击炮弹,可实现“发射后不管”,具体型号包括“莫林”“狮鹫”“猫头鹰”(图 6-4)。他们配备了聚能战斗部,主要用于打击装甲目标。

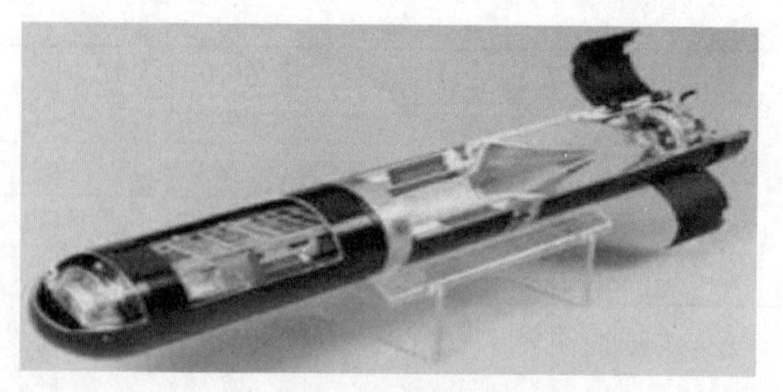

图 6-4 “猫头鹰”制导迫击炮弹

6.4 外军的侦察和电子战部队

根据北约军方领导层的观点,电子战是多种措施的总和,这些措施是由各级指挥部(指挥员)和参谋部组织的,包括查明敌方部队和武器指挥控制系统和设备,并对其进行无线电电子压制,以及为己方部队和武器指挥控制系统和设备提供无线电电子防护。电子战的目的通过有针对性地施放无线电干扰使敌方无线电电子装(设)备失灵或者降低其工作效能,同时,创造有利条件保障己方无线电电子装(设)备的工作及其电磁兼容性。电子战的主要任务如下:

(1) 识别敌方无线电电子装(设)备并查明其的位置(坐标),对其移动情况及工作模式进行跟踪监视。

(2) 评估对己方无线电电子装(设)备功能的威胁等级,就如何使用无线电电子装(设)备进行筹划和准备,并向指挥机构提出建议。

(3) 通过施放阻塞式干扰和欺骗式干扰创造隐蔽准备和遂行电子战的条件,此外,还要采取使用虚假电子信息的方式误导可能之敌。

(4) 准备并对敌方无线电电子装(设)备实施无线电电子压制,根据任务和敌方目标分配无线电电子压制设备。

(5) 保护己方无线电电子装(设)备免受敌方电子对抗装备的影响。

(6) 就电子战兵力兵器的使用,组织联盟部队集群和本国武装力量指挥机构间的协调。

在北约联合武装部队中,电子战的主要要素包括无线电电子压制、无线电电子防护和电子战保障措施。无线电电子压制包括施放无线电干扰和电子欺骗,旨在使敌无线电电子装(设)备失灵,限制其工作能力,并破坏敌方指挥控制系统工作。无线电电子防护是提升己方兵力兵器生存能力,减少其受敌方电子战影响带来的损失的措施。在此情况下,北约联合武装部队采取的措施可分为主动无线电电子防护和被动无线电电子防护。主动无线电电子防护包括改变自身发射和接收设备的参数(以及使用备用频率进行传输);被动无线电电子防护是将己方无线电电子装(设)备优化部署在适宜的位置,巧妙地利用无线电静默模式和天线的频率—空间特性,以便最大限度地降低敌方无线电电子侦察系统和电子战装备的效能。电子战保障的措施是指搜索、截获和识别电磁辐射,并为己方进行电子对抗确定辐射源的位置。

北约部队集群的电子战系统主要由盟国电子战兵力兵器组成。其构成、结构和技术配备各不相同,因此主要根据类型归属和面临的专门任务来划分。陆军(兵团)电子战兵力兵器的战斗力取决于军事行动区的地形、阵地和电子战兵力兵器的特性,以及敌方设施所在位置和防护能力。参加战役的陆军部队责任区内的无线电电子态势参数应传送给联军指挥部中的电子战协调机构。

根据集团军的典型结构,集团军所属的军(兵团)、部(分)队编成中都包含电子战营、电子侦察和电子压制无人机大队,以及无线电电子装置(其中包括各种干扰发射机)投放连。负责保障北约联合武装部队最高指挥机构的电子战部队的编成和战斗力与其相似,他们除无人机外还编配有人驾驶的电子战飞机。与陆基和海基的同类产品相比,空军电子战兵力兵器的使用可以大幅增加对敌方无线电电子装(设)备进行压制的距离和效能。在和平时期,北约联合空军武装力量编成中配有用于组织电子战措施的配备各种航空电子战装备,甚至是配备远程预警雷达飞机的电子战航空大队。在必要时,根据北约联合武装部队最高总司令的命令,并经各国指挥机构同意,战役战略型侦察和电子战飞机(如美国海军的 EA-6B“徘徊者”(已退役)和 EA-18G“咆哮者”机型,法国空军的 DC-8-72“堪培拉”机型,英国空军的 PR. 9 或 MR. 2“女神”机型)也可以用于执行上述任务。

在北约遂行战役行动的区域内,所有各型电子战兵力兵器的行动都由联合部队集群指挥部电子战协调机构来负责协调,在筹备和遂行战役期间,所有关于无线电电子态势的信息都要汇集到该部门。

6.4.1 师属侦察和电子战营的用途、组织编制结构、装备和战斗力

按照北约部队和美国陆军的观点,能否在战区内成功使用部队,在很大程度上取决于及时确定当面之敌的集群编成、位置部署和战斗力。陆军师属(军属)侦察和电子战营(旅)以及侦察兵力兵器在执行该任务时发挥决定性作用。

侦察和电子战营主要用于执行无线电技术侦察和雷达侦察,可以通过审讯战俘和研究截获的文件来获取信息;可执行纵深侦察、反侦察,还能对敌方短波和超短波无线电通信进行无线电电子压制。营的组织编制结构和战斗力取决于其所在师的类型。

1. 组成和装备

机械化师属侦察和电子战营组成和装备如图6-5所示。

1）侦察设备

（1）4套陆基机动式无线电侦察站 AN/TRQ-30（0.5~150MHz）。

（2）4套陆基机动式无线电侦察站 AN/TRQ-32（0.5~150MHz）。

（3）1套陆基机动式无线电侦察自动化系统 AN/TSQ-114B（0.5~150MHz）（编成包括2个远距离指挥所，6个无线电侦察站）。

（4）3套无线电技术侦察系统 AN/MSQ-103（500~18 000MHz）。

（5）9套雷达侦察设备 AN/PPS-15。

（6）9套无线电中继系统设备。

2）无线电电子干扰设备

（1）4套短波无线电通信干扰站 AN/TLQ-17A（1~80MHz）。

（2）4套超短波无线电通信干扰站 AN/MLQ-34（20~150MHz）。

（3）4套超短波无线电通信干扰站 AN/MLQ-33（100~450MHz）。

（4）3套短波/超短波干扰站 AN/ALQ-151（1.5~80MHz）。

（5）3套雷达干扰站 AN/ALQ-143（8~18GHz）。

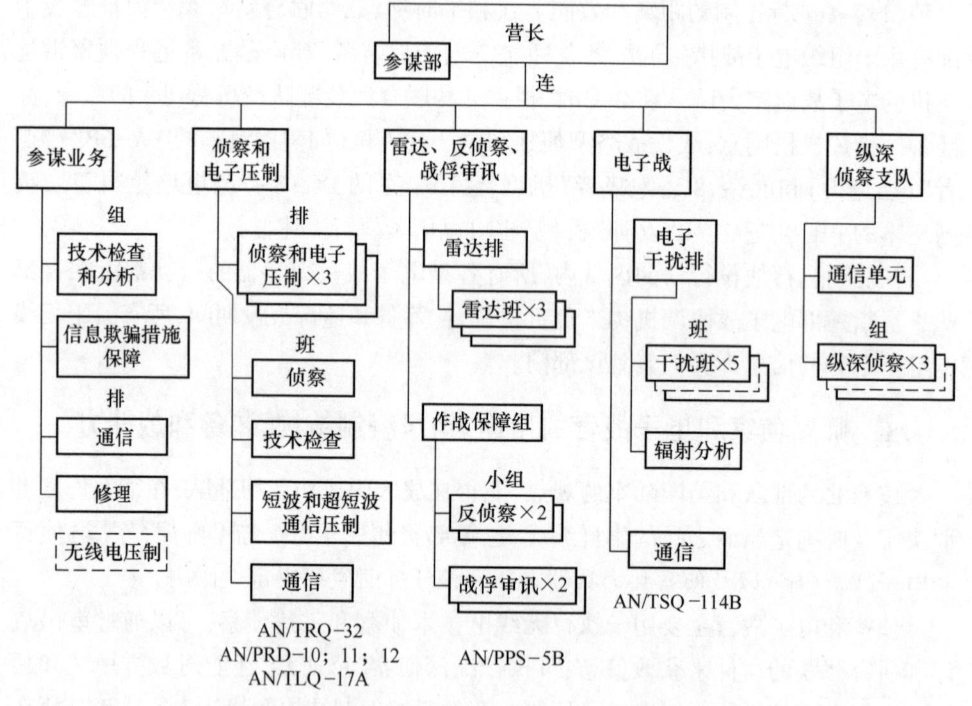

图6-5　美军机械化师属侦察和电子战营结构

2. 编制兵力和兵器

机械化师属侦察和电子战营的编制兵力兵器如图 6-6 所示。

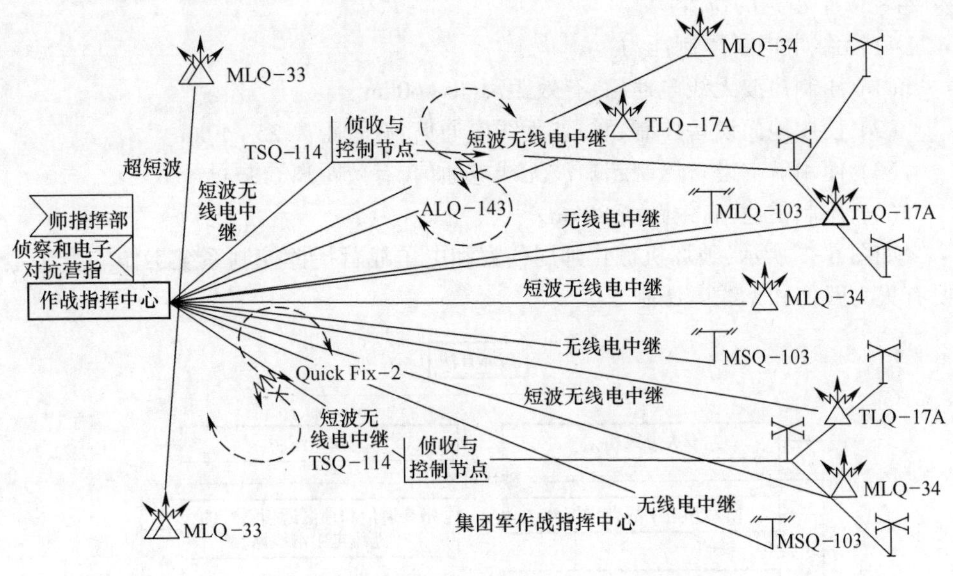

图 6-6　师属侦察和电子战营兵力兵器的部署

1）38 个侦察点

（1）工作在 0.5~500MHz 频段内的 9 个无线电监听点。

（2）工作在 0.5~150MHz 频段内的 10 个无线电监听点。

（3）19 个无线电测向定位点（3 个工作在 0.5~500MHz 频段、6 个工作在 20~500MHz 频段、10 个工作在 20~80MHz 频段）。

2）无线电压制装备

（1）AN/TLQ-17A 型短波无线电通信压制装备，数量：4。

（2）AN/MLQ-34 型超短波无线电通信压制装备，数量：12。

（3）AN/MLQ-33 型超短波无线电通信压制装备，数量：16。

（4）AN/ALQ-151 型短波/超短波压制装备，数量：6。

（5）AN/ALQ-143 型雷达干扰装备，数量：18。

3）侦察能力

营可以派出 6 个纵深侦察组，每个组配有 2 个反侦察和战俘审讯小队。

（1）使用地面设备对短波无线电通信进行侦察，有效距离 80km。

（2）使用地面设备对超短波无线电通信进行侦察，有效距离 30~60km。

（3）使用航空设备对超短波无线电通信进行侦察，有效距离 70km。

（4）使用地面设备进行无线电技术侦察，有效距离 30~80km。

（5）使用航空设备进行无线电技术侦察，有效距离 240km。

侦察与电子对抗营能够在 1h 内确定 420~440 个短波/超短波电台的位置，以及 24~30 个雷达的位置。

4）无线电电子压制能力

（1）压制短波无线电通信，有效距离 40~60km。

（2）使用地面设备压制超短波无线电通信，有效距离 25~40km。

（3）使用航空设备压制超短波无线电通信，有效距离 60km。

（4）压制雷达，有效距离 80km。

如图 6-7 所示，破坏机械化师属侦察和电子战营指挥控制系统工作的方法主要有火力毁伤和无线电压制。

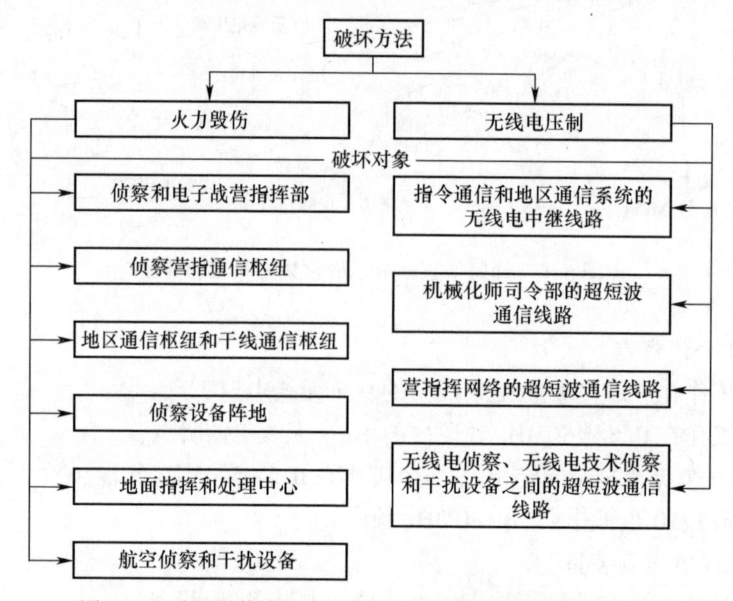

图 6-7　对师属侦察和电子战营指挥控制系统的破坏方法

6.4.2　军属侦察和电子战旅的用途、组织编制结构、装备和战斗力

美军军属侦察和电子战旅使用地面和航空设备执行无线电主、被动侦察和雷达侦察任务，还能对敌方集群的侦察、指挥和通信系统实施无线电电子压制。旅的主要兵力兵器用于执行对集团军支援任务，还有部分用于对师和独立装甲骑兵团进行非直接支援。如图 6-8 所示，从组织结构上看，旅由指挥部及直属支队，以及作战参谋处、侦察和电子战营、航空侦察营组成。

1. 侦察设备

地面—航空无线电侦察和无线电电子压制系统“Le Fox Grey”，如图 6-9 所

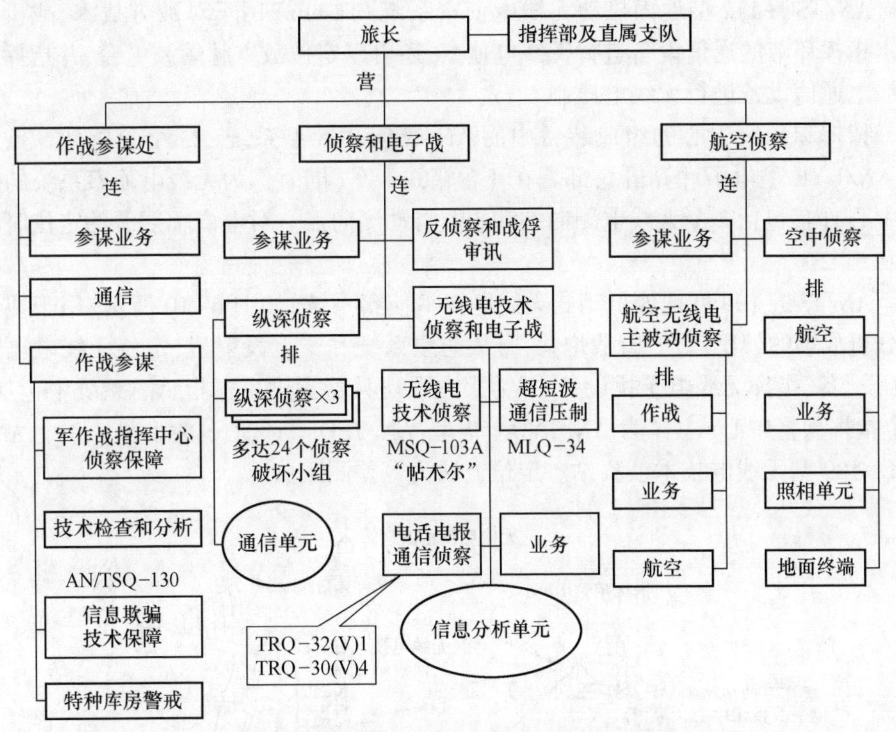

图 6-8　美军军属侦察和电子战旅的组织结构图

示,用于对无线电中继通信设备进行侦察。该系统包括指挥和预警中心、6 个轻型机动哨位、1 个半固定哨位(包括 2 个监听哨位),12 架 RC-21K 侦察机。

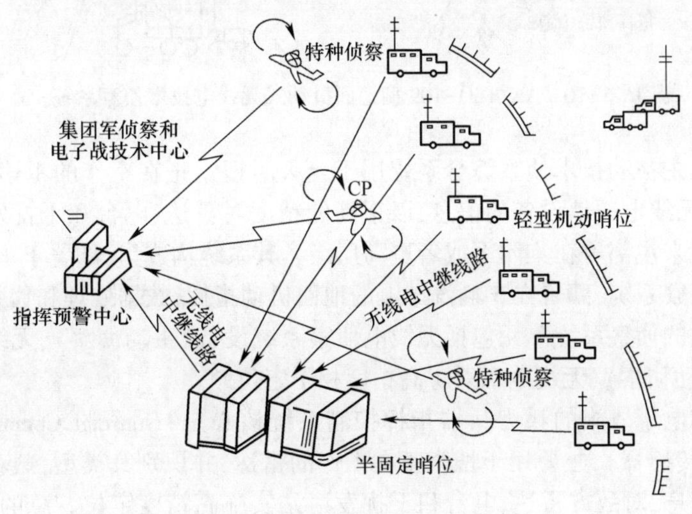

图 6-9　地面—航空无线电侦察系统

AN/TSQ-112 型地面机动无线电侦察系统“Taseliz”用于对敌方战术、战役—战术指挥环节的通信设备进行无线电侦察，还可以定位敌方超短波电台，并指挥对无线电通信设备进行无线电压制。

指挥和预警中心的组成装备中的 AN/TSQ-105 型系统（23 个分析计算点，7 个 AN/UYK 型电子计算机），部署在 4 台箱式卡车（同时作为无线电侦察系统的指挥中心）内，包括 2 个无线电测向站和 8 个自动测向点。对电磁辐射源的定位时间为 0.5~2s。

AN/TSO-109 型地面机动式无线电技术侦察系统，如图 6-10 所示，用于搜索和分析战场的侦察雷达、野战炮兵、野战防空系统和干扰发射机，定位无线电电子装（设）备、指挥无线电干扰设备，并为火力毁伤兵器提供目标指示。系统中包括：2 个指挥预警中心（主体为 AN/TYQ-17 型，AN/TSQ-115 是过渡型号），3 个 AN/GSQ-189 型无线电技术侦察站。定位方法为等差测距法。

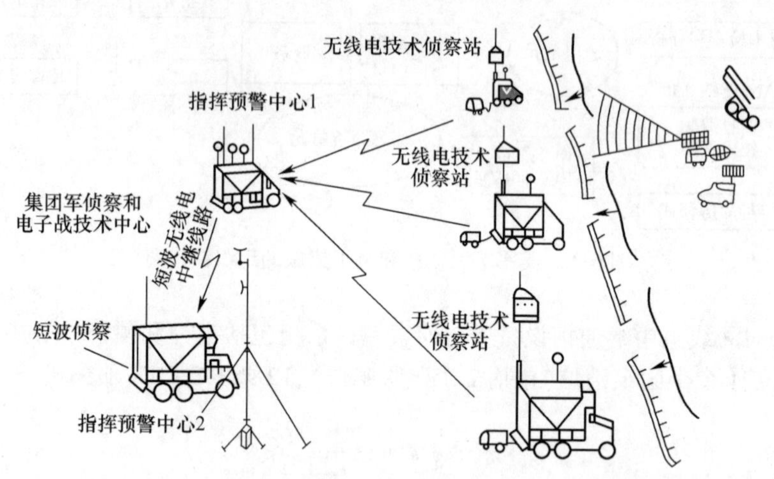

图 6-10　AN/TSO-109 型地面机动式无线电技术侦察系统

无线电主被动技术侦察综合系统用于全天时搜索正在工作的雷达，并识别其类型，拦截无线电通信设备的信息，以很高的精度对雷达、电台和干扰发射站进行定位。一般来说部署在集团军或者更高层级。其系统构成为：部署于 12 架RC-12 侦察机的侦察系统，部署在 5 辆汽车上的地面机动指挥、数据处理和侦察结果传输中心。机上的侦察系统单元包括无线电侦察系统设备（主动侦察）、无线电技术侦察设备（被动侦察）、无线电辐射源高精度相干定位站。

侦察和电子战旅的兵力兵器指挥控制系统核心是“Guardril Common Sensor”（护栏通用传感器），主要用于搜索正在工作的雷达，并识别其类型，截获无线电通信设备的信息，对敌方雷达、电台和干扰发射站实施高精度定位。总的来说，该系统部署于集团军或更高层级，可保障全天时遂行侦察。该体系包括 12 架 RC-12

侦察机，其中有 H、K、N、P 等改型，此外还有部署在 5 辆汽车上的地面机动指挥、数据处理和侦察结果传输中心，如图 6-11 所示。

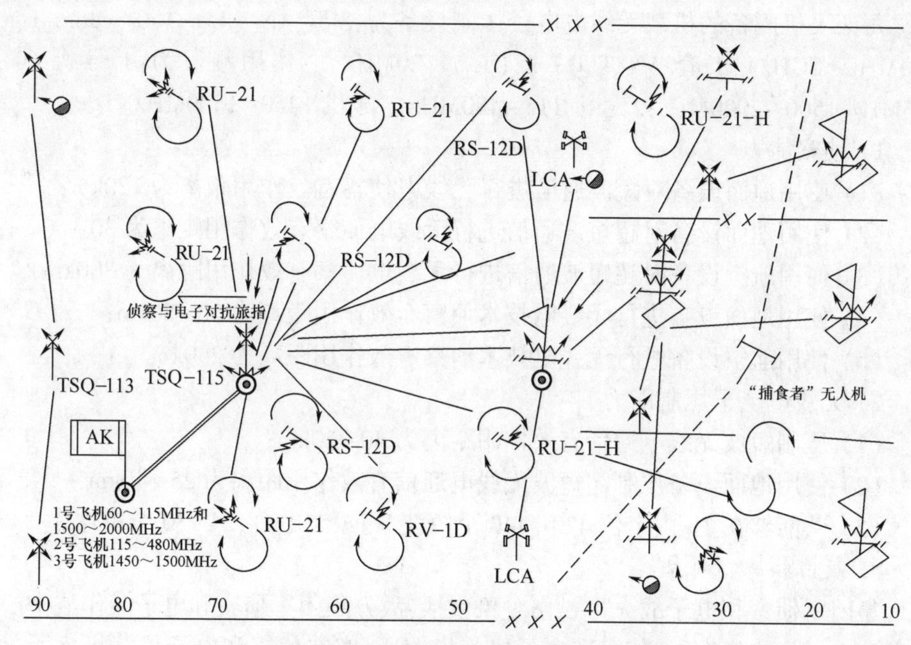

图 6-11　侦察和电子战旅指挥控制系统

位于飞机上的系统侦察单元，包括无线电侦察系统设备、无线电技术侦察设备和无线电辐射源高精度相干定位站。系统可对无线电通信和雷达设备的辐射进行搜索和分析，还能以很高的精度对其定位。在 RC-12K 侦察机上有 2 种无线电主被动技术侦察设备工作方式：一是自动控制模式，由地面值班组操作员通过高速数据传输进行控制。敌方无线电电子装（设）备的信号被机载无线电主被动技术侦察设备截获并重新编码，以数字形式实时通过宽频信道转发至地面处理中心，对数据进行下一步的处理和分析。二是中继模式，在地面指挥所接收范围以外，来自飞机的无线电主被动技术侦察数据转发至地面机动中继站，再通过卫星通信信道自动传输至最近的联合数据处理站进行处理。

系统拥有下列能力：作用距离为 130～150km；定位精度在 100km 距离内时，精度收敛半径为 50～150m；对雷达的侦察频段范围为 500MHz～40GHz：对电台的侦察范围为 20～450MHz。侦察行动，通常由 3 架飞机同时执行，飞行高度约为 3000m，距离部队接触线为 40～100km。压制设备是 6 架 RU-21 上装载的 AN/ALQ-150"Seafire Tiger"（60MHz～2GHz）航空无线电中继通信压制系统。

2. 战斗力

"Le Fox Grey"系统侦察能力为：地面轻型机动式站点可保障同时截获 24 个信

道;半固定点可保障同时截获 280 个无线电中继通信信道。具有能够侦测 60 个无线电信道的侦察接收机 14 个。在巡逻期间,3 架飞机可同时侦测 60×3=180 个信道。每架飞机配备的机载无线电电子压制设备为:3 套 AN/ALQ-150 Seafire Tiger (60MHz~2GHz),1 套 AN/TLQ-15(1.5~20MHz)。作用频段为:1 号机 60~115MHz,1500~2000MHz;2 号机 115~480MHz;3 号机 1450~1500MHz。

1)侦察能力

(1)使用地面设备对短波通信进行无线电侦察有效作用距离为 120km;

(2)使用地面设备对超短波通信进行无线电侦察有效作用距离为 30~60km;

(3)使用航空设备对超短波通信进行无线电侦察有效作用距离为 300km;

(4)使用地面设备进行无线电技术侦察有效作用距离为 30~80km;

(5)使用航空设备进行无线电技术侦察有效作用距离为 240km。

2)无线电电子压制能力

(1)压制短波无线电通信有效作用距离为 40~60km;

(2)使用地面设备压制超短波无线电通信有效作用距离为 25~40km;

(3)营能够在 1h 内定位 420~440 个短波/超短波电台,24~30 个雷达。

3. 毁伤和压制对象

集团军侦察和电子战火力毁伤对象包括:敌方集团军侦察和电子战作战中心、侦察和电子战旅指挥所、侦察和电子战营指挥所、航空侦察和电子战营指挥所,侦察和电子战旅通信枢纽、机动式通信枢纽,侦察和干扰设备阵地,地面处理和控制中心、航空侦察和干扰设备。对侦察和电子战旅中无线电压制的对象包括:指令和区域通信系统无线电通信线路、航空侦察和无线电电子压制设备指挥网络超短波通信线路、侦察和电子战旅司令部超短波和卫星通信线路,在指挥所和地面无线电技术侦察设备之间的无线电中继和超短波通信线路、地面指挥所和一体化指挥中心之间的通信线路,航空侦察和无线电电子压制设备之间的数据传输线路。

4. 兵力兵器使用方法

前文已经讲述过,对侦察和电子战兵力兵器的使用方法有集中—密集型、选择型、集中—选择型。

集中—密集型使用电子战兵力兵器。这种方法适用于拥有大量电子战兵力兵器,且没有关于敌方无线电电子装(设)备相对完整和详尽信息的情况。该方法通常在突破防线、摧毁周围的敌方集群、实施反击、遂行空降战役和突破防空系统、针对敌方进攻力量组织电子战(当敌方频繁使用侦察和指挥无线电电子装(设)备)等情况下使用,也可以在战役态势需要的情况下使用。这种方法的本质在于,在选定的战役方向上或者部队的主要攻击方向上,密集使用电子战兵力兵器。其优点在于可以可靠地在选定方向上压制敌方无线电电子装(设)备。缺点在于必须在前线的狭小区域内投入大量电子战兵力兵器,有可能导致己方部分设备难以正常工作。

选择性使用电子战兵力兵器的方法主要用于进攻性战役的主攻方向上，也可以用在发动反击时，以及在某些地段采取行动时。使用这种方法时，电子战兵力兵器依次投入执行任务，在进行详细侦察后，规定电子战装备的使用时间和必要性，同时需保障电子战装备的机动性，以及规定无线电干扰辐射的方向。优点在于使用有限数量的电子战兵力兵器，就能够保障有效压制敌方部队集群的无线电电子装（设）备。缺点在于需进行多次再瞄准，指挥己方电子战兵力兵器时比较复杂。

集中—选择型使用电子战兵力兵器的方法主要用于进攻性战役，以便在决定性地段达成最大的无线电电子压制效果，也可用于战术航空兵的空中战役。这种方法可保障在战役中密集和有选择地使用电子战兵力兵器。优点在于其具有良好的通用性。缺点在于需要比较多的电子战兵力兵器。

6.5 在战斗和战役中保护部队和设施免受敌技术侦察

无线电电子防护是指部队为消除（削弱）敌方功能性毁伤武器和无线电电子压制设备对己方无线电电子装（设）备的影响、保护己方无线电电子装（设）备免受无意干扰、保障其电磁兼容性和反敌技术侦察而采取的措施和行动的总和。无线电电子防护是无线电电子对抗的主要部分。

6.5.1 保护无线电电子装（设）备免受功能性毁伤、无线电电子干扰和非有意干扰

组织和遂行无线电电子防护的目的在于：在敌方进行无线电电子对抗以及无线电电子装（设）备相互影响的情况下，保障己方部队和武器指挥控制系统可靠工作。无线电电子防护包括保护己方部队和武器指挥设备免受功能毁伤兵器打击，保障无线电电子装（设）备的电磁兼容性，反敌方的技术侦察。无线电电子防护通过对敌方无线电电子对抗兵力兵器的火力毁伤、破坏（使失灵）、对敌方侦察和电子战装备指挥控制系统进行无线电电子压制、反敌技术侦察和保障通信安全来实现。无线电电子防护需要各军兵种和特种部队有组织地执行技战术措施来实现。

战术措施包括：部队集群中无线电电子装（设）备的作战使用方法和部署方法，规定无线电电子装（设）备工作的区域、频率、工作模式和时间，以及查明非有意（相互）干扰的源头，并采取措施消除（降低）这种影响。技术措施包括使用特种设备、无线电电子装（设）备的防护规划和工作模式。在准备和遂行空军战役（作战行动）期间，为实施无线电电子防护，需组织和遂行下列措施：

（1）保护己方设施免受敌方功能毁伤兵器的攻击，其中包括电子装（设）备对电磁辐射防护和指挥设备免受自寻的武器攻击。这需要如下条件保障：及时向部队通报有关敌方使用功能毁伤兵器的情况；使用诱骗的（模拟的）电磁辐射源；减

少辐射工作时间，或定期关闭无线电电子装（设）备，以及使用不同频段和作用原理的无线电电子装（设）备；更换工作频率；选择无线电电子设施的阵地、相关工程设备及使用其他措施。

（2）保护己方设施免受敌方无线电电子压制的影响，其中包括防护有源和无源干扰。这需要如下条件保障：建立有支线的通信网络；使用各种不同频段的无线电电子装（设）备；优化工作频率分配、使用和更替；使用专门的无线电电子装（设）备工作模式；通过对工作频率和模式进行调整实现无线电电子装（设）备的机动；使用隐蔽的和备用的无线网络及无线电专向通信；使用空中指挥所和中继站组织进行通信；搜索和消灭抛投式干扰发射机；及时通报和交换有关无线电电子干扰的信息，电磁波传播（散射）条件的变化情况；提前建立无线电设备储备以及其他备用措施。

（3）采取有组织的技术措施保护己方设施免受无意无线电电子干扰的影响（保障己方无线电电子装（设）备的电磁兼容性），以便在无线电电子装（设）备同时工作时降低（消除）彼此的相互影响。这需要如下条件保障：对设备的分布、用途和工作频率进行协调；在部队集群中合理布设无线电电子装（设）备（设施），同时需考虑到频率—区域分布规范；根据部队在战斗中（战役中）执行的任务，设定使用无线电电子装（设）备的工作模式和优先级；对于无线电电子装（设）备的工作情况，设定时间、空间和频率方面的限制；及时查明相互（无意的）干扰的源头，并采取措施降低（消除）干扰程度；使用抗干扰防护设备以及其他防护设施。

6.5.2 防护高精度武器的方法

高精度武器在现代战争中的大量涌现，迫使各方必须改变军事斗争的方式方法。大多数高精度武器用于摧毁陆军部队的设施。因此，如果不能采取有效措施对抗高精度武器，陆军的地面设施就会变成单纯的靶子。对高精度武器系统特性以及使用高精度武器的方法和结果的分析研究表明，几乎所有高精度武器或者武器搭载平台都是空袭装备，如“战斧”舰载巡航导弹等，因此对抗高精度武器是防空系统的重要责任。

1. 高精度武器的分类

按照制导系统的特性，高精度武器基本可以分为三类：

（1）主要使用光电制导、被动雷达制导和混合制导系统。使用光学—电子制导系统的高精度武器主要用于毁伤小型目标，如在战场上、行进中和集结地的装甲车辆。光学—电子控制设备的物理特性限制了此类高精度武器的发射距离不超过15km。因此高精度武器的载具在发射时处于敌方机动式防空系统的打击范围内。此类高精度武器装备在直升机、战术航空兵飞机、战术导弹（集束战斗部），以及地面装备（包括坦克、步兵战车）上，而其所有的空中载具有可能在进入发射区之前就被对方陆军防空系统摧毁。此外,战术导弹同样有可能在释放集束战斗部前就被“山毛榉”和“S-300B”等防空系统摧毁。另一部分部署在陆基载具上,这些载具可以携带反坦克导弹和坦克炮射导弹,这些导弹的发射距离取决于直视距离,通常为数千米,对抗这类高精度武器载具需使用类似相应的兵器即可。

(2) 配备了被动式雷达自制导头,主要用于摧毁防空武器系统。此类高精度武器的发射距离为数十乃至上百千米,不可能在发射前予以摧毁。此外,使用空中载具还可以增大导弹攻击地面目标的射程,这比提升防空系统打击范围要容易得多。因此,必须采取特别的防护措施,以保护防空导弹系统不被此类高精度武器毁伤。

(3) 通常具有很远的打击距离,导弹的最大发射距离可以超过100km,它们是现代化防空系统的主要防护目标。

2. 防护高精度武器的基本原则

(1) 在不同类型的作战行动中,陆军主要防护手段就是防空系统。在补给充分的情况下,陆军现代化防空系统可以确保多数高精度武器载具无法进入其射程内。当然,这里不排除采用其他防护手段来对抗高精度武器,但最主要的还是高效的防空系统,这是第一条基本原则。

(2) 对于很多高精度武器来说,对方的防空系统自身就是最重要的目标。防空系统无法单纯通过火力对抗保护自己,或者在对抗高精度武器的同时就无法执行保护部队免受空袭兵器打击的任务。因此,必须使用其他的可能防护手段,防空系统才能高效地对抗高精度武器,这是第二条基本原则。

研究表明,要保证防空系统在遭到高精度武器打击时具有较高的防护能力,需要很高的成本,导致防空武器的价格大幅提高。例如,美军为了保护“爱国者”防空导弹系统,专门研制了诱饵装置,导致1套“爱国者”防空导弹系统涨至约1亿美元,而系统的1枚导弹单价超过1百万美元。其他各型现代化防空导弹系统的价格同样昂贵。尽管防空系统的性能不断提升,高精度武器还是可以给它们制造很多麻烦,主要包括:所有进入防空系统打击范围的高精度武器系统的空中战斗单元,都是防空兵器的目标,迫使防空系统采取新的作战方式,并提升防空毁伤能力;部队作战行动区域内目标数量大幅增加,其中很多目标具有隐性和小型的特性;高精度武器常常在密集干扰的掩护下使用,并伴以对防空系统的火力毁伤。

(3) 防空部(分)队不仅要对抗高精度武器,还要忙于自身防护,必须采取一系列额外措施和手段,即适当使用主动对抗手段,以及采取系统化被动防护措施,这是第三条基本原则。

3. 主动对抗手段

保护部队免受高精度武器毁伤的有效办法就是主动与其对抗,此举意味着在敌方使用武器之前或期间就将其消灭。因此,主动对抗需要在地面和空中摧毁敌方高精度武器系统,还要对敌方机载无线电和光学电子装(设)备实施压制。实施主动对抗需要筹划和遂行先发制人的打击,打击高精度武器系统的阵地(部署位置、机场)、指挥所、机动中或正在更换阵地的车队,通过无线电电子压制扰乱敌方高精度武器指挥控制系统和制导系统。

由于敌方高精度武器多分散部署在不同的位置,因此需要使用作战效能更高的兵器。例如,为了对抗美军部署在距离前沿 3km 阵地上的使用制导弹药的 155mm 和 203mm 榴弹炮,以及更远一点的火力阵地上的 MLRS 型齐射火箭炮,首先需要动用炮兵和陆军航空兵进行火力打击,打击对象包括火炮、引导站(观察和照射哨位),指挥所等。如果引导站位于直升机(飞机、无人机)上,则是防空兵器的打击目标。

在齐射火箭炮系统打击火力范围之外的其他类型的高精度武器,通常由战役战术导弹系统、巡航导弹和前线航空兵的战机予以摧毁。为了对抗高精度武器,还可以派出特种部队,其能够在规定时间内摧毁指定目标。

为对抗高精度武器,使用无线电电子压制的对象包括:雷达站、侦察—打击和火力系统使用的无线电线路、战术航空兵飞机,雷达和光电导引头、雷达测距传感器、光学和光电瞄准器,高精度武器的无线电指令制导线路,以及 GPS 导航系统的接收设备等。

压制对象还包括高精度武器的各种“命脉”,这些“命脉”一旦被破坏该型武器就无法发挥作用。现代化的无线电电子压制设备可以执行多种压制“命脉”的任务,其中包括:对抗雷达、无线电和无线电技术侦察;对 GPS 导航系统施放干扰,导致高精度武器载具和高精度武器自身无法精确定位;破坏高精度弹药的引导能力;破坏由航空兵使用的高精度武器的搜索、瞄准和引导能力。

4. 被动防护措施

被动防护包括自身的稳定性,以及使用能够降低高精度武器效能的补充防护措施。自身的稳定性通常可以分为针对无线电技术、雷达、光电侦察的隐蔽性(可探测性)以及结构稳定性。补充的防护措施包括:对阵地的工事设施进行的伪装措施,利用地形进行防护等。被动防护是对抗高精度武器的重要措施,通过降低电磁辐射和热辐射,对目标进行伪装使其无法在地形背景中显现,从而提高隐蔽性,可以降低探测系统和引导头在截获和跟踪目标时的工作效能。

降低可探测性的方法,还有降低装备与地形背景和周边物体的对比度。如果对比度很高,是完全忽视降低可探测性的要求,高精度武器可以无须预先侦察就独立进行目标搜索。反之,则需要预先侦察,飞行员在目标对比度很低的情况下需要确定外形轮廓并放大图像,这就增加了侦察时间,也为使用主动对抗手段,实施无线电电子和光电对抗创造了有利条件。

可使用下列方法降低可探测性:适当地包裹设施,对热辐射部件进行屏蔽;在高精度武器的作用方向上进行隔热和热辐射屏蔽；将热量导入假目标设施的方向；降低供电机组和发动机排气的温度；使用在高精度武器工作频段上具有很高反射系数的材料和覆层，确保降低被保护设施的温度。如图6-12所示，使用辐射吸收材料和覆层，加之适当的外部结构形态，以降低设施的雷达反射。

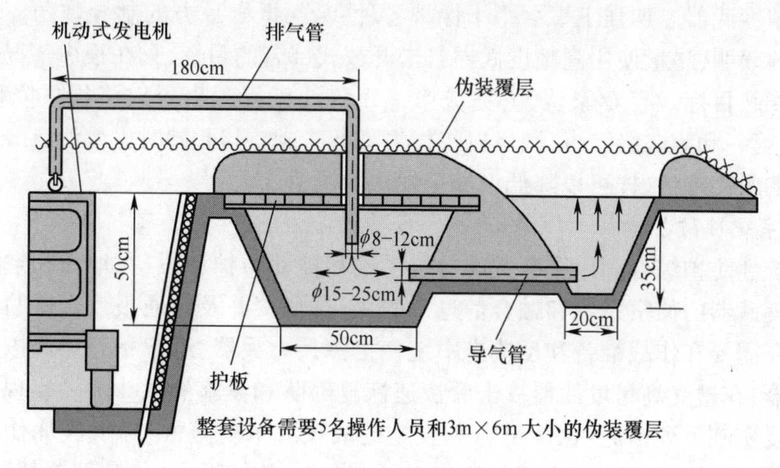

图6-12　消音（热、辐射）地穴

美军或北约列装的空基雷达主要工作频段为3cm波段。因此，如果在装备的设计阶段考虑到这一点，要达到雷达反射的最低水平，就需要降低外表面的多变性，采用平滑的表面，从结构上避免尖锐的设计，还要尽量少在设施的表面设置额外的突起装置。

要提高隐蔽性，还需要降低设备的电磁辐射水平，但这样往往会降低战斗力，因此在研制新型无线电电子装（设）备时，要努力降低旁瓣水平（它是破坏伪装的主要特征之一）。

5. 环境措施

上述降低装备可探测性的各种方法并不能完全解决隐蔽性的问题，因此应针对所构建的环境采取综合性措施，如使用气溶胶和烟雾施放设备。发烟设备常用于武装冲突和局部战争，此类设备多用于对抗使用电视制导的航弹。在可见光波段，当航弹穿过烟幕时，信号会大幅削弱。针对近红外电磁辐射、可见光和紫外线的波段，气溶胶具有很高的伪装性能。在可见光和红外波段形成气溶胶和烟雾的材料包括红磷、白磷、石油化合物、环氧树脂等，用于无线电频段时则使用碳氢化合物为基础的材料。施放烟幕和气溶胶幕，多使用发烟罐、发烟药和烟幕弹，还有发烟设备和气溶胶发生器，航空气溶胶弹药等。美国陆军中现有30多种气溶胶设备；法军中列装有气溶胶幕施放系统，该系统可以在爆炸后2s形成烟幕掩护设备，持续时间30s；英国的L8A1和L8A3发烟榴弹具有复合遮蔽效果，可以降低红外辐射和自身发光水平;瑞典的 FFV SSL 系统可以制造气溶胶幕,用于掩护武装直升机。

6. 工程保障措施

在工程保障措施中,主要依靠阵地工程工事和部队伪装措施进行强化防护以对抗高精度武器。加强工事可用于保护各种武器,抵御敌方的制导弹药。局部战争的经验表明,尽量使用高精度武器打击开放式部署的目标,只在很少情况下才用于打击隐蔽目标。有专家认为,完成第一级阵地工程工事可以将损失降低 2~3 成,完成第一和第二级工事,则可以将损失降低 7 成。与此同时也要注意降低无线电探测的对比度,这样可以降低设施被发现的概率。

7. 系统性防护措施

系统性防护综合利用所有主动对抗手段和被动防护手段,在地面和空中构建对高精度武器的侦察系统和融合信息空间,进行侦察并及时通报攻击威胁。系统性防护还需要在作战准备和反攻击中统一指挥兵力兵器,组织相互协调以摧毁高精度武器;在遭受高精度武器攻击后快速恢复部队和设施的战斗力。实现系统性防护需要实施下列措施:保障部队和设施的战役战术隐蔽性,降低破坏伪装的特征,迷惑敌方;协调各种用途的无线电电子装(设)备的工作;分散部署部队,定期更换导弹和炮兵、防空部队的阵地。

系统性防护措施还包括装备的机动能力。在现代化条件下,很多装备是敌方高精度武器的潜在目标,当侦察能力很强时,高精度武器系统可以实现“发现即摧毁”,因此让随时可能被毁伤目标长时间处于一个位置是不允许的,必须具备高机动能力。

此外,还必须进行部队人员心理培训,要让所属人员相信采取措施的可靠性,有助于提高战勤班组的工作效能,并在战斗环境下发挥武器装备的潜在性能。

8. 防护示例

对抗“战斧”巡航导弹、配置激光自制导头或者使用无线电瞄准的航弹有下列办法:

(1) 配备 GPS、NAVSTAR 接收机的高精度弹药。当其同时接收 3 个以上导航卫星的信号时,可将自身的坐标位置精确到米。确定自身坐标后,结合弹载计算机内存中存有的目标坐标数据,导弹在飞行过程中持续修正自身航向,以很高的精度飞向并击毁来袭目标。专门的无线电干扰设备也可以同时收到来自卫星的信号,并基于接收到的导航信号可以模拟生成强干扰信号,使来袭导弹弹载接收机无法正常工作,最终使导弹偏离预定的轨迹。

(2) 使用激光照射航弹。通过自制导头接收机接收来袭目标反射的激光束进行制导,弹载设备通过激光照射修正航弹的航向,最终正中“靶心”。使用专用的干扰系统掩护设施时,设施上的接收机能够发现激光对设施的照射,并可以在距离受保护设施较远的安全的距离上形成明亮的“光斑”,最终使制导航弹偏离目标。

(3) 雷达瞄准是基于所有物体都要反射电磁波的特性。用于制造武器和装备的材料都会强烈地反射无线电波,因而能够轻易地被制导武器的雷达设备发现。因此,使用雷达伪装材料可使设施和装备的无线电可探测性大幅降低。最终使敌方难以甚至无法发现和瞄准目标设施。机载雷达设备搜索目标时,若抵近目标的安全距离无法保障所需的瞄准时间,则飞机就会面临进入敌方防空系统的毁伤区域的风险。

6.5.3 反敌技术侦察手段的内容、任务和方法

现代技术侦察手段在发现人员、部队集群、作战装备、目标和无线电电子装(设)备方面具有很强的能力。特别是侦打(察打)一体化系统和高精武器的研发,使侦察的能力和作用有了很大提升。因此,反侦察成为各级司令部(参谋部)、指挥员特别关注的内容。为进行反侦察,各军(兵团)、兵种部队和专业部队在日常训练、演习和作战行动中采取战役和战术伪装、确保通信安全、保密等一系列复杂的反敌技术侦察手段。

特征暴露可分为战役—战术性和技术性。根据战役—战术暴露特征,敌方技术侦察可以确定军(兵团)和部队的军(兵)种属性,部队的部署、编成、分布、战役布势,作战意图和行动特点等。根据技术性暴露特征,侦察可以确定作战装备和无线电电子装(设)备的类型、用途和特性。

反敌技术侦察包括采取一系列战术措施和技术措施,旨在避免或极大干扰敌方借助技术侦察手段获取有关己方部队无线电电子设施和军事目标的信息。

1. *反敌技术侦察的主要内容*

(1) 对敌方技术侦察手段和侦察信息传输信道实施无线电电子毁伤,包括功能性毁伤和无线电电子压制。

(2) 查明并排除信息泄露的技术渠道。

(3) 对武器装备和军事目标参数加以保护。

(4) 对武器装备和军事目标划分等级,根据战役伪装意图,确定防护对象需要保护的信息。

(5) 消除无线电电子装(设)备的暴露特征。

(6) 向部队和单位通报有关发现技术侦察手段载体的信息。

(7) 对武器装备和军事设施的无线电电子装(设)备的使用设置区域、空间、时间和频率限制,同时,还要限制相关设备的某些工作模式。

(8) 对信息化目标的技术设备加以特殊防护。

(9) 对传输和处理信息的技术手段加以特殊防护,包括借助寄生电磁辐射、感应、高频通联、电声转换等消除可能的信息泄露技术渠道的一系列战术措施和技术

措施，同时还要实施软、硬件防护和密码防护等。

2. 反敌技术侦察的主要措施

查明并排除信息泄露的技术渠道，包括：根据使用方式确定武器装备和军事设施的物理场信息特性；评估敌方技术侦察手段确定保护参数的能力；确定最具威胁的侦察方式和手段，及可能的侦察区域；部队研究和实施消除信息泄露技术渠道的组织和技术措施；及时制止违反反侦察规则和要求的行为。为查明信息泄露的技术渠道，有时需要对传输和处理信息的技术手段、部队司令部和指挥所用于存放秘密的指定场所、读取信息的特种电子装（设）备进行专门的检查，同时还要采取行动以查明并消除信息（包含国家机密）泄露的技术渠道。查明信息泄露的技术渠道由技术检查分队和通信安全保障分队负责。

反敌技术侦察的组织和技术措施主要基于隐蔽和技术欺骗两种方法。隐蔽主要是通过消除或减少目标的暴露症候，使敌方无法或难以获取有关己方部队编成、部署、状态、行动等方面的信息。隐蔽部队和军事设施，使之免遭敌方各种技术侦察手段的探查，需使用各种伪装方法和手段。针对不同的技术侦察手段，有不同的伪装方法，例如，目视伪装对应目视侦察，雷达伪装对应雷达侦察。技术欺骗通过采取各种措施，使敌方难以发现和识别真实目标，并对敌进行迷惑，使其无法了解己方兵力兵器的编成、部署位置、状态等。技术欺骗的主要措施包括有意向敌方展示部队活动的虚假暴露特征，及给敌方侦察提供虚假信息。

3. 反敌技术侦察的筹划

反敌技术侦察是电子对抗的组成部分，也是战术（战役）伪装的任务之一。反敌技术侦察的筹划由各兵种部队和特种部队相关负责人，在军参谋长领导下实施。制定的措施主要用于使敌方无法或难以获取有关己方军（兵团）、军事设施和所执行任务等方面的信息。战术伪装意图、敌方技术侦察手段部署、编成和能力及己方独立机械化旅部（分）队反敌技术侦察能力的判断结论是筹划的基础。在筹划反敌技术侦察时，应首先确定军（兵团）、部（分）队及其指挥所和无线电电子装（设）备的暴露症候，主要包括：作战装备和特种装备的编成和外形；装备、指挥所和无线电电子装（设）备在地面的部署特征；阵地的工程构筑；指挥所和通信枢纽到前沿的距离；通信枢纽中无线电电子装（设）备的数量、类型、工作模式及指挥所和通信枢纽的转移程序；防空部队和电子对抗部队无线电电子装（设）备的工作情况等。

鉴于敌方会使用多种技术侦察手段对己方部队和设施进行侦察，因此，不仅要弄清明显的暴露特征，还要掌握设施的雷达截面积、装备的热辐射、作战行动区域无线电场分布的变化等情况。掌握这些信息，在战役准备过程中有助于精准筹划和有效实施反敌技术侦察的各种措施。

在掌握部队和各种军事设施暴露特征的基础上，可制定隐蔽和技术欺骗措施。在筹规划综合反敌技术侦察时，需要考虑无线电、雷达、光学、声学、热和放射性伪

装措施。对敌方实施技术欺骗的主要措施包括:

(1) 模拟虚假通信枢纽、雷达站和其他无线电电子装(设)备的运行。

(2) 设置作战装备和特种装备的模型,建造虚假的桥梁和其他设施。

(3) 虚假目标的雷达、热能、照明技术模拟器。

(4) 模拟作战装备和特种装备的工作及声音。

在筹划反敌技术侦察时,军电子对抗部门首长根据参谋长的指示和战术伪装计划应该开展以下工作:

(1) 根据军(兵团)和兵种部队设施破的暴露特征及消除这些特征的流程,协调设备的工作时间和规模;

(2) 明确并向各兵种部队和特种部队相关负责人传达隐蔽己方部队、设施和对敌实施技术欺骗的方法;

(3) 会同各兵种部队和特种部队相关负责人制定在部队部署的重要区域和重要军事设施的综合反敌技术侦察措施,协调执行相关任务所需的兵力兵器及他们在战役准备与实施过程中完成任务的顺序,确定在部队完成反敌技术侦察的既定任务后,配属综合技术检查分队使用的时限和流程。

此外,在制定综合性对抗措施时,还要实施对敌技术侦察手段和信息传输信道进行毁伤、拦截(破坏)和无线电电子压制等。反敌技术侦察的综合措施反映在战术伪装计划、电子战计划和各兵种部队、专业部队的作战运用计划中。

在筹划电子对抗时,军电子对抗部门首长应与各兵种部队和特种部队相关负责人密切协同,与他们协调和明确破坏敌兵力兵器指挥、反敌技术侦察和保护己方无线电电子装(设)备指挥控制系统等任务和措施。

结　束　语

通过现代军事训练的经验以及对近几十年来局部战争中作战行动的分析可以确信:在现代作战行动中,电子对抗作为部队行动最重要的战役和战术保障样式之一,其发挥的作用与日俱增。

电子对抗影响到所有作战空间维度(陆、海、空、太空和网络空间),因此各军事部门和军兵种都在建设并提升自己的电子对抗能力。电子对抗目标有地面(海上)对抗、空中对抗等,当前一些新型电子对抗已拓展到航天电子对抗。根据俄罗斯军事学家的观点,电子对抗正从支援角色向作战角色转变,电子对抗部队也正转变成为一个独立的军种。时任俄军总参谋部电子对抗指挥总部部长拉斯托奇金中将曾这样介绍俄军电子对抗部队:"俄罗斯地面部队没有电子对抗支援是不会进行机动和实施作战行动的。电子对抗部队和手段是无线电干扰和综合技术控制战略系统的一部分,也是各战区、军、师、旅部队以及无线电武装部队的组成部分。当前,电子对抗部队和手段主要集中于地面部队、空天部队、海军以及各军区的军种内组成中。从 2014 年开始,各军区的无线电干扰部队和手段已经开始履行其职责使命。"把电子对抗视作现代合成作战的重要作战力量已经在俄军上下形成共识,制定作战决策时一定会考虑电子对抗的因素。俄罗斯军方目前正将电子对抗作为一种"兵力倍增器"来看待,并且作为重点发展的"不对称"军力之一。

可见,电子对抗手段是夺取在兵力兵器指挥方面优势的行动的基础,其在部队武器系统中发挥着越来越重要的作用。军事对抗的双方广泛使用电子对抗兵力兵器使现代作战行动的性质变得更加复杂。由于对抗的双方都具备在作战行动中破坏对方兵力兵器、指挥的能力,因此必须采取坚决的行动夺取在无线电电子设备和兵力兵器指挥系统使用方面的优势,不间断地进行侦察和无线电电子对抗,使对方在作战中出现对战役(战术)态势的信息掌握不够或不准确的情况,甚至是失去对部队指挥的手段,从而确保己方在现代作战行动中获得胜利。

电子对抗指挥体系必须与联合作战的指挥体系相适应,根据联合作战指挥层次的指挥协同关系,相应地确定电子对抗作战的指挥层次和指挥关系。电子对抗力量构成的多元化决定了电子对抗组织和指挥也十分复杂和困难。理顺电子对抗的组织和指挥关系,健全组织指挥机制是信息化条件下联合作战中电子对抗取得胜利的关键。

参 考 资 料

[1] В. Н. Марзалюка, Справочник по вооруженным силам иностранных государств: справ. /- Минск: 581 ГЦ А и П, 2012.

[2] Н. Е. Бузина, Силы и средства разведки и электронной войны соединений сухопутных войск США: учеб. пособие /- Минск: НИИ ВС РБ, 2013.

[3] Боевой устав воинских частей РЭБ. Отдельный батальон РЭБ-Н. - Минск: ГШ ВС РБ, 2006.

[4] Боевой устав воинских частей РЭБ. Отдельный батальон РЭБ (с самолетными средствами).- Минск: ГШ ВС РБ, 2009.

[5] Методическое пособие по изучению вооруженных сил иностранных государств. -Минск: ГРУ ГШ, 2005.

[6] С. М. Абрамов, Тактика (батальон-рота): учеб. / -Минск, 2012. -Кн. 2.

[7] С. В. Шлычкова, Технические средства разведки иностранных государств: учеб. пособие /- Минск: НИИ ВС РБ, 2016.

[8] О. В. Воробья, Соединения сухопутных войск США и их системы управления: пособие / - Минск: НИИ ВС РБ, 2012.

[9] С. И. Макаренко, Информационное противоборство и радиоэлектронная борьба в сетецентрических войнах начала XXI века. Санкт-Петербург: Наукоемкие технологии, 2017.